らくらく生物統計学

[改訂版]

丸山　明　編

丸山　明／深澤史樹／加藤好江／上野岳史／桟敷孝浩
小糸健太郎／佐藤敏雄／遠藤大二／松田浩敬　共著

ムイスリ出版

はじめに

本書は、生物統計学をやさしく学べることを目的とした教科書です。題名の「らくらく生物統計学」はその意味を込めてつけました。また、本書は酪農学園大学酪農学部で統計学を教えている常勤、非常勤の講師陣によって執筆されています。そこで、酪農学園大学の「酪」と「楽(らく)」をかけて命名されました。

さて、統計学とはどんな学問でしょう。例えば、大学生の携帯電話についての意識を知りたいとします。このとき、日本全国の大学生すべてについて調べることは不可能なので、大学生の一部を選んでアンケート実施することになります。そのアンケートを集計して、大学生の携帯電話についての意識を調べることになります。このとき、日本全国の大学生を母集団と呼びます。また、アンケート調査の対象となった学生を標本と呼びます。すなわち、問題の対象となる集団あるいは観測値の源を母集団といいます。また、母集団の一部の個体が標本です。標本は観測値の集まりです。そこから問題の対象となる母集団について何らかの結論を引き出す方法が統計学です。

統計学を大きく分けると、記述統計と推測統計に分けられます。記述統計は、データの収集要約に関する部門です。推測統計は、母集団に関する結論を引き出すことに関する部門です。本書では、1 章から 4 章までで記述統計を扱います。また、5〜10 章で推測統計の基礎となる確率と確率分布について学びます。そして 12〜26 章で推測統計について学びます。

本書の対象学生

本書は、初めて生物統計学を学ぶ大学生を対象とする教科書です。統計学を学んでいなくても、統計学の基礎から生物統計学の応用的内容まで学ぶことができます。本書で統計学を学んだ諸君は、ここで学んだことを基礎とし、本書では扱わない統計的方法を学ぶことを期待しています。

本書の特徴

本書は 26 章から構成されています。1 章は 1 回の講義を想定しています。また必ず例題があり、例題によってそこで扱う内容を理解する形式をとっています。そして、章末には練習問題を用意しました。統計学を学ぶ学生諸君にとっては練習問題を解くことによって、各章の内容の理解が深まるでしょう。

本書は、数学的知識があまりない学生でも統計学が学べるように工夫しています。例えば、いろいろな統計量を示す場合、少なくとも最初は文字式を用いることにしました。それにより、統計量の意味が理解しやすくなっています。

本書の使い方

通年、前期・後期または半年の統計学の講義を念頭においた教科書です。通年または前期・後期の講義の場合、1 年間でほぼ全体を講義できるかと思います。時間の都合により、回帰分析、分散分析の部分は取捨選択してください。また、半年講義の場合は第 1 章から第 4 章、第 7 章 7.1、第 8 章 8.1、8.3、第 9 章、第 11 章〜第 13 章、第 15 章〜第 17 章、残りは第 18 章以下から選択して下さい。第 18 章以下は応用的な検定などが学べる章となっています。

◆ 改訂にあたって

らくらく生物統計学が出版されて 2 年が経ちました。いくつかの大学で教科書として採用され著者一同感謝しております。また、いくつかのご要望もいただきました。本書は章の最後に練習問題が用意してあり、これを解くことで理解が深まるようになっています。この練習問題のいくつかをより親しみやすい問題に入れ替えました。この教科書をより利用しやすくなったと思います。また、第 21 章ノンパラメトリック検定による 2 群間の比較は内容豊富になりました。

本書を用い、統計学の基礎を学んでいただきたいと思います。

2015 年 1 月

編 者

目 次

第1章　統計データの整理1

目的

さまざまな調査、統計書、実験より得られたデータから、情報を取りだす方法としての統計グラフを理解する。度数分布表とヒストグラムの考え方と利用方法を理解する。

1.1　統計調査の方法と特性

統計調査によって得られた統計データは、一見すると数字の羅列のようにみえて、何か計算をするものだという脅迫観念に囚われていないでしょうか。統計データは何かを語ろうとしているものですから、まずデータ全体を概観し、データの大小や構成割合などの比較、時間とともにどのように変化しているのか、そして、統計データ間の関係はどうなっているのかなど、段階を追って進めることが重要です。また、統計データを得るために、その選び方によってデータの性格が規定されています。

統計調査には、調査対象となる集団を**母集団**といいますが、この母集団をすべて調べる調査である「全数調査」と、その一部だけが抽出され調査される「標本調査」に大別されます。前者はデータの信頼性は高くなりますが、費用と時間がかかります。「国勢調査」「農林業センサス」「商業統計調査」などがそれにあたります。他方、対象の一部だけに限って調査を行うことを「標本調査」といいますが、その標本（サンプル）の選び方には、無作為抽出調査（単純ランダム法、層別多段抽出法など）と有意抽出調査の 2 種類が存在します（図 1.1）。

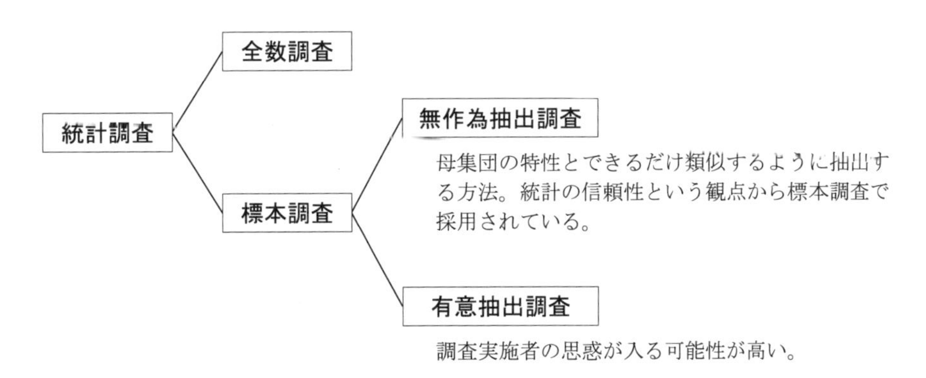

図 1.1　全数（センサス）調査と標本（サンプル）調査

統計データを正しくかつ効率的に読むためには、それなりの方法があり、記述統計学とよばれています。記述統計学とは、調査や観測対象を 1 つの集団としてその特徴を捉えるために、分析対象となった1つひとつを観測し、その結果、得られたデータを整理・要約する方法を意味します。

この場合の観測とは、調査や実験のことで、調査や実験を行うことによって、そこから観測値である量的あるいは質的なものとして情報を得ることができます。この観測値をまとめたものを**データ**といいます。たとえば、(男、19歳、学生、北海道出身、⋯)、(女、24歳、OL、神奈川県出身、⋯)といったものがそれにあたります。

まず、このような得られたデータのうち1種類だけ(1つの変数)に注目して整理・要約する方法を説明しましょう。

1.2　統計データの視覚的表現の目的と種類

統計調査などから作成される統計データは、数値の羅列として表されていることが多く、このような統計数字に慣れていないものにとっては、統計データを読み解くことを困難なこととして捉えがちです。そこで、統計データの傾向や特徴などをわかりやすく表現する方法、つまり統計データの視覚的表現としての統計グラフについて説明します。

(1) 統計値それ自身の比較を示すグラフ

年度間や地域間の比較など2つ以上のデータを比較する場合に利用されるものとして、一般的にはグラフの基本型ともいえる棒グラフや折れ線グラフが利用されます。図1.2では、産業別の就業者数が示されており、その関係は一目で理解できます。

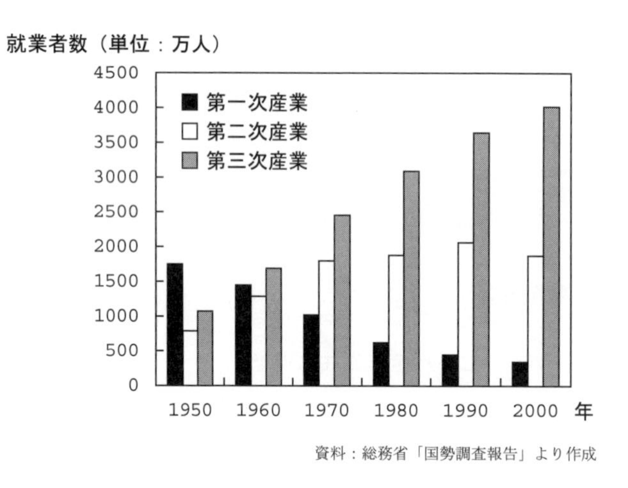

図1.2　産業別就業人口の推移

(2) 構成を示すグラフ

構成の内訳を示す場合に用いられます。グラフの種類としては、帯グラフ(内訳棒グラフ)や円グラフ、レーダーチャートなどが利用されます。図1.3は産業全体で産出するGDPを産業別に構成割合で示したグラフであり、一次産業の割合が低下する一方、三次産業のシェアが増大していくことがわかります。

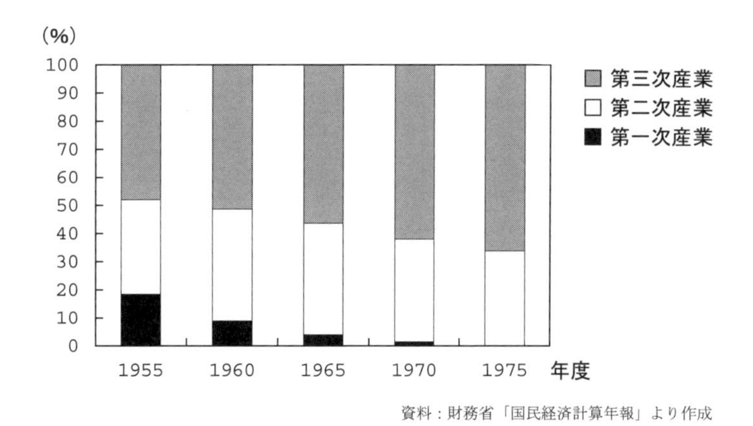

図 1.3　GDP 構成でみた産業構造の変化

(3) 時間的な変化を示すグラフ

時間的な変化とともに傾向を捉えたり、比較をしたりする目的で使われます。グラフの種類は、折れ線グラフや曲線グラフ、また棒グラフを利用することもあります。図 1.4 は 1965 年から 2000 年までの食料消費の傾向をみたものです。家計消費支出に占める食料消費支出の割合は、いわゆるエンゲル係数といわれるもので、40% から 25% まで低下しており、エンゲルの法則が現れているといえます。それにひきかえ、食料消費支出に占める外食産業さらに、調理食品まで含めるとその割合は 30% 近くまで伸びています。このことは、国民の食料消費支出の支出構成の変化を表しています。

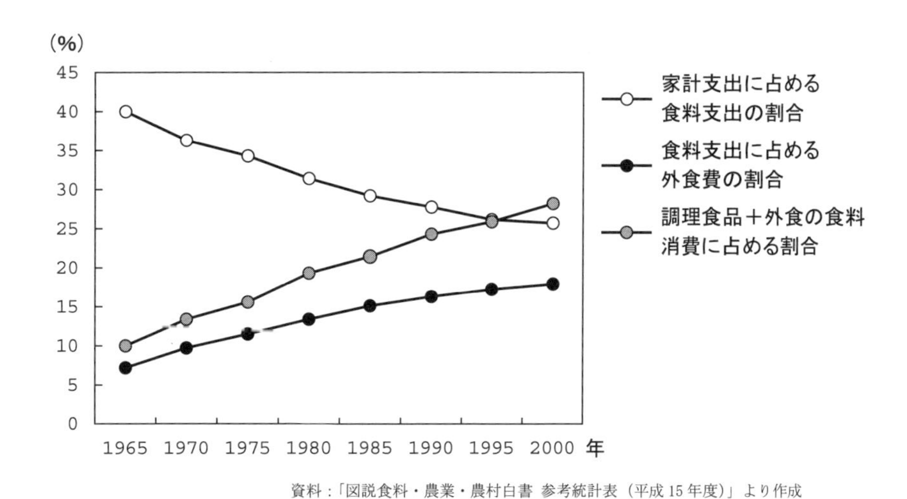

図 1.4　食料消費の用途別支出構成

(4) 度数の分布を示すグラフ

ばらばらの統計データは、その特徴をとらえることは難しいものです。そこで、従業者規模別の商店数や年齢別人口などのように量的に分類された階級（クラス）に分けて、その階級の属する観測値をカウントしたものを**度数**(**頻度**)といい、グラフ化したものを**ヒストグラム**(**度数柱状図**)といいます(例題1.1の図1.6参照)。

(5) 2つの変量間の相関関係を表す散布図

2つの変量間の関係をみる場合は散布図を利用します。これは、各々x軸とy軸に対応する点を座標上にプロットして作成された2次元グラフです(第2章参照)。

(6) 数値データから表される地図グラフ

統計数値や構成割合などの数値データを、地理上の地域区分と対応させて地図上に示したものが地図グラフです。この地図グラフは、自然的および社会・経済的な地理的特性との関連において統計を観察することができます。図1.5は都道府県別のスーパーマーケット店舗総数(2003年9月調査)を示しています。従来、詳細な統計地図の利用は難しかったのですが、今日、パソコンを利用することで、国別、都道府県別、市町村別、あるいは小地域データに対応した詳細な地図グラフが作成・利用可能になってきています。

図1.5　都道府県別店舗総数(スーパーマーケット)地図グラフ

1.3　度数分布とヒストグラム

統計調査によって得られた観測値の集団は、最初はまったく整理されていないナマのデータの状態であって、構成要素の1つひとつがばらばらの大きさの数値の集まりとしてわれわれの目の前に現れます。そこで、この統計集団の特徴を明らかにするためにまず行うことは、何らかの基準にもとづいて分類し、集計することです。例えば人口を分類する場合には、性別や職業別などの質的データによるものと、年齢や収入などの量的データといったものがあります。このうちで、量的データの分析に利用されるのが**度数分布**といいます。

その手順は、数値の大きさを基準にしてデータを整理し、小さなものから大きなものへと順番に並べかえることから始まります。

例題 1.1　次のデータは、ある試験の 50 人の点数である。度数分布表を作れ。

74	50	15	48	64	48	65	35	60	75	92	58	55	20	25	46	30
85	58	36	28	46	70	52	45	65	90	50	10	52	38	55	24	80
60	40	68	55	35	48	50	60	63	55	28	18	82	38	72	62	

〔解説〕

試験の点数の最高点は 92 点、最低点は 10 点なので、範囲は 82 点となります。この範囲をすべて含むように、階級数、階級幅、階級を決めます。ここでは、階級数 5、階級幅 20 とすれば、$5 \times 20 = 100$ となり、範囲の 82 を含むことになります。階級は 0 以上 20 未満を最初の階級にすれば、最大階級は 80 以上 100 未満となります。階級値とは階級を代表する値のことであり、各階級の中では観測値は一様に分布していると仮定して、階級の上限値と下限値の中間値を階級値としています。相対度数は観測値の総数、すなわち全データの大きさを 1 としたときの、各階級に属する観測値の個数の全体中での割合を示します。これは特に、データの大きさが異なる複数のデータの分布の比較を行うときに有効です。累積度数とは、度数を下の階級から順に積み上げたときの度数のことであり、累積相対度数とは、相対度数の累積和のことです。データによっては、度数・相対度数よりも累積度数・累積相対度数の方が意味があることがあります。

表 1.1　度数分布表

階級	階級値	度数	累積度数	相対度数	累積相対度数
0〜20	10	3	3	0.06	0.06
20〜40	30	11	14	0.22	0.28
40〜60	50	18	32	0.36	0.64
60〜80	70	13	45	0.26	0.90
80〜100	90	5	50	0.1	1.00
計		50		1.0	

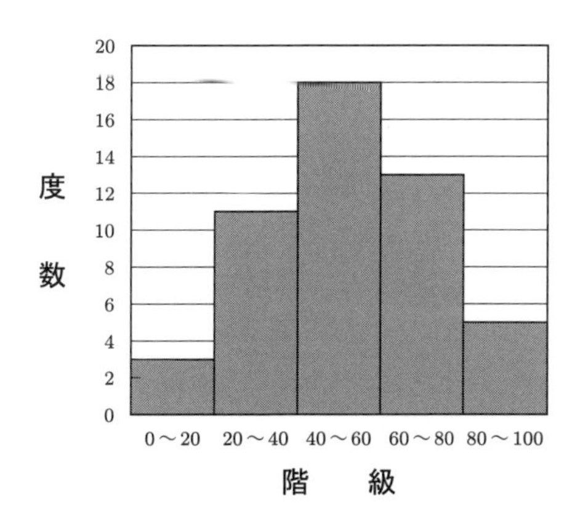

図 1.6　ヒストグラム

データの分布の状態をみるには、度数分布表をグラフにしたものであるヒストグラムまたは柱状グラフを作成します。ヒストグラムは、横軸に観測値のとりうる値をとり、それぞれの階級に対して階級幅を横幅とし、柱の面積が度数と比例するように高さを定めます。この例題 1.1 の場合には、すべての階級幅が等しいので柱の高さが度数と比例します。このヒストグラムは、この試験の得点の分布は 40〜60 点付近がもっとも高い、ほぼ左右対称の山型分布であることが理解できます。

第1章のまとめ

本章では、さまざまな統計データから情報を取りだすための視覚的表現としての統計グラフについて説明しました。統計グラフは、表現する内容により基本型がありますが、表現する目的に応じて応用的にさまざまなグラフを組み合わせて複合グラフや地図グラフなどを作成することによって説明できます。

さらに、観測値をいくつかのグループに分類して分析すると、データの全体的な傾向を把握することができます。ここでは、度数分布表を作成し、ヒストグラムを描くことで、視覚化でき理解しやすくします。

練習問題 1

1. (1)〜(4) までの度数分布表について、それぞれヒストグラムを作成せよ。

(1)

階級（以上、未満）	階級値	度数
0〜10	5	2
10〜20	15	3
20〜30	25	5
30〜40	35	9
40〜50	45	6
		25

(2)

階級（以上、未満）	階級値	度数
0〜10	5	1
10〜20	15	2
20〜30	25	3
30〜40	35	6
40〜50	45	13
		25

(3)

階級（以上、未満）	階級値	度数
0〜6	3	10
6〜12	9	20
12〜18	15	9
18〜24	21	5
24〜30	27	4
30〜	35	2
		50

(4)

階級（以上、未満）	階級値	度数
0〜200	100	25
200〜400	300	150
400〜600	500	315
600〜800	700	240
800〜1000	900	140
1000〜	1200	130
		1000

第2章　統計データの整理2
（散布図、クロス集計表）

目的

2つの量的変数（データ）どうしの関係について、視覚的な分析として「散布図」を理解する。
2つの質的変数（データ）どうしの関係について分析する方法として、アンケート調査の集計でよく利用される「クロス集計表」を理解する。

2.1　2つの変数間の相関関係を表す散布図

ここでは、2つの変数がともに量的な場合について、その関係を考えます。一方の変数を x、他方の変数を y とし、直角に交わる座標軸を決めて構成する単位ごとの観測値を座標とする点 (x, y) をプロットします。このような点 (x, y) の集まりを**散布図**といいます。この散布図の様子によって x、y の間の関係がつかめます。

例題 2.1 次のデータは、野球における本塁打（ホームラン）と四球（フォアボール）の関係を示している。この2種類のデータの関係を考察せよ。

番号	本塁打 (X_i)	四球 (Y_i)
1	32	76
2	55	100
3	36	53
4	5	47
5	33	27
6	4	25
7	21	52
8	9	52
9	42	86
10	25	30

番号	本塁打 (X_i)	四球 (Y_i)
11	32	63
12	9	36
13	6	19
14	17	37
15	23	47
16	1	26
17	46	71
18	11	21
19	3	36
20	26	36

〔解説〕
2つの量的な変数（この場合は、本塁打と四球）の関係を、視覚的に把握するためには、散布図（または相関図）を作成します。図2.1は、横軸を（本塁打）、縦軸を（四球）として、垂直に交わらせた平面上にプロットしたものです。

このように散布図の作成は、2つの変数間の関係を分析するうえで、通常は最初に行われます。作成した散布図をみて、プロットされた各点がばらばらに散らばっていれば x と y は関係がなく、各点の分布に何らかの傾向を示せば x と y は関係がありそうだとわかります。

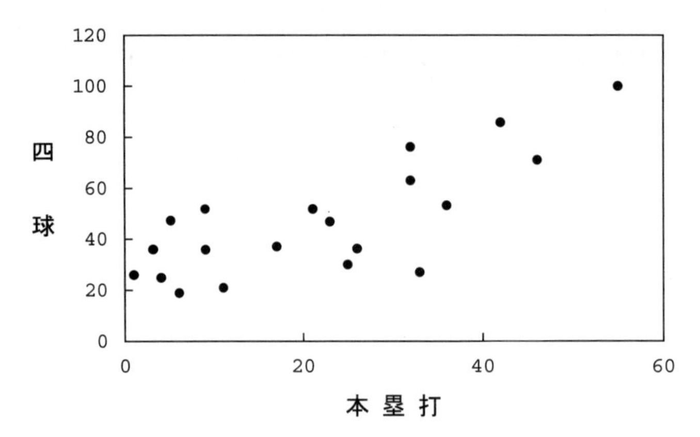

図 2.1　本塁打と四球の散布図

散布図のプロットされた点をみると、全体的に右上がりの直線状に分布する傾向があります。つまり、本塁打が多いほど（少ないほど）、四球も多い（少ない）という視覚的な傾向がわかります。この関係は野球を知っている人であれば、理解しやすいと思いますが、本塁打をよく打つ長距離打者に対しては、投手が警戒するので四球が多くなるという傾向が強いということの現れでしょう。

図2.2はいろいろな散布図を示しています。散布図(1)のように、x が大きくなると y が大きくなるような関係を**正の相関**といい、反対に x が大きくなると y が小さくなるような関係を**負の相関**とよんでいます。

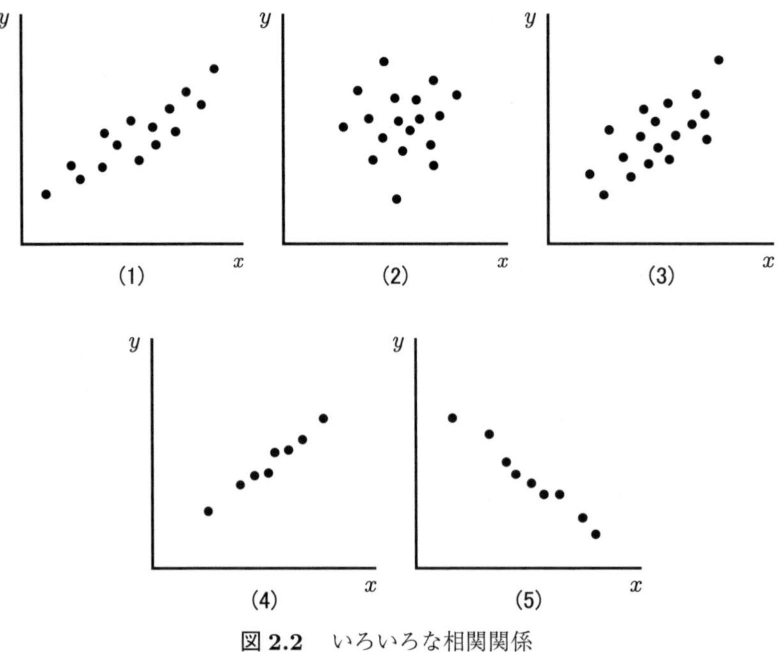

図 2.2　いろいろな相関関係

このように相関関係を視覚的にとらえることは重要ですが、見方によって曖昧な部分は否めません。したがって、x と y の間に直線的な関係がある場合、その関係の強弱の度合いを表す指標が必要になってきます。それが相関係数ということになります。詳しくは、第5章に解説してあります。

2.2　クロス集計表

例題 2.2　ある大学（A 学部と B 学部）において 30 人の学生を抽出して、その所属学部および出身が北海道内であるか否かを調査した結果、以下のような結果となった。このデータについてクロス集計せよ。

番号	学部	北海道内／外
1	B	内
2	A	内
3	B	外
4	B	内
5	A	外
6	B	外
7	B	内
8	A	内
9	A	内
10	B	外
11	A	内
12	B	外
13	A	外
14	B	内
15	B	外

番号	学部	北海道内／外
16	B	外
17	B	外
18	A	内
19	B	外
20	A	内
21	B	内
22	B	内
23	A	外
24	B	内
25	B	内
26	A	内
27	A	内
28	A	内
29	B	外
30	B	外

〔解説〕

2つの変数の関係をみるには、両方とも量的データであれば散布図を作成すればよいが、片方あるいは両方とも質的データ（学部、出身のような）の場合には、クロス集計表（あるいは分割表）を用いて分析します。2つ（以上）の変数の各カテゴリー（学部別、道内・外別）を組み合わせ、それぞれの組み合わせに該当する度数を集計した表を、クロス集計表とよびます。以下にその作成方法を説明します。

(1) 各セルの度数を数えます。
   - A 学部で「北海道内出身者」の人数、「北海道外出身者」の人数
   - B 学部で「北海道内出身者」の人数、「北海道外出身者」の人数

(2) 第1の属性の変数 x（この場合、A・B 学部の別）を列に、第2の属性の変数 y（この場合、出身地の道内外の別）を行にとり、数えた各セルに度数（人数）とその合計を記入します。また、一般に縦方向にある変数（学部別）を表側、横方向にある変数（出身別）を表頭といいます（表 2.1）。

表 2.1　学部と出身地の関係に関するクロス表（単位：人数）

	北海道内	北海道外	合計
A 学部	9	3	12
B 学部	8	10	18
合計	17	13	30

(3) 表側、表頭、全度数ごとの比率の計算をします。合計欄は、周辺度数とよばれますが、x、y それぞれの度数分布といえます。クロス表で2つの変数の関係をみるには、相対度数を用います。相対度数は、横方向、縦方向、データ全体の大きさを分母とした3種類ができます。3つの相対度数のうち、どれを用いるかについては分析する目的によります。この場合、学部に占める出身者の割合がどう違うのかという問題をみるのであれば、横比を用いるのが適当ですし、北海道内出身者と比較して道外出身者は相対的にどの学部が多いのかをみる場合には、縦比が適当です。

表 2.2　学部と出身地の関係に関する各比率（単位：%）

	北海道内	北海道外	合計
A 学部	75.0	25.0	100.0
	52.9	23.1	40.0
	30.0	10.0	40.0
B 学部	44.4	55.6	100.0
	47.1	76.9	60.0
	26.7	33.3	60.0
合計	56.7	43.3	100.0
	100.0	100.0	100.0
	56.7	43.3	100.0

横比（上段）、縦比（中央）、全度数に対する相対度数（下段）

一般に、表側の項目数が M 個、表頭の項目数が N 個の場合のクロス表を、$M \times N$ の**クロス集計表**といいます。したがって、例題の場合は、2×2 のクロス集計表であることになります。

第2章のまとめ

2つの変数（データ）の関係について分析するとき、変数が量的変数であるか質的変数かによって方法が異なります。

変数が量的変数（データ）どうしの関係である場合は、まず、視覚的な分析として「散布図」を作成します。その結果、プロットされた各点がばらばらに散らばっていれば2つの変数は関係がなく、各点の分布に何らかの傾向を示せば2つの変数には関係がありそうだとわかります。

しかし、散布図はあくまで視覚的把握を中心とするものですから、作図の方法（目盛り間隔など）によっては目の錯覚が起こり誤った判断を下してしまうことがあるので、2 つの変数（データ）の関係を数量化する方法である相関係数などを計算によって求めて、散布図と合わせて判断することが重要です。

変数が質的変数（データ）どうしの関係である場合は、「クロス集計表」を作成します。このクロス集計表とは、社会調査やアンケート調査の結果分析などで、よく用いられる方法です。なぜなら、これらの調査データは、個人の属性や意識といった質的なデータを多く含んでいるものであり、それぞれのデータを交差（クロス）させて関係をみることができるからです。

練習問題 2

1. 2 つの変数に関して、次のような観測値が得られた。

$$(x, y) = \{(11, 7), (10, 5), (9, 6), (8, 3), (6, 0), (5, 1), (5, -5), (4, -3), (3, -4), (2, -5)\}$$

散布図を作り、相関関係を考察せよ。

第3章　標本分布の値の中心を示す特性値

目的

本章ではデータの分布の中心を示す特性値（平均・中央値・最頻値）について理解する。
シグマ記号とシグマ記号に関する公式を理解する。

第1章ではデータの分布について学びました。このデータの分布の特徴を表す数学的特性値がいくつかあります。本章では、その分布の特徴を示す特性値の中で、分布の真ん中すなわち中心を示す特性値について学びます。

例題 3.1 次のデータは、ある年度の統計学履修者から無作為で10人を抽出した学生の体重のデータである。このデータの分布の中心はどこか。

$$\{73, 65, 62, 64, 70, 57, 59, 73, 85, 53\}$$

3.1　データの中心を示す特性値

3.1.1　平均（mean）

中心を示す特性値として、**平均**がもっともよく使われます。平均は、標本データから計算される平均という意味で**標本平均**ともいいます。平均は次のように定義されます。

$$\text{平均}\ \overline{x} = \frac{\text{標本データの和}}{\text{標本データの数}} \tag{3.1}$$

$\overline{x}$ は平均を表す記号でエックスバーと読みます。また、平均は**算術平均**ともいいます。
例題について平均を計算すると

$$\overline{x} = \frac{1}{10}(73 + 65 + 62 + 64 + 70 + 57 + 59 + 73 + 85 + 53)$$

となります。平均値 66.1 は物理でいう重心の位置を示します。

3.1.2　中央値（median）

データの中央値あるいは中位数は、データを大きい方から小さい方へ順番に並べたときのちょうど真ん中の値です。50、40、30 という3個の標本データの場合、40 となります。例題の場合のデータ数は 10 と偶数なのでちょうど真ん中の数値がありません。したがって、5番目（64kg）と6番目（65kg）の平均が中央値となります。よって、例題の場合は 64.5kg となります。

3.1.3　最頻値 (mode)

データの最頻値はもっとも多いデータの値です。例題では 73kg となります。度数分布表では、もっとも度数の多い階級の階級値が最頻値となります。例えば、第1章表 1.1 の度数分布表では 50 となります。

3.1.4　中心を表す特性値の使い方

多くの場合、中心を表す特性値として標本平均が使われます。これは、標本平均が真の平均の推定値として統計的に望ましい性質を持っているためです。このことは第12章で説明します。

また、歪んだ分布の場合、標本平均より最頻値が望ましいことになります。例えば、所得の分布がこれにあたります。なぜなら非常に少数な所得の多い人たちによって、平均所得が引き上げられています。50% 以上の人たちが標本平均以下の所得です。したがって、このような場合、平均所得として標本平均を使うには注意が必要です。

3.2　シグマ記号 (Σ)

ここで Σ について学びましょう。Σ について全く基礎知識がない諸君もいるかと思います。後の章でも使いますので、しっかり身につけておきましょう。

さて、なぜ Σ が必要なのでしょうか。3.1.1 で平均を定義しましたが、実際に使うときは文字式で表現すると大変不便です。また、計算式も非常に長くなります。そこで合計を表す Σ 記号を使います。

3.2.1　標本データ

標本データを $x_1, x_2, \cdots, x_n$ と表現します (n は標本データの数)。添え字はデータ番号で、何番目のデータかを表します。例題の標本データは $\{73, 65, 62, 64, 70, 57, 59, 73, 85, 53\}$ となります。したがって、$x_1 = 73$、$x_2 = 65$、$\cdots$、$x_{10} = 53$ となります。ここで、標本は母集団から無作為抽出で取りだしたものとします。

3.2.2　シグマ (Σ) 記号

Σ は標本データの和 (合計) を表す記号です。例題の標本データの和を求めると、

$$73 + 65 + 62 + 64 + 70 + 57 + 59 + 73 + 85 + 53 = 661$$

となります。これを Σ 記号を使って表すと、

$$\sum_{i=1}^{10} x_i = 73 + 65 + 62 + 64 + 70 + 57 + 59 + 73 + 85 + 53 = 661 \tag{3.2}$$

となります。

$$\sum_{i=1}^{10} x_i$$

これは x の 1 番目のデータから 10 番目のデータまでの和を表します。

一般に、n 個のデータの合計は次のようになります。

$$\sum_{i=1}^{n} x_i = x_1 + x_2 + \cdots + x_n \tag{3.3}$$

繰り返しますが、Σ は 1 番目の標本データから n 番目の標本データまでの和をとることを表す記号です。上式の右辺を左辺のように簡単に表すための記号です。

さて、平均をシグマ記号を用いて表すと次のようになります。

$$\overline{x} = \frac{1}{n}\sum_{i=1}^{n} x_i \tag{3.4}$$

3.2.3　Σ についての公式

Σ についてはいくつかの公式を覚えておくと便利です。後の章で繰り返し登場しますのでここでしっかり覚えてください。

[公式 **3.1**]

（定数 × 各標本データ）の和 = 定数 ×（標本データの和）

$$\sum_{i=1}^{n} c\,x_i = c\sum_{i=1}^{n} x_i$$

（c は任意の定数。以下同じ）

（証明）

$$\begin{aligned}
\text{左辺} &= \sum_{i=1}^{n} c\,x_i = cx_1 + cx_2 + \cdots + cx_n \\
&= c(x_1 + x_2 + \cdots + x_n) \\
&= c\sum_{i=1}^{n} x_i = \text{右辺}
\end{aligned}$$

〈系 **3.1**〉

定数 n 個の和 = 定数 × n

$$\sum_{i=1}^{n} c = n\,c$$

これは定数を n 個足すと、定数の n 倍と等しいということです。10 を 10 個足すと 100 になるということです。

(証明)

公式 3.1 でデータをすべて 1 とすると、系 3.1 が導かれます。

[公式 3.2]

$$(\text{各標本データ} + \text{定数})\text{の和} = (\text{標本データの和}) + n \times \text{定数}$$

$$\sum_{i=1}^{n}(x_i + c) = \sum_{i=1}^{n} x_i + nc$$

(証明)

$$\begin{aligned}\text{左辺} &= \sum_{i=1}^{n}(x_i + c) = (x_1 + c) + (x_2 + c) + \cdots + (x_n + c) \\ &= (x_1 + x_2 + \cdots + x_n) + (c + c + \cdots + c) \\ &= \sum_{i=1}^{n} x_i + nc = \text{右辺}\end{aligned}$$

[公式 3.3]

$$(\text{標本データ}x + \text{標本データ }y)\text{の和} = (\text{標本データの }x\text{ の和}) + (\text{標本データ }y\text{ の和})$$

$$\sum_{i=1}^{n}(x_i + y_i) = \sum_{i=1}^{n} x_i + \sum_{i=1}^{n} y_i$$

これを例えば、統計学の試験の点数 (x) と経済学の試験の点数 (y) というような場合に使われます。

(証明)

$$\begin{aligned}\text{左辺} &= \sum_{i=1}^{n}(x_i + y_i) = (x_1 + y_1) + (x_2 + y_2) + \cdots + (x_n + y_n) \\ &= (x_1 + x_2 + \cdots + x_n) + (y_1 + y_2 + \cdots + y_n) \\ &= \sum_{i=1}^{n} x_i + \sum_{i=1}^{n} y_i \\ &= \text{右辺}\end{aligned}$$

これらの公式は、これからいろいろな場面で必要になります。章末の練習問題でしっかり理解しましょう。

3.3　平均からの偏差

平均と Σ の応用として平均からの偏差を取り上げます。次の章で平均からの偏差を用いて標本分散を定義します。

平均からの偏差は、次のように定義されます。

$$平均からの偏差 = (標本データ) - (標本データの平均) \tag{3.5}$$

図 3.1 に示すように、平均からの偏差は各データが平均からどれほど離れているかを表します。データが平均より小さい場合はマイナスになるので、正確には平均からの偏差の絶対値がデータの平均からの距離を表します。平均からの偏差の絶対値が大きいほどデータはその平均から離れていることになり、小さいほど平均に近いことになります。

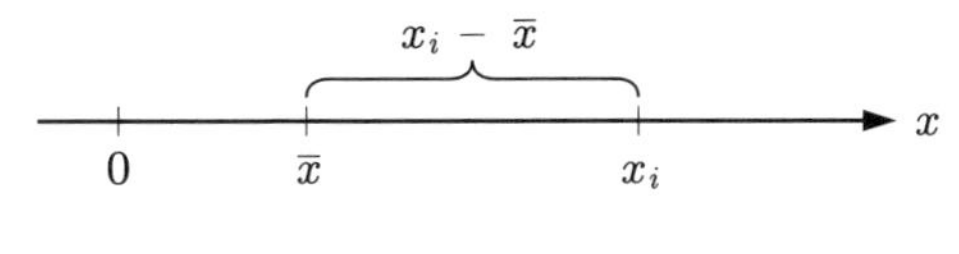

図 3.1　平均からの偏差

平均からの偏差は次のような性質があります。

$$平均からの偏差の和 = 0 \tag{3.6}$$

各データは、平均よりも小さい値も大きい値もあります。したがって、平均からの偏差はプラスの場合もマイナスの場合もあります。それらを標本データすべてについて和をとると、0 になるということです。

Σ を使って示すと、

$$\sum_{i=1}^{n}(x_i - \overline{x}) = 0 \tag{3.7}$$

となります。

(証明)

$$\begin{aligned}
左辺 &= \sum_{i=1}^{n}(x_i - \overline{x}) = \sum_{i=1}^{n} x_i - n\overline{x} \\
&= \sum_{i=1}^{n} x_i - n\frac{1}{n}\sum_{i=1}^{n} x_i \\
&= \sum_{i=1}^{n} x_i - \sum_{i=1}^{n} x_i \\
&= 0 = 右辺
\end{aligned}$$

例題について、平均からの偏差の和が0になるかどうか確かめてみましょう。

$$
\begin{aligned}
&(73-66.1)+(65-66.1)+(62-66.1)+(64-66.1)+(70-66.1) \\
&\qquad +(57-66.1)+(59-66.1)+(73-66.1)+(85-66.1)+(53-66.1) \\
&=6.9-1.1-4.1-2.1+3.9-9.1-7.1+6.9+18.9-13.1 \\
&=0
\end{aligned}
$$

このように、平均からの偏差の和はどんなデータについても0となります。

3.4　平均の計算

平均は次のような表を使って計算すると、電卓で計算するときに便利です。表の数値がどのように計算されているか、平均の定義式あるいは平均からの偏差の和がどのように計算されているか、確認してください。

表 3.1　平均と平均からの偏差の計算

標本番号	x_i	$x_i-\overline{x}$
1	73	6.9
2	65	−1.1
3	62	−4.1
4	64	−2.1
5	70	3.9
6	57	−9.1
7	59	−7.1
8	73	6.9
9	85	18.9
10	53	−13.1
合計	661	0
平均	66.1	—

第3章のまとめ

本章ではデータの分布の中心を表す特性値について学びました。データの分布の中心を表す特性値には標本平均、中央値、最頻値などがあります。この中で標本平均が一番頻繁に使われます。

標本データの合計は Σ を使って、表すことができます。また Σ にはいくつかの公式があり、以下の章で頻繁に使われます。

平均からの偏差はデータの値から標本平均の値を引いたものです。平均からの偏差の和は 0 となります。また、次章で平均からの偏差を使って、標本分散を定義します。

練習問題 3

1. 次の問いに答えよ。

(1) 標本データ $\{70, 35, 63, 48, 80\}$ が得られた。$\displaystyle\sum_{i=1}^{5} x_i$ を求めよ。

$$\sum_{i=1}^{5} x_i$$

(2) (1) の標本データを用いて、Σ 記号の定義に従い、次の式の値を求めよ。

(a) $\displaystyle\sum_{i=1}^{5}(x_i - 50)$

(b) $\displaystyle\sum_{i=1}^{5}(x_i - 50)^2$

(3) $\displaystyle\sum_{i=1}^{10} x_i = 50$ とする。公式を利用して、次の式の値を求めよ。

$$\sum_{i=1}^{10} 3x_i$$

(4) $\displaystyle\sum_{i=1}^{4} x_i = 50$ とする。公式を利用して、次の式の値を求めよ。

$$\sum_{i=1}^{4}(x_i + 10)$$

2. 次の等式を証明せよ。

(1) $\displaystyle\sum_{i=1}^{n}(x_i - \frac{1}{n}\sum_{i=1}^{n} x_i) = 0$

(2) $\displaystyle\frac{1}{n}\sum_{i=1}^{n}(x_i + C) = \overline{x} + C$

計算表 1　平均と平均からの偏差の計算

標本番号	x_i	$x_i - \overline{x}$
1		
2		
3		
4		
5		
6		
7		
8		
9		
10		
合　　計		

第4章　標本分布の値のばらつきを示す特性値

目的

データの分布のばらつき (変動) の度合いを示す特性値について理解する。

本章では、データの分布のばらつきあるいは広がりを示す特性値について学びます。具体的には分散、標準偏差、変動係数について学びます。それらの特性値 (分散、標準偏差、変動係数) をデータを用いて計算し、意味を理解しましょう。

例題 4.1 下記のデータは第 3 章の例題 3.1 で用いた体重のデータである。このデータの分布の広がりの度合いはどれだけか。

$$\{73, 65, 62, 64, 70, 57, 59, 73, 85, 53\}$$

4.1　分散 (variance)

ここでは、標本分散について学びます。**分散**は、データの分布のばらつきあるいは変動の度合いを示す特性値です。

さて、例題のデータのばらつきはどのように測ればよいでしょうか。分散は、平均を基準にしてそこから各データがどれだけ離れているかでばらつきを測ります。これは前章で学んだ平均からの偏差です。平均からの偏差の絶対値は、各データの平均からの距離を表すものです。したがって、(平均からの偏差の和) ／ (データの数) つまり平均からの距離の平均でそれを表すという方法が考えられます。ところが、前章で学んだように平均からの偏差の和は常に 0 になるのでこれは使えません。

次の方法としては、平均からの偏差の絶対値が考えられます。しかし、数学的には絶対値は非常に扱いにくいものです。たぶん皆さんも見たくないでしょう。ですからこれも使えません。そこで平均からの偏差の平方、すなわち平均からの偏差の 2 乗、$(x_i - \overline{x})^2$、を用います。平均からの偏差の平方はすべて正になります。かつ平均からより離れているデータの平均からの偏差の平方はより大きく、より近いデータのそれはより小さくなります。例えば、標本データを $\{3, 5, 10, 14, 18\}$ とすると、平均は 10 になります。2 番目のデータ、5 の平均からの偏差の平方は $(5-10)^2 = 25$、5 番目のデータ 18 の平均からの偏差の平方は $(18-10)^2 = 64$ となります。したがって、平均から離れるほど平均からの偏差の平方は大きく、平均に近いほど小さくなります。それを利用してデータの分布のばらつきを測ることができます。

平均からの偏差の平方の平均で、データの分布のばらつきを表すことができます。それが分散になります。

実際には標本分散は、

$$s^2 = \frac{\text{平均からの偏差の平方和}}{(\text{データの数} - 1)} \tag{4.1}$$

と定義されます。平均からの偏差の平方の平均といいながら、データの数 -1 で平均からの偏差の平方和を割っていることに皆さんは気づいたと思います。このことは気にしないでください。いまはデータの数 -1 で割ると覚えてください。

さて、例題について分散を計算すると

$$s^2 = \frac{1}{10-1}\left\{(73-66.1)^2 + (65-66.1)^2 + \cdots + (53-66.1)^2\right\} = 88.32$$

となります。これが標本データのばらつきを表します。

シグマ記号を使うと

$$s^2 = \frac{1}{n-1}\sum_{i=1}^{n}(x_i - \overline{x})^2 \tag{4.2}$$

と定義されます。

分散の値が大きければ、分布の変動が大きく、小さければ、分布の変動は小さいことになります。

4.2　標準偏差 (standard deviation)

さて分散について学びましたが、分散と同様、標準偏差もデータの分布のばらつきを表す特性値として使われます。標本標準偏差は分散の正の平方根なので、次のようになります。

$$\text{標本標準偏差} = \sqrt{\text{標本分散}} \tag{4.3}$$

すなわち、

$$s = \sqrt{s^2}$$

となります。

例題で計算すると

$$s = \sqrt{88.32} = 9.40$$

となります。

なぜ、標準偏差が必要なのでしょうか。分散で十分ではないかと皆さんは思うかもしれません。分散は平均からの偏差の平方を用いて計算されます。したがって、元のデータと単位が異なります。例題で説明すると、例題のデータの単位は kg ですから、分散の単位は kg^2 になっています。これを元の kg にもどすため正の平方根をとるわけです。したがって、標準偏差の単位は元のデータと同じ kg になります。

4.3 変動係数（coefficient of variation）

データの分布のばらつきを表す特性値としてもう 1 つ変動係数があります。これは次のように定義されます。

$$\text{変動係数}\ CV = \frac{\text{標準偏差}}{\text{平均}} \qquad \text{または} \quad CV = \frac{\text{標準偏差}}{\text{平均}} \times 100 \tag{4.4}$$

変動係数は主に異なるデータのばらつきを比べるときに使われます。次の例をみてください。

$$A\{50, 70, 90\} \quad \overline{x} = 70,\ s^2 = 400,\ s = 20,\ CV = 0.29$$
$$B\{10, 20, 30\} \quad \overline{x} = 20,\ s^2 = 100,\ s = 10,\ CV = 0.5$$

それぞれ平均、分散、標準偏差、変動係数が計算されています。A のデータは平均が大きく、標準偏差も大きいのですが、B のデータは平均が小さく、標準偏差は小さくなっています。ところが、変動係数は B のデータの方が大きくなっています。分散、標準偏差は平均を基準にしてデータのばらつきをはかっています。したがって、平均の大きさに影響されるわけです。このようなデータで変動の大きさを比べる場合、平均で標準偏差を除して変動の大きさを比較する必要があります。

4.4 データの標準化

ある場合に、データの標準化をしなければならないことがあります。これはデータを別な数値に変換する方法です。標準化は次の式のようになります。

$$z = \frac{\text{標本データ} - \text{平均}}{\text{標準偏差}} \tag{4.5}$$

記号を使うと、

$$z_i = \frac{x_i - \overline{x}}{s}$$

となります。つまり、平均からの偏差を標準偏差で割ったものです。

この標準化の意味を説明すると以下のようになります。標準化の式の分子は各データの平均からの偏差ですから、各データの平均からの距離すなわちどのくらい離れているかを表しています。分母は標準偏差ですから、標準偏差の値を 1 として平均からの偏差を測り直したことになります。

標準化の意味を考えると、皆さんは直感的に標準化された変数 z の平均は 0、標準偏差は 1 となることがわかると思います。シグマ記号をもう皆さんは学んでいますので、公式を使ってこのことを証明してみましょう。

○ 標準化した変数の平均が 0 となることの証明

$$\overline{z} = \frac{1}{n}\sum_{i=1}^{n} z_i = \frac{1}{n}\sum_{i=1}^{n}\frac{x_i - \overline{x}}{s} = \frac{1}{sn}\sum_{i=1}^{n}(x_i - \overline{x}) = 0$$

○ **標準化した変数の標準偏差が 1 となることの証明**

$$
\begin{aligned}
s_z^2 &= \frac{1}{n-1}\sum_{i=1}^{n}(z_i-\overline{z})^2 \ = \ \frac{1}{n-1}\sum_{i=1}^{n}(z_i-0)^2 \\
&= \frac{1}{n-1}\sum_{i=1}^{n}z_i^2 \ = \ \frac{1}{n-1}\sum_{i=1}^{n}\left(\frac{x_i-\overline{x}}{s}\right)^2 \\
&= \frac{1}{s^2(n-1)}\sum_{i=1}^{n}(x_i-\overline{x})^2 \\
&= \frac{1}{s^2}s^2 \\
&= 1
\end{aligned}
$$

皆さんもよくご存じの偏差値は、標準化された変数 z を使って次のようになります。

$$
\text{偏差値} = z_i \times 10 + 50 \tag{4.6}
$$

偏差値の平均は 50、標準偏差が 10 です。例えば、統計学の試験の点数を偏差値に直すことが出来ます。もとの平均が何点であっても、偏差値に直すと平均は 50 点となります。これは入学試験の選択科目の平均点が大きく異なるときに各科目の点数を偏差値に直し、それから合計点を計算し、選択科目間の難易度の調整をすることがあります。

4.5　分散の変形

分散の式は次のように変形可能です。パソコンの統計ソフトでは変形した式で分散を計算していることが多いようです。

$$
\begin{aligned}
s^2 &= \frac{1}{n-1}\sum_{i=1}^{n}(x_i-\overline{x})^2 = \frac{1}{n-1}\sum_{i=1}^{n}({x_i}^2-2\overline{x}x_i+\overline{x}^2) \\
&= \frac{1}{n-1}\left\{\sum_{i=1}^{n}{x_i}^2-2\overline{x}\sum_{i=1}^{n}x_i+n\overline{x}^2\right\} \\
&= \frac{1}{n-1}\left\{\sum_{i=1}^{n}{x_i}^2-2\left(\frac{1}{n}\sum_{i=1}^{n}x_i\right)\sum_{i=1}^{n}x_i+n\left(\frac{1}{n}\sum_{i=1}^{n}x_i\right)^2\right\} \\
&= \frac{1}{n-1}\left\{\sum_{i=1}^{n}{x_i}^2-2\frac{1}{n}\left(\sum_{i=1}^{n}x_i\right)^2+\frac{1}{n}\left(\sum_{i=1}^{n}x_i\right)^2\right\} \\
&= \frac{1}{n-1}\left\{\sum_{i=1}^{n}{x_i}^2-\frac{1}{n}\left(\sum_{i=1}^{n}x_i\right)^2\right\}
\end{aligned} \tag{4.7}
$$

4.6 分散の計算

前章と同様に、計算シートを使って分散、標準偏差、変動係数を計算してみましょう。

このように、表を使うと電卓を使って、平均、分散、標準偏差、変動係数が容易に計算できます。

表 4.1 分散の計算

標本番号	x_i	$x_i - \overline{x}$	$(x_i - \overline{x})^2$
1	73	6.9	47.61
2	65	−1.1	1.21
3	62	−4.1	16.81
4	64	−2.1	4.41
5	70	3.9	15.21
6	57	−9.1	82.81
7	59	−7.1	50.41
8	73	6.9	47.61
9	85	18.9	357.21
10	53	−13.1	171.61
合計	661	0	794.9
平均	66.1	分散	88.32
		標準偏差	9.40

第4章のまとめ

本章ではデータの分布の変動を表す特性値について学びました。それは、標本分散、標本標準偏差、変動係数でした。標本分散は平均からの偏差の平方和を $n-1$ で割ったもの、また、標本分散の正の平方根が標本標準偏差です。変動係数は標本標準偏差を平均で割ったものです。

練習問題 4

1. 次の標本データについて、平均、分散、標準偏差、変動係数を求めよ。

$$\{193, 192, 178, 185, 171, 179, 176, 186, 182, 179\}$$

2. 標本データ $\{6, 10, 17\}$ が得られた。平均、分散、標準偏差、変動係数を求めよ。また、17 を 101 に置き換えて、平均、分散、標準偏差、変動係数を求めよ。

3. 各学生の統計学の試験の点数に 10 点を加えた。点数を加えた後の平均と分散は、点数を加える前と比べてどのように変化したか答えよ。

計算表 2　分散と標準偏差の計算

標本番号	x_i	$x_i - \bar{x}$	$(x_i - \bar{x})^2$
1			
2			
3			
4			
5			
6			
7			
8			
9			
10			
合　　計			

第5章　確率分布 (離散型)

目的

統計学の主要な分布を導く確率分布という考え方を理解する。

前章までの標本集団では実際に入手したデータを基にして計数したり、(度数) 分布を作ったりしましたが、その目的とするところは、ほとんどの場合そこに留まらずに、この標本を含むより大きな集団 (母集団) について知ることにあります。例えば、選挙のときに出口調査ということが行われますが、調査を受けた人たち (標本) が誰に投票したかを知ることだけがその目的ではありません。過去の情報とこの調査の結果から、まだ判明していない全体 (母集団) の当落を早期に割り出すのが目的です。選挙のときは最後に全数調査をしますが、通常は真の母集団は不明のままで、このようにその一部である標本の調査、観測などから全体の母集団について知りたいことの統計的推測をいろいろ行うことが求められます。

そのためには、それぞれの標本に相応しい数学的モデルとなる分布 (母集団分布) が必要です。母集団分布は標本と違って直接に手にすることができないことを対象とする分布ですから、**確率**という考え方を利用します。確率は、ばらばらで全くの偶然性によって起こると思われる事柄の中にも実は規則性があって、それを数値にして明らかにする方法ともいえます。

今後は確率の考え方を利用して導き出されるいくつかの主要な分布を学ぶことになりますが、その前にこの確率について今後との関連の強い部分にしぼって簡単に学びます。

5.1　確率

5.1.1　確率の定義

確率を求めるために、例えば「正しいさいころを1個振る」とします。これを**試行**といいます。その結果起こる事柄を**事象**といい、アルファベットの大文字 A、B、C、$\cdots$ で表します。この試行の結果は「1の目、2の目、3の目、4の目、5の目、6の目」のいずれかの目が出ます。事象には、「1の目」、「2の目」のような個々の目である最小単位となる**根元事象**と「偶数の目」のような複数の根元事象からなるもの、またすべての根元事象の集まりである**全事象** (Ω で表す) があります。さらに可能な結果となる事象を1つも含まない、つまり決して起こらない空事象 ($\emptyset$ で表す) も加えます。

(1) 数学的確率 (先験的確率)

ある試行の結果起こりうる場合が全部で n 通りあり、それらはすべて同程度の確からしさで起こるとします。このとき事象 A の起こる場合が r 通りあるとすると、事象 A の起こる確率

(probability) を $P(A)$ と表し

$$P(A) = \frac{r}{n} \tag{5.1}$$

と定義します。

先のさいころの試行で「正しいさいころ」とあって違和感を感じた人もいたでしょう。それはこの確率の定義の「同程度に確からしく起こる」ということを裏付ける意味で敢えてつけたものです。したがって、この試行の結果、1から6までの目の出る確率が各々$\frac{1}{6}$であることは納得できるでしょう。

ただし注意してほしいのは、この試行の結果、例えば「1の目」が出るという事象の確率が$\frac{1}{6}$であるというとき、実際にさいころを6回振ればどこかで必ず1回「1の目」が出るということを保証するものではありません。そうではなくて、同じ確からしさで全部で6通りの場合があり、「1の目」が出るのはそのうちの1通りの場合であるから、その確率は$\frac{1}{6}$であるという理論的な計算をした結果を示しているのです。したがって、計算をするときには、該当する「場合の数」を求めることになります。

数学的確率の定義は「同程度に確からしく起こる」ことを前提にしていますから、そうでない場合やもしくはそれが不明な場合にはこの定義は利用することができません。例えば特定の目が出やすくなっている不正なさいころや「鳥インフルエンザにかかる確率」などのような場合です。こういう場合も含めた確率の定義が次の統計的確率です。

(2) 統計的確率

これはともかく実際に繰り返し実行して数え上げてその結果から求める確率です。この統計的確率は、実行する回数が多くなればなるほど、面白いことに先の数学的確率にどんどん近づいていくことがわかっています。

すなわち、ある試行を n 回繰り返し行うとき、事象 A の起こる回数を $n(A)$ とすると

$$n \to \infty \text{ ならば } \frac{n(A)}{n} \to p \text{ (一定の値)}$$

となるなら、その確率 $P(A)$ は

$$P(A) = p \tag{5.2}$$

と定義します。

この本では確率の定義はここまでとします。

確率については次のことが成り立ちます。

(a) 任意の事象 A について

$$0 \leqq P(A) \leqq 1 \tag{5.3}$$

(b) $P(\emptyset) = 0$ (空事象の確率。決して起こらない確率)
$P(\Omega) = 1$ (全事象の確率。必ず起こる確率)

5.1.2 確率の計算

(1) 場合の数、順列、組合せ

場合の数の数え方で少し複雑になったとき役立つものに順列、組合せがあります。

例えば 1、2、3、4、5 の 5 個の異なる数があり、この 5 種類の数を全部使って 5 桁の数字を作るとします。先頭の万の位にはどの数が来てもいいですから 5 通りの場合があります。次の千の位は、万の位で使った数を除いた 4 種類の数がそれぞれ来ていいですから、4 通りです。

同様に考えて、百の位、十の位、一の位はそれぞれ 3 通り、2 通り、1 通りとなりますから

$$5 \times 4 \times 3 \times 2 \times 1 = 120 \text{（通り）}$$

できます。

このように、異なるものを順番に並べる並べ方を**順列** (permutation) といい、いまの例は

$${}_5P_5 \quad \text{（左側の 5 は全種類数、右側の 5 は利用する種類数）}$$

と表します。つまり、5 種類の異なる数すべてを 1 列に並べて 5 桁の数字を作る式は

$${}_5P_5 = 5 \times 4 \times 3 \times 2 \times 1 = 120 \text{（通り）}$$

です。ある数字（ここでは 5 から）から 1 ずつ減らしていった数を最後が 1 になるまで掛けたときを特に**階乗**といい、5! と表します。すなわち $5! = 5 \times 4 \times 3 \times 2 \times 1$、一般に

$$n! = n \times (n-1) \times (n-2) \times \cdots \times 3 \times 2 \times 1 \quad \text{（ただし、}0! = 1\text{ とします）} \tag{5.4}$$

先と同じ 5 種類の数で 5 桁の数字を作るのですが、「万の位、千の位の上 2 つの位だけ」を決めるとするときは、万の位は 5 通り、千の位は 4 通りです。したがって

$${}_5P_2 = \frac{5!}{3!} = \frac{5 \times 4 \times 3 \times 2 \times 1}{3 \times 2 \times 1} = 5 \times 4 = 20$$

このときは先の 5 種類すべてを使って作った場合のうち、残りの 3 種類の位（百、十、一）は不要になりますから、5 種類すべてを使った並べ方 5! を残り 3 種類の数の並べ方の総数 3! で割って求めることもできます。すなわち、順列の一般形の式を記します。

$$\begin{aligned} {}_nP_r &= n \times (n-1) \times (n-2) \times \cdots \times (n-(r-1)) \text{（取りだす } r \text{ 個の積）} \\ &= \frac{n!}{(n-r)!} \end{aligned} \tag{5.5}$$

ところで、先の異なる 5 種類の数から 2 種類の数を取りだして、単に数の組合せを作りたいだけだったら何通りでしょうか。組合せは、並び方は問題となりません。例えば 1 と 5 の数を取りだしたとき (1, 5) と (5, 1) は同じものとみなします。このように、順列 ${}_5P_2$ で取りだした場合の数の中、2 個の数の組合せとみなせる並び方は 2! 通りあるので割ります。したがって、5 個の異なるものから 2 個を取りだす**組合せ** (combination) を

$${}_5C_2$$

と表すとき、その計算は

$${}_5C_2 = \frac{{}_5P_2}{2!} = \frac{5 \times 4}{2 \times 1} = 10 \text{（通り）}$$

となり、一般に n 個の異なるものから r 個を取りだす組合せは、式 (5.5) より

$$ {}_nC_r = \frac{{}_nP_r}{r!} = \frac{n!}{(n-r)!\,r!} \quad （ただし、0! = 1 とします） \tag{5.6}$$

となります。

(2) 加法定理と排反

これから実際に使われる事象どうしの関係を事象 A、B に絞って、先にみてみます。理解の一助として、全事象 Ω を長方形で表し、内部に円を描いて事象 A、B などを表すベン図を付記します。

和事象 $\boldsymbol{A \cup B}$：A かまたは B のどちらかが起こる事象[††]。

積事象 $\boldsymbol{A \cap B}$：A と B が同時、あるいは引き続いて起こる事象。

余事象 $\boldsymbol{\overline{A}}$：$A$ が起こらない、すなわち A 以外が起こる事象。

排反事象 $\boldsymbol{A \cap B = \emptyset}$：$A$ と B は同時には決して起こらない事象。このとき、事象 A と B は互いに排反であるという。

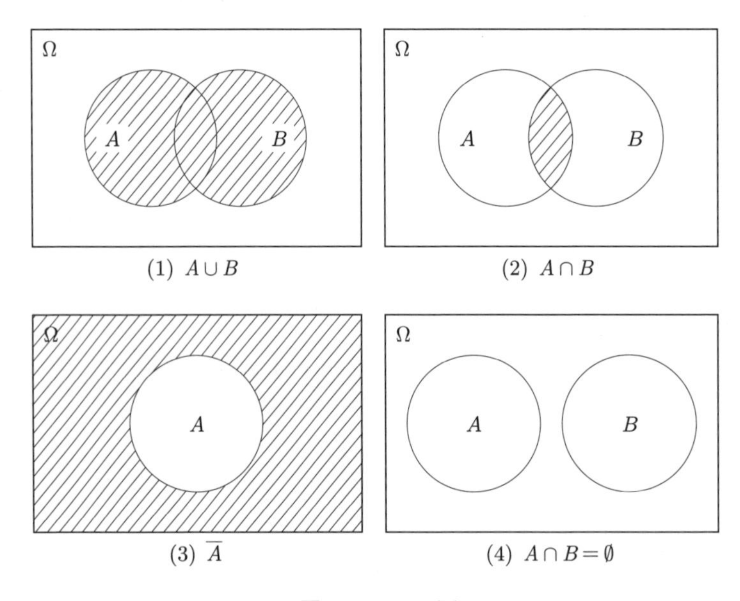

図 5.1　ベン図

次にそれらの確率を考えます。まず和事象の確率である加法定理です。

2つの事象 A、B が互いに排反であるときの例をあげます。正しいさいころを1個振るという試行で、事象 A を「1の目」が出るとし、事象 B を「2の目」が出るとするとき、1の目と2の目が同時に出ることは決してありません。「1の目」が出るか、または「2の目」が出ると

[††] $A \cup B$（A cup B、A カップ B と読む）はまさにカップの形に似ています。$A \cap B$（A cap B、A キャップ B と読む）は帽子の形に似ています。また $\overline{A}$ は A バーと読みます。

いう和事象 $A \cup B$ の確率を $P(A \cup B)$ と表します。このように 2 つの事象が**互いに排反**であるときには、和事象の確率は各々の事象の確率を加えて求めます。これを**加法定理**といいます。

$$P(A \cup B) = P(A) + P(B) = \frac{1}{6} + \frac{1}{6} = \frac{1}{3}$$

しかし事象 C を「奇数の目」が出るとすると、事象 A と事象 C はどちらも「1 の目」がありますから、そのまま加えると「1 の目」を 2 度数えることになります。したがって、重複する「1 の目」の分を除く必要があります。このようなとき 2 つの事象は排反でないといいます。そして排反でないときは次のように計算します。

$$P(A \cup C) = P(A) + P(C) - P(A \cap C) = \frac{3}{6} + \frac{1}{6} - \frac{1}{6} = \frac{1}{2}$$

加法定理は、お互いに排反のときがよく利用されますから、その一般形を記します。

[定理 5.1]　加法定理（排反事象のとき）

互いに排反である事象 $A_1, A_2, \cdots, A_n$ に対して、

$$P(A_1 \cup A_2 \cup \cdots \cup A_n) = P(A_1) + P(A_2) + \cdots + P(A_n) \tag{5.7}$$

[定理 5.2]　余事象 $\overline{A}$ の確率

$$P(\overline{A}) = 1 - P(A) \tag{5.8}$$

(3)　乗法定理と独立

「正しいさいころを 2 回振る」試行で、「始めに 1 の目が出る」を事象 A、「次の回で 1 の目が出る」を事象 B とし、続いて 2 回とも「1 の目」が出るとき、つまり積事象 $A \cap B$ の確率 $P(A \cap B)$ を考えてみます。1 回目のさいころの目の出方と 2 回目のさいころの目の出方は互いに何ら影響を及ぼすこともなく独立してそれぞれ出ますから、事象 A に引き続いて事象 B が起こる確率は各々の確率を掛けて求めます。

$$P(A \cap B) = P(A) \times P(B) = \frac{1}{6} \times \frac{1}{6} = \frac{1}{36}$$

このように、先の事象と後の事象の 2 つの事象 A、B が互いに何の影響を与えることもなく**独立**しているとき「事象 A が起こり、かつ（または引き続いて）事象 B が起こる確率」はそれぞれの確率の積で求められます。これを各事象が独立のときの**乗法定理**といいます。より使われることの多い乗法定理の一般形を記します。

○ 乗法公式（独立事象のとき）

一般に事象 $A_1, A_2, \cdots, A_n$ が独立のとき

$$P(A_1 \cap A_2 \cap \cdots \cap A_n) = P(A_1) \times P(A_2) \times \cdots \times P(A_n) \tag{5.9}$$

独立でない例もあげておきます。例えば 10 本のうち 2 本の当たりがあるくじ引きで、甲、乙の順でくじを引くとします。甲が当たった（事象 A）後に乙がくじを引くときは、先にくじを引

いた甲の影響を受けて全部のくじの数も当たりのくじの数も、それぞれ1本ずつ減って9本と1本になります。したがって、このときの乙の当たる(事象 B)の確率は、甲の影響を受けたこの新しい条件の下で行われますから、

$$P(B|A)$$

と表します。つまり先行する事象 A により新たな条件が付いた下での、独立ではない事象 B の確率を表しています。このようなときの確率を**条件付き確率**といいます。この確率は

$$P(B|A) = \frac{1}{9}$$

上例で、A が当たって続いて次に B も当たる確率は次の式となります。

$$P(A \cap B) = P(A) \times P(B|A) = \frac{2}{10} \times \frac{1}{9} = \frac{1}{45}$$

2つの事象 A、B が互いに独立であるというのは

$$P(B|A) = P(B)$$

のときでした。始めの事象は、後の事象に何の影響も与えないのが式からもみて取れるでしょう。

5.2　確率分布

5.2.1　確率変数

「正しいさいころを振る」という試行の1回毎の結果は予測できないことですが、1の目か2の目か3の目か4の目か5の目か6の目のいずれかが出ることは明らかです。そしてそれぞれの目はみてきたように $\frac{1}{6}$ という確率をともなっていました。さいころのこの1、2、3、4、5、6の目のように、確率がともなう変数を**確率変数**といいます。確率が付随するところが、いわゆる数学でいう変数と異なります。

またこのように、変数がとびとびの値をとるとき、**離散型確率変数**といいます。これに対して、長さや時間のように連続した値をとるときは、**連続型確率変数**といいます。ここではまず離散型確率変数の場合を取り上げることにします。

確率変数をアルファベットの大文字の X で表すと、さいころの例では $X=$1、2、3、4、5、6です。またそれぞれの確率を

「1の目の出る確率は1/6」　を　$P(X=1)=1/6$
「2の目の出る確率は1/6」　を　$P(X=2)=1/6$
「3の目の出る確率は1/6」　を　$P(X=3)=1/6$
「4の目の出る確率は1/6」　を　$P(X=4)=1/6$
「5の目の出る確率は1/6」　を　$P(X=5)=1/6$
「6の目の出る確率は1/6」　を　$P(X=6)=1/6$

と表します。

この試行による確率変数 X の各々に対応するすべての確率の和を求めると

$$\frac{1}{6}+\frac{1}{6}+\frac{1}{6}+\frac{1}{6}+\frac{1}{6}+\frac{1}{6}=\frac{6}{6}=1$$

さいころを振るときだけでなく、ある試行の結果の**すべての確率変数の確率の合計は常に1**です。

5.2.2　確率分布

ある試行の結果のすべての確率変数 X の値と、それぞれの確率を書き並べたものを**確率分布**といいます。さいころの例を表で示すと

表 5.1　さいころの目の確率分布

X	1	2	3	4	5	6	合計
その確率	$\frac{1}{6}$	$\frac{1}{6}$	$\frac{1}{6}$	$\frac{1}{6}$	$\frac{1}{6}$	$\frac{1}{6}$	$\frac{6}{6}=1$

図で示すと

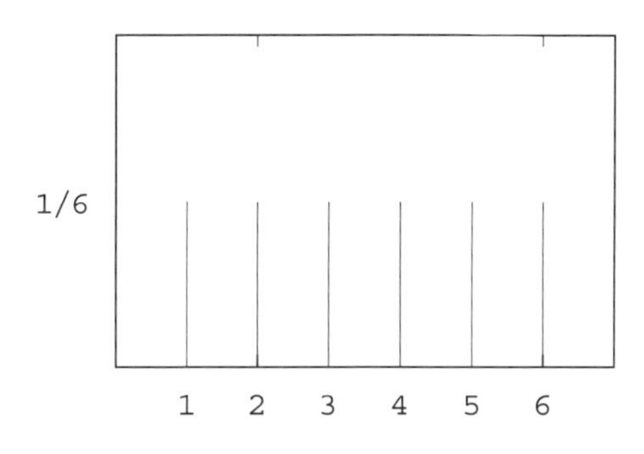

図 5.2　さいころの目の確率分布図

このように、すべての確率変数の確率が等しいときは、特に**離散型一様分布**といいます。

例題 5.1　「3枚の正しい硬貨を同時に投げる」という試行で「表の出る枚数」を確率変数Xとするときの確率分布を求め、図示せよ。

〔解説〕

起こりうるすべての根元事象をあげます。1枚目、2枚目、3枚目の順に出方を示すと

(3)	(2)	(2)	(2)	(1)	(1)	(1)	(0)
表表表	表表裏	表裏表	裏表表	表裏裏	裏表裏	裏裏表	裏裏裏

の8通りあります。上の括弧の中の数字は「表の出る枚数」です。したがって、表の出る枚数という確率変数 X は0、1、2、3という数字をとり、それぞれの確率は、上の図から明らかなように

$$P(X=0)=\frac{1}{8}$$

$$P(X=1)=\frac{3}{8}$$

$$P(X=2)=\frac{3}{8}$$
$$P(X=3)=\frac{1}{8}$$

表にすると

表 5.2　3枚の硬貨を投げたときの確率分布

X	0	1	2	3	合計
その確率	$\frac{1}{8}$	$\frac{3}{8}$	$\frac{3}{8}$	$\frac{1}{8}$	$\frac{8}{8}=1$

図で示すと

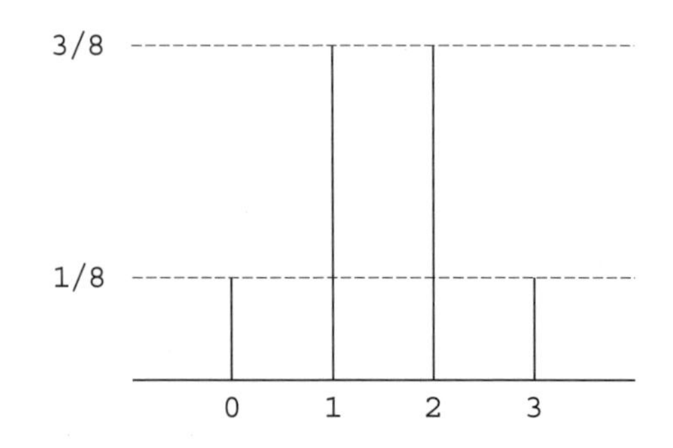

図 5.3　3枚の硬貨を投げたときの確率分布図

となります。

一般に離散型確率分布は、確率変数を X、その実現値を x_i、また各々の実現値 x_i に対応する確率を p_i とするとき（ただし、$i=0,1,2,\cdots$）、すなわち

$$P(X=x_0)=p_0, P(X=x_1)=p_1,\cdots,P(X=x_i)=p_i,\cdots$$

のとき

$$p_0+p_1+p_2+\cdots+p_i+\cdots=1$$

を満たしています。

第5章のまとめ

事象 A が起こる確率を $P(A)$ と表します。確率は0から1までの実数で表し、空事象の確率（$P(\emptyset)$）は0、全事象の確率（$P(\Omega)$）は1となります。確率の計算は、順列（${}_nP_r$）や組合せ（${}_nC_r$）を使って数え上げたり、加法定理や乗法定理などを用いて計算します。

確率変数とは、変数の値ごとに確率が与えられた変数です。そして、確率変数の値とそれぞれの確率を並べたものを確率分布といいます。

練習問題 5

1. 次の計算をせよ。電卓でも確かめよ。

(1) 6!　(2) 10!　(3) ${}_6P_2$　(4) ${}_6C_2$　(5) ${}_6C_4$　(6) ${}_{10}C_0$　(7) ${}_{10}C_{10}$

2. 次の確率を求めよ。

(a) 1、2、3、4、5 の 5 種類の数から 3 種類の数を取りだして 3 桁の数字を作るとき、先頭の数（百の位）が 5 に決まっているときの確率。

(b) 4、5、6、7、8 の 5 種類の数から 2 種類の数の組を取りだすとき、その 2 数の和が 1 桁とならない確率。

3. ジョーカーを除く 52 枚のトランプから 1 枚を取る試行で、次の 2 つの結果のうち「互いに排反」であるものはどれか。

(a) スペードとハート

(b) キングとダイヤ

(c) 絵札と数字札

(d) 絵札とハートのクイーン

4. 大小 2 個の正しいさいころを振る試行で、次の確率を求めよ。

(a) 目の和が 3 となるときの確率

(b) 目の和が 3 以下となる確率

(c) 目の和が 7 となるときの確率

(d) 同じ目が出ない確率

5. 次の確率を求めよ。

(a) 3 枚の正しい硬貨を投げる試行で、1 枚目も 2 枚目も 3 枚目も表が出る確率。

(b) R 大学 S 学部の学生数は全学生の $\frac{1}{5}$ であり、S 学部の学生の男女比は 1 : 2 であるとき、この学校の学生を 1 人選んでその学生が S 学部で男子である確率。

6. 「2 個の正しいさいころを振る」試行で、起こりうるすべての根元事象は下のとおりである。これを利用して、「2 個のさいころの目の和」を X としたとき、X は確率変数となるか。また確率変数のときは、確率分布の表と図も記せ。

1 個目 \2 個目	1	2	3	4	5	6
1	(1,1)	(1,2)	(1,3)	(1,4)	(1,5)	(1,6)
2	(2,1)	(2,2)	(2,3)	(2,4)	(2,5)	(2,6)
3	(3,1)	(3,2)	(3,3)	(3,4)	(3,5)	(3,6)
4	(4,1)	(4,2)	(4,3)	(4,4)	(4,5)	(4,6)
5	(5,1)	(5,2)	(5,3)	(5,4)	(5,5)	(5,6)
6	(6,1)	(6,2)	(6,3)	(6,4)	(6,5)	(6,6)

コラム：$\sum$とExcelのSUM関数

Excelでは、データを合計する関数としてSUMという関数が用意されています。例えば、A11セルにA1のセルからA10のセルにある数値の合計値を計算するとき、

(1) A11セルにセルを移動する。

(2) Σのボタンをクリックする。

(3) A1からA10の範囲を選択して、「Enter」を押す。

とします。

	A	B
1	1	
2	2	
3	3	
4	4	
5	5	
6	6	
7	7	
8	8	
9	9	
10	10	
11	=SUM(A1:A10)	
12		

Excelによる合計

このとき、A11セルに「=SUM(A1:A10)」と入力され、「A1のセルからA10のセルまで合計」します。

さて、これを数式のΣで示すと、

$$\sum_{i=1}^{10} A_i$$

となります。

みてわかるように、ExcelのSUM関数と数式のΣの表示は、とても似ています。

第6章　二項分布

目的

変数がとびとびの値をとる離散型確率分布の代表である、二項分布を理解する。

離散型確率分布のうち、もっともよく利用され重要なのは**二項分布** (binomial distribution) です。これは文字通り 2 つの項、すなわち 1 回の試行である事象 A が起こるときと起こらないとき、例えば商品チェックの良品と不良品のように、2 種類の結果のみが生じる観測や実験などに適用されます。このような試行を**ベルヌーイ試行**ともいいます。独立な n 回のベルヌーイ試行を行うことにより生じる分布が二項分布です。

この分布を特徴づける二項定理について、まずみてから、二項分布を学びましょう。

6.1　二項定理

6.1.1　ベルヌーイ試行の確率分布

二項分布となる確率分布では、1 回の試行である事象 A が起こる場合と起こらない場合の 2 種類の結果のみである、といいました。そこで A が起こらない場合を余事象 $\overline{A}$ で表すことにします。また事象 A が起こる確率を p とすると、起こらない確率は $1-p$ でした。これを 1 文字で q とも表すことにします。すなわち

$$P(A) = p, \quad P(\overline{A}) = 1 - p = q$$

ここで、$p + q = 1$（1 回の試行はこの 2 結果だけですから）

具体例でみてみます。

例題 6.1 1 個の正しいさいころを 3 回振る試行で「1 の目」が出る（事象 A とする）回数 X の確率分布を求めよ。

〔解説〕

事象 A は「1 の目」が出る、事象 $\overline{A}$ は 1 の目が出ない、すなわち「2、3、4、5、6」のいずれかの目が出る、という 1 回の試行で 2 つの結果のみが出るというベルヌーイ試行の例です。また、

$$P(A) = \frac{1}{6} \quad P(\overline{A}) = \frac{5}{6} = 1 - p = q$$

3 回の試行の結果起こるすべての根元事象を 1 回目、2 回目、3 回目の順で示すと

(3)	(2)	(2)	(2)	(1)	(1)	(1)	(0)
AAA	$AA\overline{A}$	$A\overline{A}A$	$\overline{A}AA$	$A\overline{A}\overline{A}$	$\overline{A}A\overline{A}$	$\overline{A}\overline{A}A$	$\overline{A}\overline{A}\overline{A}$

上の括弧の中の数字は「1の目」が出るという事象 A の起こる回数です。

したがって、確率変数 X は0、1、2、3の4個の数からなります。次に、それぞれの確率変数の値に対応する確率を求めます。

$X=2$ の場合、すなわち2回「1の目」が出る、言い換えれば3回の中の2回が「1の目」で、他の1回はそれ以外の目が出る場合を取り上げます。このときは上図のように3通りあります。2つの「1の目」は順番は問いませんから、この数は組合せの ${}_3C_2$ で求められます。また2回「1の目」が出て残りの1回は他の目が出る確率は、さいころを振るという試行は何回振ろうと独立試行ですから、式(5.9)より

$$\left(\frac{1}{6}\right)^2\left(\frac{5}{6}\right)^1$$

です。したがって

$$P(X=2)={}_3C_2\left(\frac{1}{6}\right)^2\left(\frac{5}{6}\right)^1=3\times\left(\frac{1}{6}\right)^2\left(\frac{5}{6}\right)^1=3\left(\frac{1}{6}\right)^2\left(\frac{5}{6}\right)$$

で求めることができます。同様にして、残りのそれぞれの確率を求めると

$$P(X=0)={}_3C_0\left(\frac{1}{6}\right)^0\left(\frac{5}{6}\right)^3=1\times1\times\left(\frac{5}{6}\right)^3=\left(\frac{5}{6}\right)^3$$

$$P(X=1)={}_3C_1\left(\frac{1}{6}\right)^1\left(\frac{5}{6}\right)^2=3\times\left(\frac{1}{6}\right)^1\left(\frac{5}{6}\right)^2=3\left(\frac{1}{6}\right)\left(\frac{5}{6}\right)^2$$

$$P(X=3)={}_3C_3\left(\frac{1}{6}\right)^3\left(\frac{5}{6}\right)^0=1\times\left(\frac{1}{6}\right)^3\times1=\left(\frac{1}{6}\right)^3$$

すべての確率変数の各々の確率の合計を求めます。

$$\left(\frac{5}{6}\right)^3+3\left(\frac{1}{6}\right)\left(\frac{5}{6}\right)^2+3\left(\frac{1}{6}\right)^2\left(\frac{5}{6}\right)+\left(\frac{1}{6}\right)^3$$
$$=\frac{5^3+3\times5^2+3\times5+1}{6^3}=\frac{216}{216}=1$$

以上を表と図で示します。

表6.1　さいころを3回振って「1の目」の出る回数の確率分布

X	0	1	2	3	合計
その確率	$\left(\frac{5}{6}\right)^3$	$3\left(\frac{1}{6}\right)\left(\frac{5}{6}\right)^2$	$3\left(\frac{1}{6}\right)^2\left(\frac{5}{6}\right)$	$\left(\frac{1}{6}\right)^3$	$\frac{216}{216}=1$
	0.579	0.347	0.069	0.005	

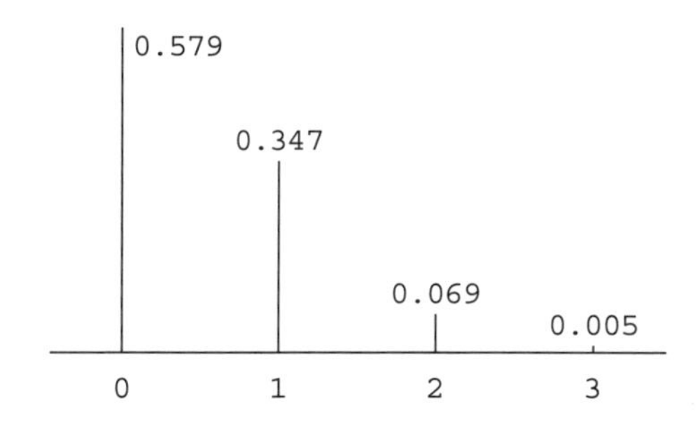

図 6.1　さいころを 3 回振って「1 の目」の出る回数の確率分布

例題 6.1 の試行回数 $n = 3$ のときで、「1 の目」が出るときと出ないときの確率をそれぞれ p、q と置き換えると、次の展開式の中に各々の確率変数の確率を求める式が出ています。

$$
\begin{aligned}
(p+q)^3 &= \sum_{x=0}^{3} {}_3C_x \, p^x \, q^{3-x} \\
&= {}_3C_0 \, p^0 \, q^3 + {}_3C_1 \, p^1 \, q^2 + {}_3C_2 \, p^2 \, q^1 + {}_3C_3 \, p^3 \, q^0 \\
&= {}_3C_3 \, p^3 \, q^0 + {}_3C_2 \, p^2 \, q^1 + {}_3C_1 \, p^1 \, q^2 + {}_3C_0 \, p^0 \, q^3 \quad \text{（見慣れた順序に変更）} \\
&= p^3 + 3p^2 \, q + 3p \, q^2 + q^3
\end{aligned}
$$

上の式の中の x の値が事象 A が起こる回数の数、つまり確率変数 X の実現値です。左辺の肩の指数の 3 は試行回数の数、括弧の中は 1 回の試行で起こりうる 2 つの事象の確率です。

先の結果と見比べてください。また左辺の括弧の中は

$$
p + q = p + (1-p) = 1 \,, \quad 1^3 = 1
$$

ですから、右辺のすべての確率変数の値に対応する確率の和=1 となり、確かにさいころを 3 回振るこのベルヌーイ試行は確率分布となります。

例題 6.1 で、確率変数のとる値に対する確率を導く式を文章で示すと

$$
\text{(組合せ)} \cdot \text{(求める事象の確率)}^{\text{回数}} \cdot \text{(そうならない余事象の確率)}^{\text{回数}}
$$

です。式で表すと

$$
{}_3C_x \left(\frac{1}{6}\right)^x \left(\frac{5}{6}\right)^{3-x}
$$

となり、一般形は

$$
{}_3C_x \, p^x \, q^{3-x} \qquad \text{(ただし、} x = 0, 1, 2, 3\text{)}
$$

です。

6.1.2　二項定理

このように、独立な n 回のベルヌーイ試行の確率分布の各々の確率を求める式は $(p+q)^n$ の展開式の各項に出ています。したがって、試行回数 n がどんな数でも適用できる**二項定理**の一

般形を記します。

$$
\begin{aligned}
(p+q)^n &= \sum_{x=0}^{n} {}_nC_x\, p^x q^{n-x} \qquad (6.1)\\
&= {}_nC_0 p^0 q^n + {}_nC_1 p^1 q^{n-1} + {}_nC_2 p^2 q^{n-2} + \\
&\quad \cdots + {}_nC_{n-1} p^{n-1} q^1 + {}_nC_n p^n q^0 \\
&= q^n + npq^{n-1} + \frac{n(n-1)}{2} p^2 q^{n-2} + \cdots + np^{n-1}q + p^n
\end{aligned}
$$

n（試行回数）がどんな数でも、また事象 A の確率の値に関係なく、左辺の値は常に 1 であることは明らかですからやはり確率分布となります。

二項定理の各係数は二項係数といい、上の式でみるように組合せで与えられています。この組合せの値は n が大きくない数なら、式を使わなくても、考えた人の名前をとった**パスカルの 3 角形**で、簡単に求めることができます。

$$
\begin{array}{lccccccccccc}
n=0 & & & & & & {}_0C_0 & & & & & \\
n=1 & & & & & {}_1C_0 & & {}_1C_1 & & & & \\
n=2 & & & & {}_2C_0 & & {}_2C_1 & & {}_2C_2 & & & \\
n=3 & & & {}_3C_0 & & {}_3C_1 & & {}_3C_2 & & {}_3C_3 & & \\
n=4 & & {}_4C_0 & & {}_4C_1 & & {}_4C_2 & & {}_4C_3 & & {}_4C_4 & \\
n=5 & {}_5C_0 & & {}_5C_1 & & {}_5C_2 & & {}_5C_3 & & {}_5C_4 & & {}_5C_5 \\
\vdots & & & & & & \vdots & & & & &
\end{array}
\qquad
\begin{array}{ccccccccccc}
 & & & & & 1 & & & & & \\
 & & & & 1 & & 1 & & & & \\
 & & & 1 & & 2 & & 1 & & & \\
 & & 1 & & 3 & & 3 & & 1 & & \\
 & 1 & & 4 & & 6 & & 4 & & 1 & \\
1 & & 5 & & 10 & & 10 & & 5 & & 1 \\
 & & & & & \vdots & & & & &
\end{array}
$$

これはパスカルの 3 角形というものです。$n=2$ のときの展開式の係数の値の 1、2、1 がわかれば、$n=3$ のときの係数の値は、最初に 1 を置き、次の数は、上の行の始め 2 個の数の和 $1+2$ で、その次の数は 2 番目と 3 番目の次に並んでいる 2 数の和 $2+1$ で求めます（点線の逆三角形参照）。そして 最後に 1 を置きます。3 乗のときの係数 1、3、3、1 はこのようにして求められます。以下同様にして各々の係数の値を出すことができます。二項係数の組合せと数値を並置しましたから、その意味と値を確かめてください。

ところで、5 個から 2 個とる組合せは必然的に残り 3 個の組合せを作っています。ですから

$$ {}_5C_2 = {}_5C_3 $$

一般形では

$$ {}_nC_r = {}_nC_{n-r} $$

が成り立ちます。パスカルの 3 角形でこのことも確かめてください。

6.2　二項分布

6.2.1　二項分布とは

1 回の試行で事象 A の起こる確率が p、起こらない確率が $q(=1-p)$ であるような 2 つの事象からなる**独立試行**を、n 回引き続いて行うとき、事象 A が x 回起こる確率が

$$ P(X=x) = {}_nC_x\, p^x\, q^{n-x} \qquad (6.2) $$

で与えられるとき、この確率分布を**二項分布** (binomial distribution) といいます。またこの分布は、式からもわかるように、試行回数 n と事象 A の確率 p で決まる（q は p から一意的に決まる）ので、$\boldsymbol{B(n,\ p)}$ と表します。

この二項分布の試行はベルヌーイ試行であり、かつ各試行は独立であることが必要です。試行回数 n が同じときの各確率の式は、式 (6.1) の二項定理の展開式を参照してください。

6.2.2　二項分布の特徴

二項分布には次のような特徴があります。

(1) 試行回数 n を固定しておいて、2 つの事象の確率 p と q の値を変えると、$p = q = 0.5$ のとき対称性を示し、p の値がそれより離れるほど片寄った分布となります。

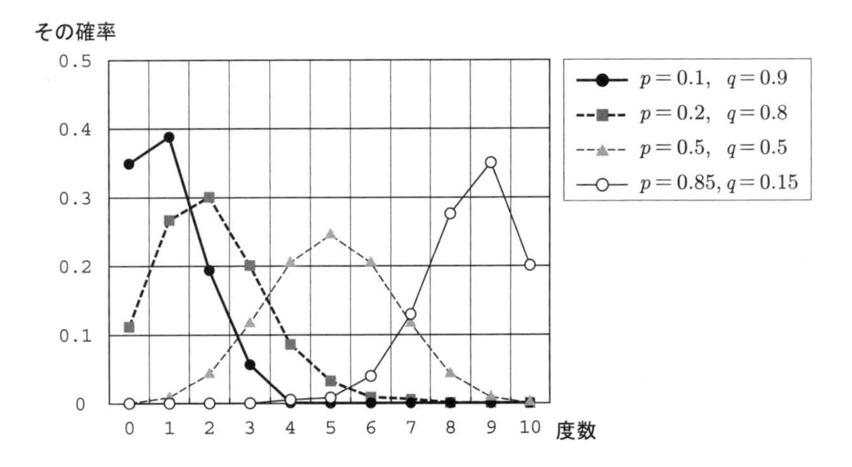

図 6.2　$n = 10$ で、p の値が異なるときの ${}_{10}C_x p^x q^{10-x}$ の分布

表 6.2　$n = 10$ で、p の値を変えたときの ${}_{10}C_x p^x q^{10-x}$

x	$p=0.1$ $q=0.9$	$p=0.2$ $q=0.8$	$p=0.5$ $q=0.5$	$p=0.85$ $q=0.15$
0	0.3487	0.1074	0.0010	0.0000
1	0.3874	0.2684	0.0098	0.0000
2	0.1937	0.3020	0.0439	0.0000
3	0.0574	0.2013	0.1172	0.0001
4	0.0112	0.0881	0.2051	0.0013
5	0.0015	0.0264	0.2460	0.0085
6	0.0001	0.0055	0.2051	0.0401
7	0.0000	0.0008	0.1172	0.1298
8	0.0000	0.0001	0.0439	0.2759
9	0.0000	0.0000	0.0098	0.3474
10	0.0000	0.0000	0.0010	0.1969
合計	1	1	1	1

表の数値は小数点以下 5 桁目を四捨五入して求めていますから、合計が 1 にならないときもあります

(2) $p \neq q$ であって p が 0.5 から離れた値であっても、事象 A の確率を固定し、試行回数 n を変化させてみると、n が大きくなるにつれて、左右対称の形に近づいていきます。

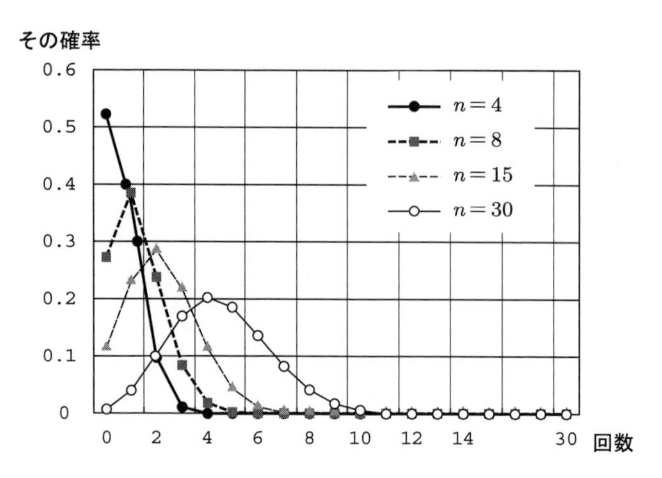

図 6.3　$p = 0.15, q = 0.85$ で、n を変えたときの ${}_nC_x(0.15)^x(0.85)^{n-x}$ の分布

表 6.3　$p = 0.15, q = 0.85$ で、n を変えたときの ${}_nC_x(0.15)^x(0.85)^{n-x}$

x	$n = 4$	$n = 8$	$n = 15$	$n = 30$
0	0.5220	0.2725	0.0874	0.0076
1	0.3685	0.3847	0.2312	0.0404
2	0.0975	0.2376	0.2857	0.1034
3	0.0115	0.0839	0.2184	0.1703
4	0.0005	0.0185	0.1156	0.2028
5		0.0026	0.0449	0.1861
6		0.0002	0.0132	0.1369
7		0.0000	0.0030	0.0828
8			0.0005	0.0420
9			0.0001	0.0181
10			0.0000	0.0067
11				0.0022
12				0.0006
13				0.0001
14				0.0000
15				0.0000
⋮				⋮
30				0.0000
合計	1	1	1	1

表 6.2 と同様に数値を求めていますから、合計が
1 とならないときもあります

第6章のまとめ

ベルヌーイ試行とは起きる、起きないの2種類の結果のみが生じる試行です。この試行を複数回行ったときの確率計算に必要な定理が二項定理で、

$$(p+q)^n = \sum_{x=0}^{n} {}_nC_x \, p^x q^{n-x}$$

と表します。

そして、ベルヌーイ試行を n 回行ったときの事象の起きた回数を表す分布を二項分布 $(B(n,p))$ といい、その確率は、

$$P(X=x) = {}_nC_x \, p^x \, q^{n-x}$$

で与えられます。

練習問題 6

1. 例題 6.1 で、試行回数 $n=4$ のときの確率分布を求めよ。

2. 表 6.2、6.3 の値を関数電卓で確かめてみよ。

コラム：平方根；$\sqrt{\ }$

$\sqrt{2}$のように、2乗すると2となる数のことを平方根といいます。

この平方根という字をもう少し分解してみます。まず、平方とは正方形のことです。正方形の面積は1辺の2乗なので、2乗を表すようになりました。もう1つの字は根で、これは植物の根のことでそれから元を意味するようにもなりました。つまり、平方根とは「2乗の根」、「平方のもと」を意味しています。平方根という言葉を考えたアラビア人たちは、$4(=2^2)$という平方数は2という根から作られた、$9(=3^2)$という平方数は3という根から作られた、と考えたのです。

平方	1	2	3	4	5	6	7	8	9	10
平方根	1	$\sqrt{2}$	$\sqrt{3}$	2	$\sqrt{5}$	$\sqrt{2}\times\sqrt{3}$	$\sqrt{7}$	$2\sqrt{2}$	3	$\sqrt{2}\times\sqrt{5}$

しかし、4、9と違い、2、3、5などの平方根は自然数でも、分数でも表すことができないので、$\sqrt{2}$、$\sqrt{3}$、$\sqrt{5}$と表します。実際に、

$$\sqrt{2}=1.4142135623730950\cdots$$

という値となり、「ヒトヨヒトヨニ…」という語呂合わせを覚えた方も多いかと思います。また、ここで使われている平方根の記号、$\sqrt{\ }$はroot（根）の頭文字rを変形したものといわれていて、記号の中にも「根（もと）」という意味がしっかりと残っています。

第7章　離散型確率変数の期待値と分散

目的

離散型確率変数の期待値と分散を理解する。

前の章では二項分布を例として、とびとびの値をとる離散型の確率変数とはどのようなものかを学びました。この章では、同じように二項分布などを例としながら離散型確率変数の平均と散らばり（分散）を考えます。

7.1　離散型確率変数の期待値と分散

7.1.1　離散型確率変数の期待値

まず、次のようなくじを考えてみましょう。

例題 7.1 賞金が 4,000 円のくじが 1 本、2,000 円のくじが 2 本、500 円のくじが 4 本、はずれが 43 本のくじを考えます。くじは合わせて 50 本で、賞金の合計は 10,000 円なので、1 本あたり 200 円が期待できますが、これは

$$200 = 4,000 \times \frac{1}{50} + 2,000 \times \frac{2}{50} + 500 \times \frac{4}{50} + 0 \times \frac{43}{50} \tag{7.1}$$

とも表せます。つまり、

$$\text{賞金の期待金額} = (\text{賞金額} \times \text{確率})\text{の合計} \tag{7.2}$$

となっています。

賞金の金額を X 円とすると、X は確率変数であり、200 円という金額を X の平均または期待値といいます。

離散型確率変数 X の平均を **期待値** (expected value) といい $E(X)$ と表します。X の確率分布が表のようであるとき、一般化して次のように定めます。

X	x_1	$\cdots$	x_n	計
$P(X = x_i)$	p_1	$\cdots$	p_n	1

$$E(X) = \sum_{i=1}^{n} x_i p_i \tag{7.3}$$

例題 7.2　例題7.1のくじの賞金をそれぞれ2倍にしてさらに1,000円多くしたものを考えます。このとき、1本あたりの賞金は、

$$1,400 = 9,000 \times \frac{1}{50} \ + \ 5,000 \times \frac{2}{50} \ + \ 2,000 \times \frac{4}{50} \ + \ 1000 \times \frac{43}{50} \tag{7.4}$$

となりますが、次のような計算を行っても同じ結果が出ます。

$$1,400 = 2 \times \mathbf{200} + 1,000 \tag{7.5}$$

これは賞金の額が、各賞金の額が2倍されて1,000円多くしたとき、1本あたりの期待できる金額は、元の金額を2倍して1,000円多くすればよいことを表しています。

期待値の計算法則をまとめると、次のようになります。

[**定理 7.1**]

(1) $E(c) = c$

(2) $E(X + b) = E(X) + b$

(3) $E(aX) = aE(X)$

(4) $E(X + Y) = E(X) + E(Y)$

(**証明**)

(2)

$$\begin{aligned} E(X+b) &= \sum_{i=1}^{n}(x_i + b)p_i \\ &= \sum_{i=1}^{n} x_i p_i + b\sum_{i=1}^{n} p_i \\ &= E(X) + b \times 1 \\ &= E(X) + b \end{aligned} \tag{7.6}$$

(3)

$$\begin{aligned} E(aX) &= \sum_{i=1}^{n}(ax_i)p_i \\ &= a\sum_{i=1}^{n} x_i p_i \\ &= aE(X) \end{aligned} \tag{7.7}$$

7.1.2　離散型確率変数の分散

離散型確率変数 X の期待値 $E(X)$ を μ とすると、X の分散 (variance) は $Var(X)$ と表され、

$$分散 = 期待値\,((変数\ X - \mu)^2) \quad (文字式)$$

$$Var(X) = E((X - E(X))^2) \quad (定義式) \tag{7.8}$$

$$= \sum_{i=1}^{n} p_i(x_i - \mu)^2 \quad (離散型の定義) \tag{7.9}$$

と定義されます。また、$\sqrt{Var(X)}$ を X の**標準偏差**といいます。分散は次のように変形され、実際の計算の多くは下の式を用いて行われます。

$$\begin{aligned} Var(X) &= E((X - E(X))^2) \\ &= E(X^2 - 2X\,E(X) + (E(X))^2) \\ &= E(X^2) - 2E(X)E(X) + (E(X))^2 \\ &= E(X^2) - (E(X))^2 \end{aligned} \tag{7.10}$$

[定理 **7.2**]

(1) $Var(X + b) = Var(X)$

(2) $Var(aX) = a^2\,Var(X)$

(3) X と Y が互いに独立のとき、

$$Var(X + Y) = Var(X) + Var(Y)$$

(4) $\sqrt{Var(aX + b)} = |a|\,\sqrt{Var(X)}$

(証明)

(2) のみを示します。

$$Var(aX) = E((aX - aE(X))^2) = E(a^2(X - E(X))^2) = a^2\,E((X - E(X))^2) = a^2\,Var(X) \tag{7.11}$$

例題 7.3　例題 7.1 の分散を求めよ。

[解説]

$$\begin{aligned} E(X) &= 200 \\ E(X^2) &= 4,000^2 \times \frac{1}{50} + 2,000^2 \times \frac{2}{50} + 500^2 \times \frac{4}{50} + 0^2 \times \frac{43}{50} \\ &= 500,000 \\ \therefore\ \ Var(X) &= 500,000 - (200)^2 = 460,000 \\ \sqrt{Var(X)} &= \sqrt{460,000} = 678.2 \end{aligned}$$

例題 7.4　確率変数 X の期待値と分散が、それぞれ μ、σ^2 のとき、$Z = \dfrac{X - \mu}{\sigma}$ という変換を確率変数の**標準化**という。

X に対して確率変数の標準化を行ったとき、新しい変数 Z の期待値と分散はいくつになるか。

[解説]

定理 7.1、7.2 より、

$$E(Z) = \frac{1}{\sigma}E(X) - \frac{\mu}{\sigma} = 0, \qquad Var(Z) = \frac{1}{\sigma^2}Var(X) = 1 \tag{7.12}$$

7.2　二項分布の期待値と分散

前の章でみた二項分布について、その期待値と分散を求めてみると次のようになります。

[定理 7.3]（二項分布 $B(n,p)$ の期待値と分散）

(1) $E(X) = np$

(2) $Var(X) = np(1-p)$

このことから、二項分布は、回数を表す n と1回ごとの確率を表す p によって分布が決まるのがわかります。

証明は章末の補論を参照してください。

7.3　ポアソン分布

ポアソン分布 (Poisson distribution) は、稀にしか起こらない事柄を大量に観察したときに表れる分布で、1837年に S. D. ポアソン (1781–1840) が二項分布の極限として導いたものです。ポアソン分布の例は多くありますが、歴史的には「プロシア軍で1年間にラバに駆られて死ぬ兵士の数」（ボルトキーヴィッチ、1898年）が有名です。その確率は、$\lambda = np$ とすると、

$$P(X = x) = e^{-\lambda}\frac{\lambda^x}{x!} \tag{7.13}$$

で与えられます。e はネイピア数（自然対数の底）で、$e = 2.718\cdots$ という数です。ポアソン分布は $Po(\lambda)$ と表します。

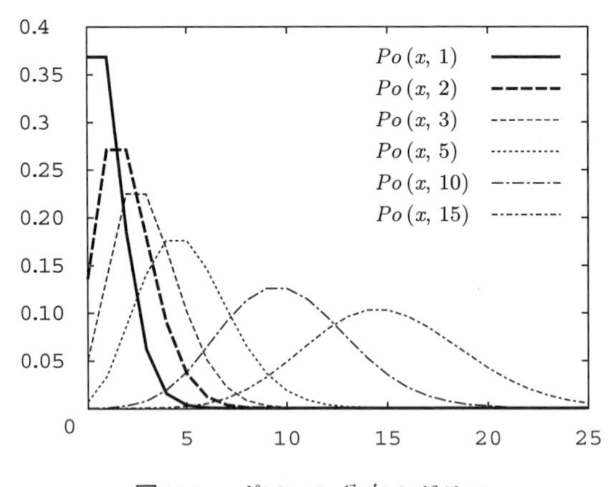

図 7.1　ポアソン分布のグラフ

$P(X = x) = e^{-\lambda}\dfrac{\lambda^x}{x!}$ が確率分布であることは、指数関数のテーラー展開から、$e^{\lambda} = \displaystyle\sum_{k=0}^{\infty}\frac{\lambda^k}{k!}$ であることより確かめられます。

[定理 7.4]（ポアソン分布 $Po(\lambda)$ の期待値と分散）

(1) $E(X) = \lambda$

(2) $Var(X) = \lambda$

証明は章末の補論を参照してください。

ポアソン分布は、その期待値と分散が λ に等しくなるという特徴があります。

例題 7.5 ある観光地の山では、1 シーズンに平均して 3 名の遭難者がでるという。1 シーズンに遭難者が 0 名の確率を求めよ。

[解説]

1 シーズンに遭難する人の数 X がポアソン分布 $Po(3)$ に従うとすると、

$$P(X=0) = 2.718^{-3} \times \frac{3^0}{0!} = \frac{1}{20.08} \times \frac{1}{1} = 0.04980 \qquad (7.14)$$

7.4　補論

ここでは、先に述べた定理の証明を行っています。

（定理 7.3 の証明）

(1)

二項定理 $(x+y)^n = \sum_{k=0}^{n} {}_nC_k\, x^k\, y^{n-k}$ を用います。

$$\begin{aligned} E(X) &= \sum_{k=0}^{n} k \times {}_nC_k\, p^k (1-p)^{n-k} \\ &= \sum_{k=0}^{n} k\, \frac{n!}{k!\,(n-k)!}\, p^k (1-p)^{n-k} \\ &= np \sum_{k=1}^{n} \frac{(n-1)!}{(k-1)!\,((n-1)-(k-1))!}\, p^{(k-1)} (1-p)^{(n-1)-(k-1)} \\ &= np \sum_{l=0}^{n-1} \frac{(n-1)!}{l!\,((n-1)-l)!}\, p^l (1-p)^{(n-1)-l} \qquad (l = k-1) \\ &= np \end{aligned} \qquad (7.15)$$

(2)

$$\begin{aligned}
E(X^2) &= E(X(X-1)) + E(X) \\
&= \sum_{k=0}^{n} k(k-1) \times {}_nC_k\, p^k (1-p)^{n-k} + np \\
&= n(n-1)p^2 \sum_{k=2}^{n} \frac{(n-2)!}{(k-2)!\,(n-k)!}\, p^{k-2}(1-p)^{n-k} + np \\
&= n(n-1)p^2 \sum_{l=0}^{n-2} \frac{(n-2)!}{l!\,((n-2)-l)!}\, p^{l}(1-p)^{(n-2)-l} + np \qquad (l = k-2) \\
&= n(n-1)p^2\, (p + (1-p))^{n-2} + np \\
&= n(n-1)p^2 \ + np \qquad (7.16)
\end{aligned}$$

したがって、

$$\begin{aligned}
Var(X) = E(X^2) - (E(X))^2 \ &= \ n(n-1)p^2 \ + np - (np)^2 \\
&= np(1-p) \qquad (7.17)
\end{aligned}$$

(定理 7.4 の証明)

(1) のみ示します。

$$\begin{aligned}
E(X) &= \sum_{k=0}^{\infty} \left(k \times e^{-\lambda} \frac{\lambda^k}{k!} \right) \\
&= \lambda\, e^{-\lambda} \sum_{k=0}^{\infty} \frac{\lambda^{k-1}}{(k-1)!} \\
&= \lambda\, e^{-\lambda} \sum_{l=0}^{\infty} \frac{\lambda^{l}}{l!} \qquad (l = k-1) \\
&= \lambda\, e^{-\lambda}\, e^{\lambda} \\
&= \lambda \qquad (7.18)
\end{aligned}$$

第 7 章のまとめ

本章では、離散型確率変数の期待値 $E(X) = \sum_{i=1}^{n} x_i p_i$ と分散 $Var(X) = \sum_{i=1}^{n} p_i (x_i - \mu)^2$ の性質について説明しました。特に、標準化という変換を行うと、どのような確率変数でも変換後の期待値は 0 に分散は 1 になります。

そして、離散型の具体例として、2 つの分布を学びました。前章からの二項分布 $B(n, p)$ は回数 n と 1 回の試行の確率 p で分布が決まります。また、稀にしか起きない事象を多数回観測したときの分布であるポアソン分布 $Po(\lambda)$ は、期待値と分散を表す λ という定数で分布が決まります。

練習問題 7

1. 3 枚の 100 円硬貨を投げて、表が出た硬貨の金額を X とする。

(1) 金額の期待値 $E(X)$ を求めよ。

(2) 金額の標準偏差 $\sqrt{Var(X)}$ を求めよ。

2. さいころを一度振り、出た目を X とする。

(1) 出た目の平均 $E(X)$ を求めよ。

(2) 出た目の標準偏差 $\sqrt{Var(X)}$ を求めよ。

3. 確率変数 X の平均を μ とする。$E\{(X-a)^2\}$ を最小にする a を求めよ。

4. 確率変数 X が、

$$P(X = x) = ax$$

という確率で与えられ、X は 1、2、3、4 の値をとるものとする。

(1) a の値を求めよ。

(2) 平均 $E(X)$ を求めよ。

(3) 分散 $Var(X)$ を求めよ。

5. 大学のある授業では、1 回の講義で平均 2 名の欠席者が出る。欠席者が 4 名の確率はいくらか。

コラム：Excel の統計関数

Excel では、さまざまな統計に用いる関数が用意されています。例えば、A11 セルに A1 のセルから A10 のセルにある数値の平均値を計算するとき、

(1) A11 セルにセルを移動する。

(2) $f(x)$ のボタンをクリックする。

(3) 関数のうち、関数の分類にある「統計」の中から、「AVERAGE」を選択して「OK」のボタンをクリックする。

(4) A1 から A10 の範囲を選択して、「OK」のボタンをクリックする。

とします。

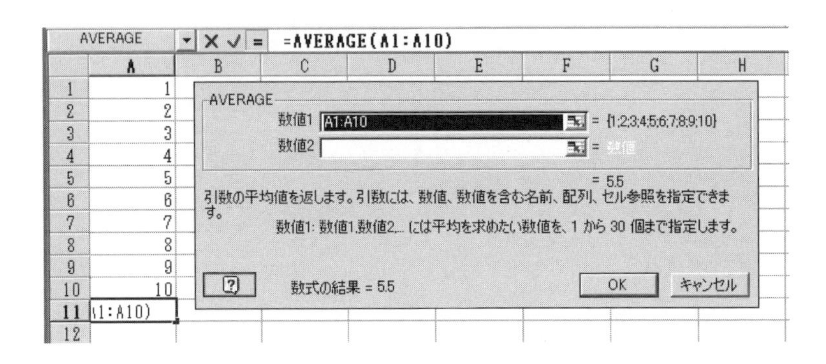

Excel による平均

他の統計関数も同様に計算できます。主な統計関数は以下のとおりです。

平均	=AVERAGE (範囲)	標本分散	=VAR (範囲)
中央値	=MEDIAN (範囲)	標本標準偏差	=STDEV (範囲)
最頻値	=MODE (範囲)	相関係数	=CORREL (x の範囲, y の範囲)

第8章　連続型確率変数の分布と、その期待値と分散

目的

連続型確率変数の期待値と分散を理解する。
確率変数が正規分布に従うとはどういうことかを理解する。

前章までにみてきた離散型確率変数はその名のとおり、とびとびの値を取っていました。しかし、長さ、重さ、時間、距離などのように、連続的でなめらかな値をとる変数に対してその確率を考えるときがあります。このときの確率は、変数の値に対してではなく、ある区間に入るものとして与えられます。そのような変数を連続型確率変数といいます。この章ではそのような連続型確率変数の分布を学びます。

8.1　連続型確率変数

8.1.1　連続型の分布

変数 X が**連続型確率変数**であるとは、$a \leqq X \leqq b$ に入る確率が、

$$P(a \leqq x \leqq b) = \int_a^b f(x)\,dx \qquad \left(f(x) \geqq 0,\ \int_{-\infty}^{\infty} f(x)\,dx = 1\right) \tag{8.1}$$

で与えられるときのことをいいます。また、このときの $f(x)$ を**確率密度関数**といいます。定積分ですから、連続型確率変数の $a \leqq X \leqq b$ に入る確率は、その区間の面積ということになります。つまり、図 8.1 にアミ点で示されている面積になります。

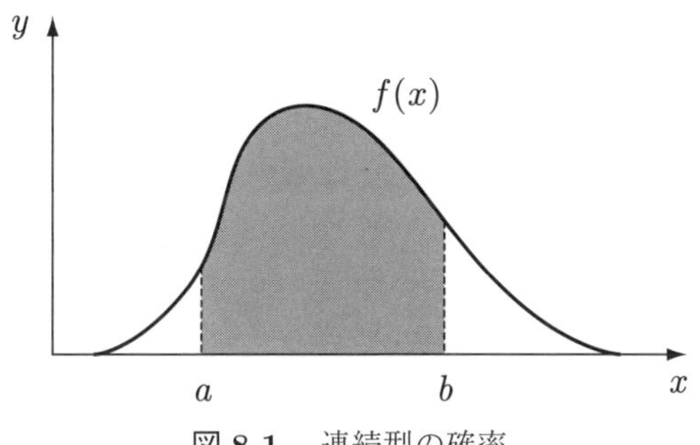

図 8.1　連続型の確率

離散型の確率分布は、1 つひとつの値がその変数の確率を表していましたが、連続型の確率密度関数では、その関数の面積が変数の区間の確率を表しています。この違いが、離散型と連続型の注意するべき点です。また、

$$P(X = a) = P(a \leqq x \leqq a) = \int_a^a f(x)\,dx = 0 \tag{8.2}$$

となるため、連続型では一点での確率は 0 となります。

8.1.2　分布関数

X を確率変数、x を実数とするとき、X が x 以下 $(X \leqq x)$ の確率を表す $P(X \leqq x)$ は x の関数となり X の **累積分布関数** あるいは**分布関数** といい、$F(X)$ で表します。連続型確率変数の場合は $f(x)$ の定積分となるので次のような形になります。

$$F(x) = P(X \leqq x) = \int_{-\infty}^x f(t)\,dt \tag{8.3}$$

また、離散型の確率変数は、$-\infty$ から x までの合計となります。

累積分布関数 $F(x)$ の特徴をまとめると、次のようなものになります。

(1) $0 \leqq F(X) \leqq 1$

(2) $\lim_{x \to -\infty} F(x) = 0$、$\lim_{x \to \infty} F(x) = 1$

(3) x が増加すると $F(x)$ も増加する（単調増加性）

(4) X が連続型確率変数のとき、$F'(x) = f(x)$

分布関数は、離散型では階段状の形となり、連続型のときはなめらかな曲線または直線となりますが、どちらも縦軸の値が **1** となったところで増えるのを止めます。これは、確率の最大値が 1 であるからです。

例題 8.1　分布関数の例

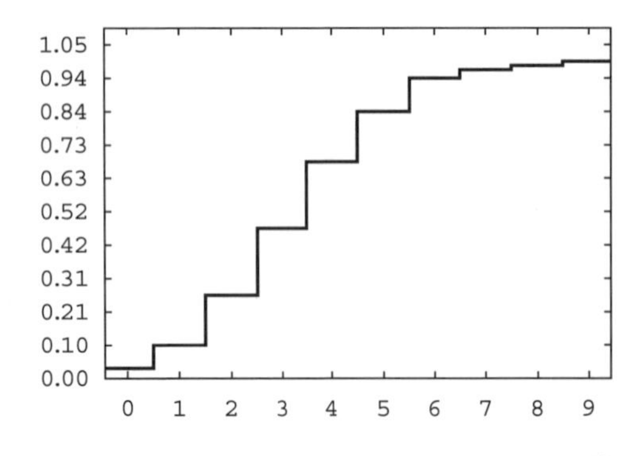

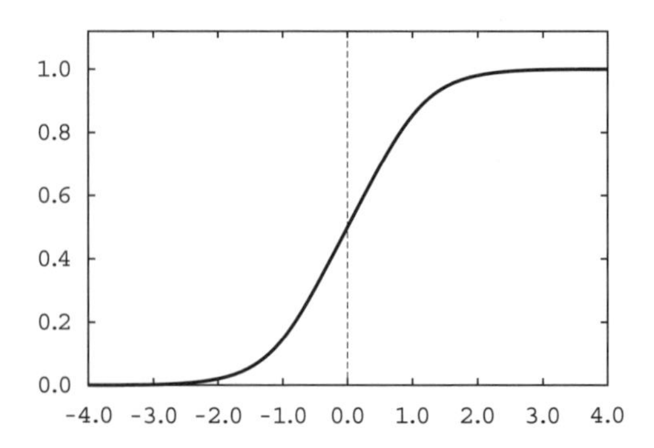

図 8.2　離散型と連続型の分布関数

8.1.3　連続型の期待値と分散

確率変数 X が連続型のときも、期待値 $E(X)$ と分散 $Var(X)$ を定めることができ、それぞれ次のようになります。

$$E(X) = \int_{-\infty}^{\infty} xf(x)\,dx \tag{8.4}$$

$$Var(X) = \int_{-\infty}^{\infty} (x-\mu)^2 f(x)\,dx \tag{8.5}$$

$$\left(= E(X^2) - \{E(X)\}^2\right)$$

また、離散型と同じように連続型のときも定理 7.1、7.2 は成り立ちます。

8.2　一様分布

確率密度関数がある区間で一定の値を取る分布を**一様分布** (uniform distribution) といい、$\boldsymbol{U(a,\ b)}$ と表します。一様分布の確率密度関数 $f(x)$ は、

$$f(x) = \begin{cases} \dfrac{1}{b-a} & (a < x < b) \\ 0 & (\text{その他}) \end{cases} \tag{8.6}$$

であり、期待値と分散は、

$$E(X) = \frac{a+b}{2}, \quad Var(X) = \frac{(a-b)^2}{12}$$

となります。そして、$f(x)$ のグラフは図 8.3 のようになります。

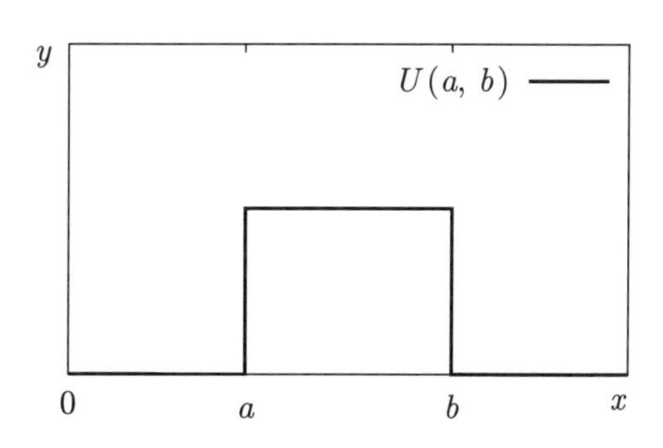

図 8.3　一様分布 $U(a,b)$ のグラフ

例題 8.2　一様分布の期待値と分散が、それぞれ

$$E(X) = \frac{a+b}{2}, \quad Var(X) = \frac{(a-b)^2}{12}$$

であることを示せ。

（証明）

$$E(X) = \int_{-\infty}^{\infty} xf(x)\,dx = \int_a^b \frac{x}{b-a}\,dx$$
$$= \frac{a+b}{2} \tag{8.7}$$
$$Var(X) = E(X^2) - \{E(X)\}^2$$
$$= \int_{-\infty}^{\infty} x^2 f(x)\,dx - \{E(X)\}^2$$
$$= \int_a^b \frac{x^2}{b-a}\,dx - \left(\frac{a+b}{2}\right)^2$$
$$= \frac{(b-a)^2}{12} \tag{8.8}$$

8.3　正規分布

8.3.1　正規分布

正規分布は、統計学でもっとも大事な分布です。この分布は現実のデータにもよく当てはまり、重要な分布もこの分布から導き出されています（図 8.4）。

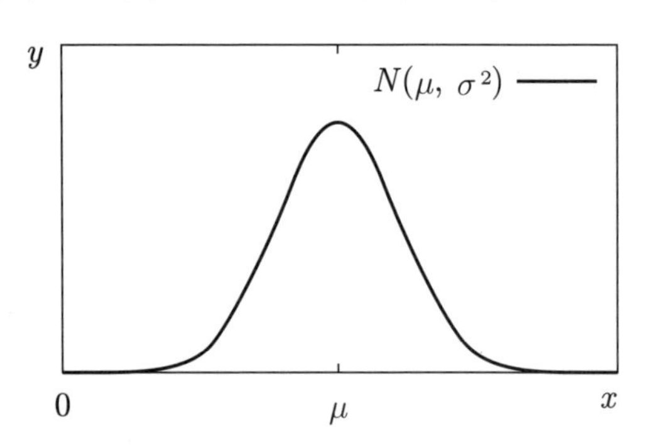

図 8.4　正規分布のグラフ

確率密度関数 $f(x)$ が、

$$f(x) = \frac{1}{\sqrt{2\pi}\sigma}\, e^{-\frac{(x-\mu)^2}{2\sigma^2}} = \frac{1}{\sqrt{2\pi}\sigma} \exp\{-\frac{(x-\mu)^2}{2\sigma^2}\} \quad (-\infty < x < \infty) \tag{8.9}$$

である分布を、**正規分布** (Nomal distribution) といい、$N(\mu, \sigma^2)$ と表します。

（$\exp x$ は e^x の別の書き方で、x のところが複雑な数式になっているときに使います）

正規分布の期待値と分散は、

$$E(X) = \mu, \quad Var(X) = \sigma^2 \tag{8.10}$$

です。いま、確率密度関数をもう一度みてもらうと μ、σ^2 で関数の形が決まってしまうのがわかります。図 8.5 は μ を一定にして $\sigma = 0.5$、$\sigma = 1.0$、$\sigma = 2.0$ としたときのグラフです。

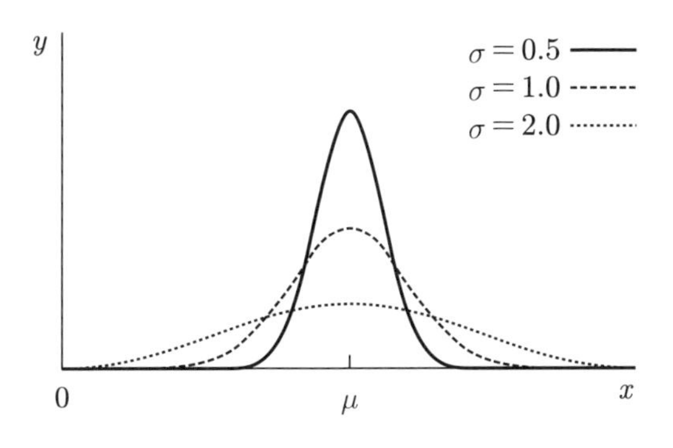

図 **8.5** $\sigma = 0.5$、$\sigma = 1.0$、$\sigma = 2.0$

逆に、σ を一定にして μ を変化させると、図 8.6 のような形になります。

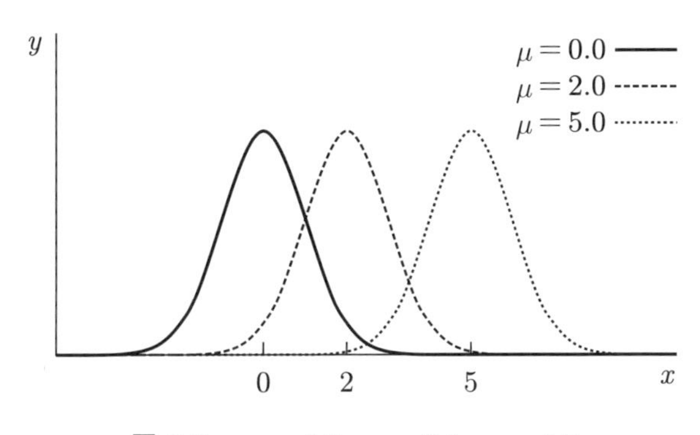

図 **8.6** $\mu = 0.0$、$\mu = 2.0$、$\mu = 5.0$

正規分布の確率密度関数 $f(x)$ は次のような特徴があります。

(1) グラフは左右対称の釣り鐘型をしている

(2) μ がグラフの中央

(3) $x = \mu$ のとき、$f(x)$ は最大値を取る

8.3.2 標準正規分布

確率変数 X が正規分布 $N(\mu, \sigma^2)$ に従っているとき、その X を、標準化して

$$Z = \frac{X - \mu}{\sigma} \tag{8.11}$$

と変換すると、新しい確率変数 Z は期待値 0、分散 1 の正規分布 $N(0, 1)$ に従います。この $N(0, 1)$ を **標準正規分布** (standard normal distribution) といいます。つまり、標準正規分布の確率密度関数 $g(z)$ は、

$$g(z) = \frac{1}{\sqrt{2\pi}} \exp\{-\frac{z^2}{2}\} \quad (-\infty < z < \infty) \tag{8.12}$$

となり、その期待値と分散は、

$$E(Z) = 0, \quad Var(Z) = 1 \tag{8.13}$$

となります。グラフの形は図 8.7 となります。

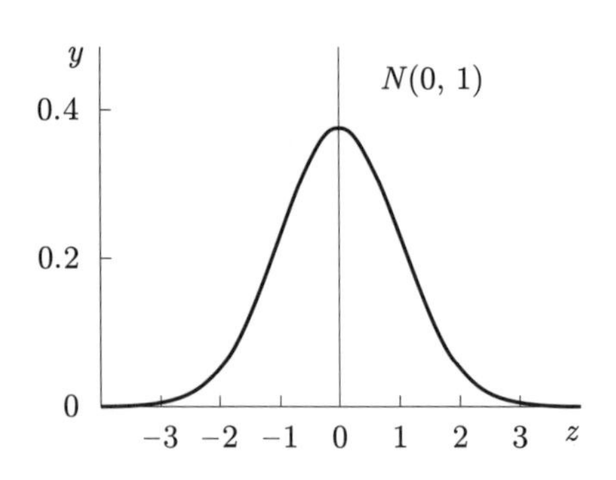

図 **8.7**　標準正規分布 $N(0,\ 1)$

8.3.3　正規分布表の確率

さて、ここで正規分布の表す確率の計算の仕方をみてみましょう。$N(\mu, \sigma^2)$ に従う X の累積分布関数 $F(x)$ は

$$F(x) = \int_{-\infty}^{x} \frac{1}{\sqrt{2\pi}\sigma} \exp\{-\frac{(t-\mu)^2}{2\sigma^2}\}\, dt \tag{8.14}$$

となりますので、a 以上、b 以下の確率は

$$P(a \leqq X \leqq b) = F(b) - F(a) = \int_{a}^{b} \frac{1}{\sqrt{2\pi}\sigma} \exp\{-\frac{(t-\mu)^2}{2\sigma^2}\}\, dt \tag{8.15}$$

となりますが、この値は計算だけで求めることはむずかしいものです。

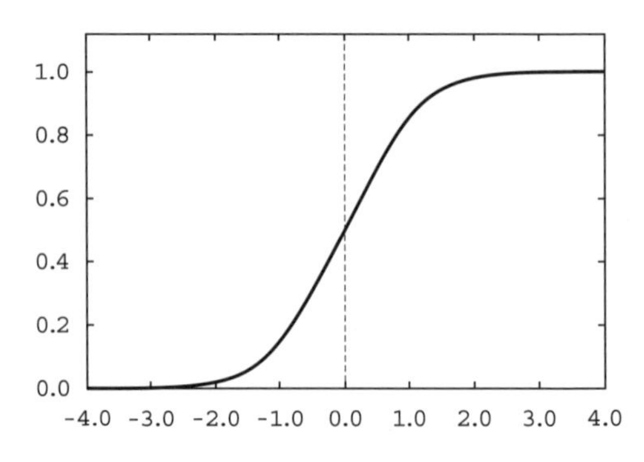

図 **8.8**　正規分布の累積分布関数

そこで、この確率を求めるのに標準正規分布に変換することが必要になります。

標準正規分布の定義から、X が $N(\mu,\sigma^2)$ に従うとき、標準化によって得られた新しい確率変数 $Z = \dfrac{X-\mu}{\sigma}$ は $N(0,1)$ に従います。そのため、$N(\mu,\sigma^2)$ に従う X の $a \leqq X \leqq b$ の確率は、$N(0,1)$ に従う Z の $\dfrac{a-\mu}{\sigma} \leqq Z \leqq \dfrac{b-\mu}{\sigma}$ の確率と等しいことがわかります。つまり、

$$P(a \leqq X \leqq b) = P(\frac{a-\mu}{\sigma} \leqq Z \leqq \frac{b-\mu}{\sigma}) \tag{8.16}$$

となります。

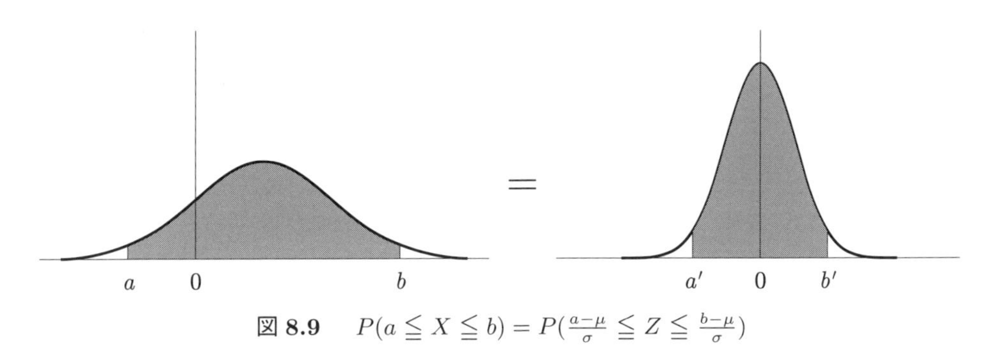

図 8.9　$P(a \leqq X \leqq b) = P(\frac{a-\mu}{\sigma} \leqq Z \leqq \frac{b-\mu}{\sigma})$

標準正規分布の累積分布関数 $G(z)$ は

$$G(z) = \int_{-\infty}^{z} \frac{1}{\sqrt{2\pi}} \exp\{-\frac{t^2}{2}\}\, dt \tag{8.17}$$

なので、これから $\dfrac{a-\mu}{\sigma} \leqq Z \leqq \dfrac{b-\mu}{\sigma}$ を求めたらよいわけですが、この値は標準正規分布表（正規分布、付表 1）から求めます。標準正規分布表は、

$$P(a \leqq Z) = \int_{a}^{\infty} \frac{1}{\sqrt{2\pi}} \exp\{-\frac{t^2}{2}\}\, dt \qquad (a \geqq 0) \tag{8.18}$$

の値を a が 0.01 刻みごとに示しています。

8.3.4　標準正規分布表の読み方

正規分布表は、表の左側の列に a の整数と小数第一位の値が示してあり、表の最上段の行に小数第二位の値が示してあります。行と列がクロスするところに a の値から ∞ の区間に対応する確率が表示してあります。ちょうど下の図 8.10 のアミ点で示してある範囲の確率を表示していることになります。

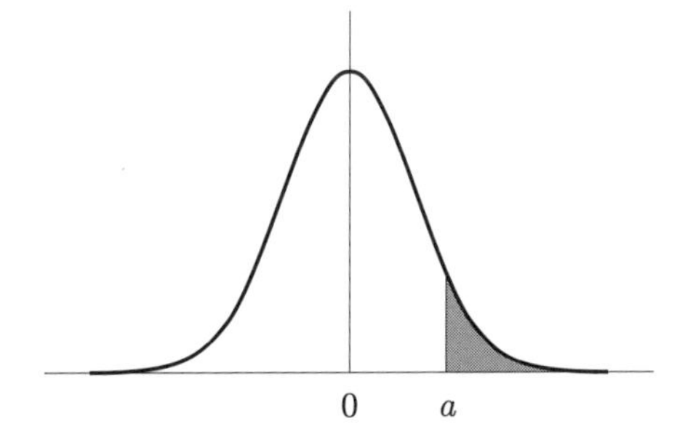

図 8.10　正規分布表が示す確率

〈例 8.1〉 $P(1.96 \leqq Z)$ は次のように求めます。

正規分布表より 1.9 が表示してある行と、.06 が表示してある列のクロスしているところを探します（次の表を参照）。すると、その値は 0.0250 なので、求める確率は 0.0250 とわかります。式で書けば次のようになります。

$$P(1.96 \leqq Z) = 0.0250$$

Z	.00	.01	$\cdots$	.06	$\cdots$	.09
0.0				$\vdots$		
0.1				$\vdots$		
$\vdots$				$\vdots$		
1.9	$\cdots$	$\cdots$	$\cdots$	.0250		
$\vdots$						
3.0						

正規分布表を用いるといろいろな確率が計算できます。そのパターンを式とグラフと例でみてみましょう $(a, b \geqq 0)$。

$$P(Z \leqq a) = 1 - P(a \leqq Z) \tag{8.19}$$

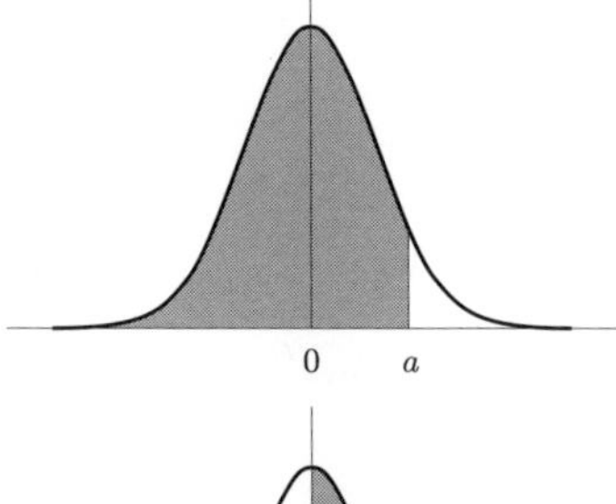

$$P(0 \leqq Z \leqq a) = 0.5 - P(a \leqq Z) \tag{8.20}$$

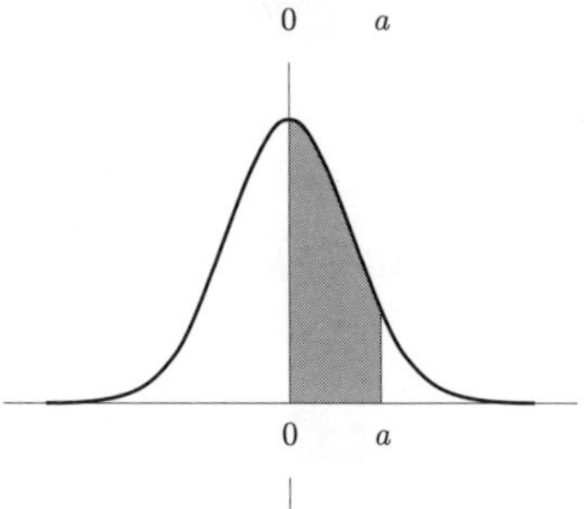

$$\begin{aligned} P(-a \leqq Z \leqq a) &= 2P(0 \leqq Z \leqq a) \\ &= 1 - 2P(a \leqq Z) \end{aligned} \tag{8.21}$$

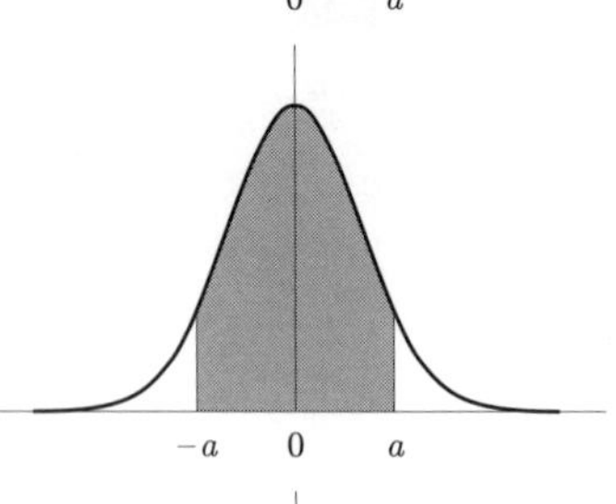

$$P(a \leqq Z \leqq b) = P(a \leqq Z) - P(b \leqq Z) \tag{8.22}$$

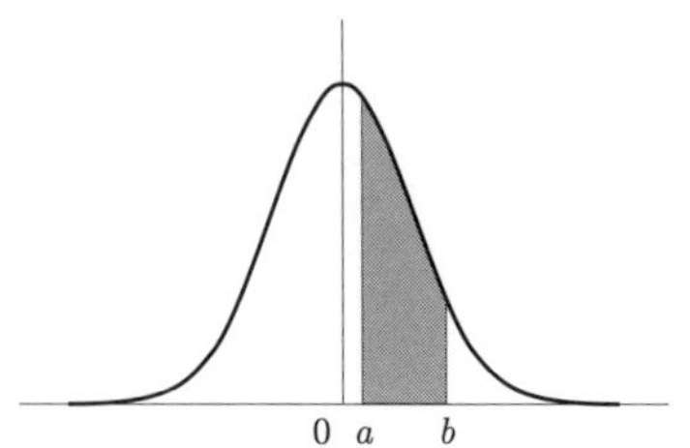

$$P(-a \leqq Z \leqq b) = 1 - P(a \leqq Z) - P(b \leqq Z) \tag{8.23}$$

正規分布のグラフがどんな様子で変化するかを理解するために、正規分布が、期待値 μ を中心として左右に σ ずつ範囲を取ったときに、どれくらいの確率になるかみてみましょう。

正規分布と標準正規分布の間には、

$$P(a \leqq X \leqq b) = P(\frac{a-\mu}{\sigma} \leqq Z \leqq \frac{b-\mu}{\sigma}) \tag{8.24}$$

という関係があるので、

$$P(\mu - c\,\sigma \leqq X \leqq \mu + c\,\sigma) = P(-c \leqq Z \leqq c) \tag{8.25}$$

となります。$c = 1,\ 2,\ 3$ のときは、それぞれ

$$P(\mu - \sigma \leqq X \leqq \mu + \sigma) = P(-1 \leqq Z \leqq 1) = 0.6826$$
$$P(\mu - 2\sigma \leqq X \leqq \mu + 2\sigma) = P(-2 \leqq Z \leqq 2) = 0.9544$$
$$P(\mu - 3\sigma \leqq X \leqq \mu + 3\sigma) = P(-3 \leqq Z \leqq 3) = 0.9974$$

となります。これは、μ、σ の値に関係なく成り立ちます。つまり、どのような正規分布でも $\mu - \sigma \leqq X \leqq \mu + \sigma$ の範囲に約 68.3% が、$\mu - 2\sigma \leqq X \leqq \mu + 2\sigma$ の範囲に約 95.4% が、$\mu - 3\sigma \leqq X \leqq \mu + 3\sigma$ の範囲に約 99.7% が入るということを表しています。

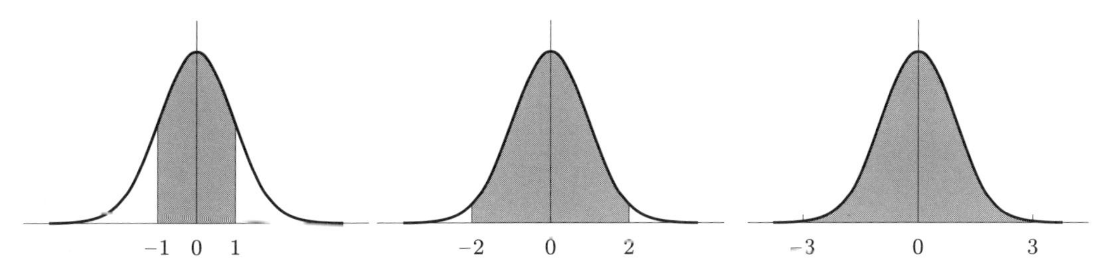

図 8.11 範囲が μ ごとのグラフとその割合

また、同じように考えると、

$$P(\mu - 1.96\,\sigma \leqq X \leqq \mu + 1.96\,\sigma) = P(-1.96 \leqq Z \leqq 1.96) = 0.95$$
$$P(\mu - 2.58\,\sigma \leqq X \leqq \mu + 2.58\,\sigma) = P(-2.58 \leqq Z \leqq 2.58) = 0.9902$$

となるので、$\mu - 1.96\sigma \leqq X \leqq \mu + 1.96\sigma$ の範囲に約 95% が、$\mu - 2.58\sigma \leqq X \leqq \mu + 2.58\sigma$ の範囲に約 99% が入るということを表しています。この 95% は **1.96**、99% は **2.58**、これから非常によく使う数字なので必ず覚えて下さい。

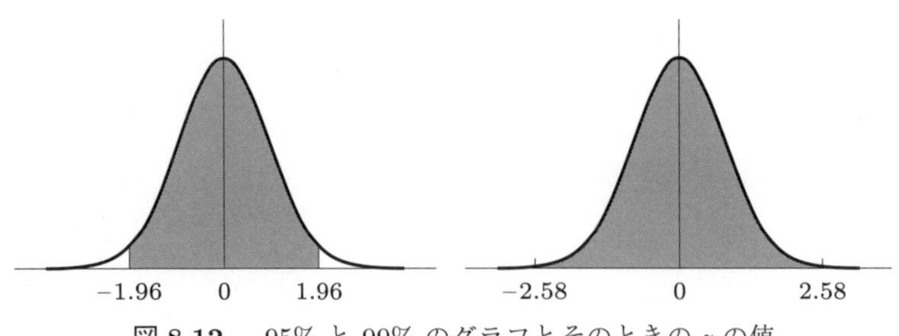

図 8.12　95% と 99% のグラフとそのときの z の値

第8章のまとめ

本章では、確率が積分 $P(a \leqq x \leqq b) = \displaystyle\int_b^a f(x)\,dx$ によって与えられる連続型確率変数について説明しました。この型の変数において期待値は $E(X) = \displaystyle\int_{-\infty}^{\infty} xf(x)\,dx$ 、分散は $Var(X) = \displaystyle\int_{-\infty}^{\infty} (x-\mu)^2 f(x)\,dx$ となります。

そして、もっとも重要な分布である正規分布 $N(\mu, \sigma^2)$ を学びました。正規分布の確率は、標準正規分布 $N(0,1)$ に変換してから正規分布表を用いて計算します。正規分布表には区間 $[a, \infty)$ の確率が載っています。また、正規分布でよく使う数値として、確率約 95% の範囲は $\mu - \mathbf{1.96}\sigma \leqq X \leqq \mu + \mathbf{1.96}\sigma$、確率約 99% の範囲は $\mu - \mathbf{2.58}\sigma \leqq X \leqq \mu + \mathbf{2.58}\sigma$ というのがあります。

練習問題 8

1. 確率変数 X の確率密度関数 $f(x)$ を、

$$f(x) = \begin{cases} cx(2-x) & (0 \leqq x \leqq 2) \\ 0 & (\text{それ以外}) \end{cases} \tag{8.26}$$

とする。以下の問いに答えよ。

(1) c の値を求めよ。

(2) 期待値 $E(X)$ と分散 $Var(X)$ を求めよ。

(3) 分布関数 $F(x)$ を求めよ。

2. 確率変数 X が一様分布 $U(0,3)$ に従うとき、次の確率を求めよ。

(1) $P\left(X \leqq \dfrac{1}{3}\right)$

(2) $P\left(\dfrac{2}{3} \leqq X \leqq \dfrac{7}{3}\right)$

3. 一様分布 $U(-a, a)$ $(a > 0)$ の累積分布関数を求めよ。

4. Z が $N(0, 1)$ に従うとき、次の確率を求めよ。

(1) $P(Z \leqq 1.23)$

(2) $P(Z \geqq 0.84)$

(3) $P(-2.34 \leqq Z \leqq 2.34)$

(4) $P(0.56 \leqq Z \leqq 1.78)$

(5) $P(-0.98 \leqq Z \leqq 1.76)$

5. ある試験を行ったところ、得点の分布は平均点が 60 点で、標準偏差が 15 点の正規分布に従った。上位 20% に A 評価を与えるとき、何点以上とらなければならないか。

6. 偏差値とは試験の分布を $N(50, 10^2)$ に直したものである。上の問題の点数を偏差値に変える式を求めよ。

7. ある大学の新入生は 300 人であった。新入生の身長は、平均が 160.2 cm、標準偏差が 6.2 cm で、その分布は正規分布に従っていた。

(1) 160 cm ～ 170 cm の学生の人数を求めよ。

(2) 高いほうから 100 番目の学生の身長を求めよ。

第9章　標本平均の分布

目的

母集団の平均と標本平均との関係を理解する。
大数の法則と中心極限定理を理解する。

第3章、第4章でみてきたのは、母集団から取りだした標本の分布の特徴をどのように表現するかということでした。

統計学ではその標本分布から、考察している本体（対象）の分布、つまり母集団の分布を推測（統計的推測）することが大きな目標となります。

この章と次の章では、第11章以降の統計的推測を行うための基礎となる事柄について述べます。特に、標本平均や標本分散という代表的な統計量の分布について調べます。

9.1　標本平均の分布

まず、標本平均からみてみましょう。標本平均 $\overline{X}$ は

$$\overline{X} = \frac{1}{n}\sum_{i=1}^{n} X_i = \frac{X_1 + \cdots + X_n}{n} \tag{9.1}$$

と定義されていました。この標本平均については次のような事柄が成り立っています。

［定理 9.1］ 母集団の平均 $\boldsymbol{E(X) = \mu}$ と 大きさ $\boldsymbol{n}$ の標本平均 $\boldsymbol{\overline{X}}$ との関係

母平均 μ、母分散 σ^2 の無限母集団からの、大きさ n の標本平均 $\overline{X}$ では

$$E(\overline{X}) - \mu,\ \ Var(\overline{X}) = \frac{\sigma^2}{n}$$

が成り立ちます。

（証明）

$E(X_i) = \mu$、$Var(X_i) = \sigma^2$ $(i = 1, 2, \cdots, n)$ で $X_1, \cdots, X_n$ は互いに独立なので、

$$E(\overline{X}) = E\left(\frac{1}{n}\sum_{i=1}^{n} X_i\right) = \frac{1}{n}\sum_{i=1}^{n} E(X_i) = \mu \tag{9.2}$$

$$Var(\overline{X}) = Var\left(\frac{1}{n}\sum_{i=1}^{n} X_i\right) = \frac{1}{n^2}\sum_{i=1}^{n} Var(X_i) = \frac{\sigma^2}{n} \tag{9.3}$$

この定理 9.1 は、母集団の分布がどのようなものでも成り立ちます。また、標本平均 $E(\overline{X})$ の平均は母平均と等しくなり、分散は母分散の $\dfrac{1}{n}$ になりますから、n が大きくなると、平均は μ と等しいままで、分散は μ よりも小さくなっていきます。つまり、標本の大きさ n を大きくすればするほど、標本は μ のまわりに多く集まっていくことがわかります。

9.2　大数の法則と中心極限定理

大数の法則と中心極限定理は確率論の大事な定理で、統計学でも重要なものです。

大数の法則は、定理 9.1 の状況をさらに進めたものです。つまり、標本の大きさを大きくすると、標本平均は母平均とみなすことができます。

[定理 9.2]　大数の法則

無作為標本の大きさ n が十分大きいとき、標本平均 $\overline{X}$ が μ に近い確率は限りなく 1 に等しい。すなわち、

$$\lim_{n\to\infty} P(|\overline{X}-\mu|<\varepsilon)=1$$

また、中心極限定理は、大数の法則よりさらに詳しく、標本平均の分布の仕方についてまで述べたものです。

[定理 9.3]　中心極限定理

母集団の分布がどのようなものでも、標本の大きさ n が大きければ標本平均 $\overline{X}$ の分布は正規分布 $N(\mu, \dfrac{\sigma^2}{n})$ に近づく。

この定理は、母集団がどのような分布でも成り立つのが特徴です。図 9.1 は n 個のさいころの目の平均をグラフにしたものですが、$n=6$ の段階でほぼ正規分布になっているのがわかります。

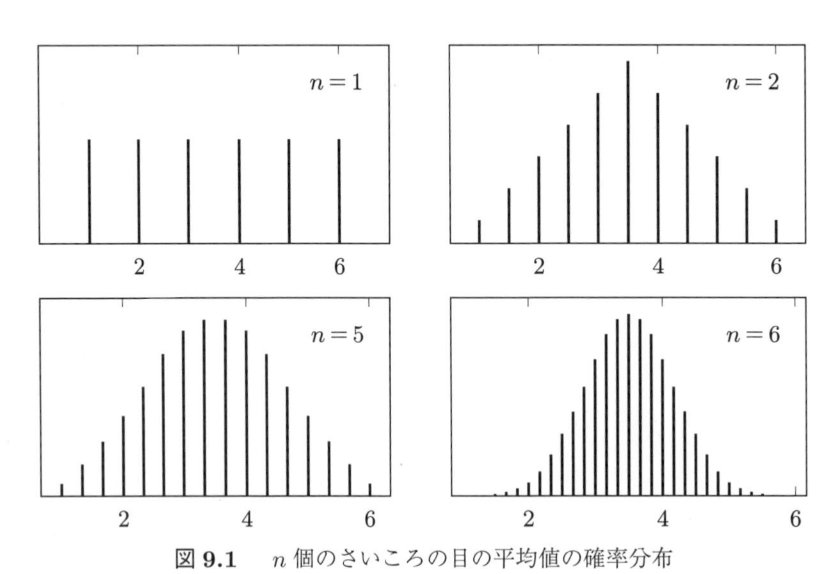

図 9.1　n 個のさいころの目の平均値の確率分布

〈**系 9.1**〉

二項分布 $B(n,p)$ は、n が十分に大きいときは 正規分布で近似できる。

〈**系 9.2**〉

母集団が正規分布に従えば、標本平均 $\overline{X}$ も正規分布に従う。

9.3 t 分布

実際にデータを取ったときは、母分散がわからないことが多くあります。そのときには、次の t 分布を使います。この分布を発見したのは、W. S. ゴセットですが、彼が Student というペンネームで論文を書いたので、**ステューデントの t 分布** (t-distribution) とよばれています。この分布を $t(\nu)$ と表します。ν は自由度とよばれる定数です。この分布の正確な定義には次章の知識が必要なので、まずグラフの形と特徴からみていきましょう（図 9.2)。

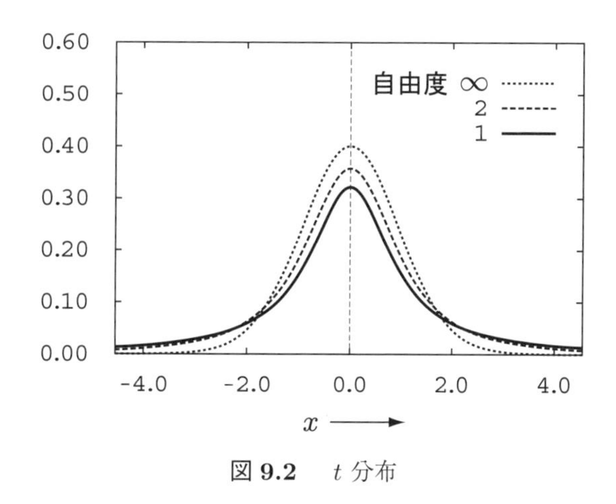

図 9.2 t 分布

自由度 ν の値によってグラフが異なっていることがわかると思います。自由度については次章の χ^2 分布でも少し詳しくお話ししますので、ここでは自由度によってグラフあるいは分散が異なると覚えてください。

前の章でみた正規分布に似ていますが、少し形が異なります。t 分布の特徴をまとめると、次のようになります。

[定理 9.4] （**t 分布の特徴**）

(1) 左右対称

(2) 標準正規分布と似ている

(3) 正規分布より両端が厚い

(4) 自由度がおおよそ $\nu \geqq 30$ のとき標準正規分布で近似可能

(5) 自由度が無限大のとき標準正規分布と一致する

また、確率変数 t が t 分布に従うとき、その平均と分散は

$$E(t) = 0 \quad (\nu \geqq 2), \qquad Var(t) = \frac{\nu}{\nu - 2} \quad (\nu \geqq 3) \tag{9.4}$$

となります。分散の式の分母に $\nu-2$ がありますから、自由度が 2 以下のとき、t 分布の分散はありません。

t 分布に従う確率変数でもっとも重要なものは次のものです。

[定理 9.5]

正規分布に従う母集団からの標本を $(X_1, X_2, \cdots, X_n)$ とし、この母平均を μ とする。このとき、

$$t = \frac{\overline{X} - \mu}{\sqrt{\dfrac{s^2}{n}}} \tag{9.5}$$

は自由度 $n-1$ の t 分布に従う。ただし

$$s^2 = \frac{1}{n-1}\sum_{i=1}^{n}(X_i - \overline{X})^2 \tag{9.6}$$

ここで t 分布の意味を考えてみましょう。もし母集団が平均 μ、分散 σ^2 の正規分布に従うとするときは、

$$Z = \frac{\overline{X} - \mu}{\sqrt{\dfrac{\sigma^2}{n}}} \tag{9.7}$$

は $N(0,1)$ に従います。t 分布は、$\sqrt{\dfrac{\sigma^2}{n}}$ の代わりに、$\sqrt{\dfrac{s^2}{n}}$ を用いたときの分布です。つまり、母分散 σ^2 がわからないときに、標本分散 s^2 で代用したときの分布が t 分布となります。

9.3.1　t 分布表の読み方

巻末の t 分布表には、自由度を ν としたときの t 分布の $t(\alpha,\nu)$ 以上の確率が α ($\alpha = 0.100, 0.050, 0.025, 0.010, 0.005$) という値の、横軸の位置が書いてあります。つまり、図 9.3 でアミ点部の確率が 0.05 または 0.01 のときの $t(\alpha,\nu)$ の値です。この $t(\alpha,\nu)$ の値を自由度 ν の t 分布における**確率 α 点**といいます。数表をみても自由度が無限大 ∞ のときは、t 分布の 確率 α 点は標準正規分布の値と一致していることが確認できます。

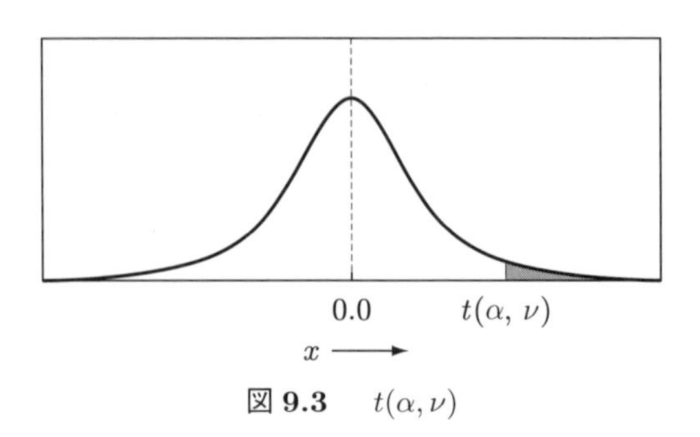

図 9.3　$t(\alpha,\nu)$

〈**例 9.1**〉 確率変数 t が 自由度 2 の t 分布に従うとき、$P(t \geqq a) = 0.025$ を満たす a は次のように求めます。t 分布表より自由度 2 が表示してある行と、確率 0.025 が表示してある列のクロスしているところを探します (表 9.1)。すると、その値は 4.303 なので、求める a は 4.303 とわかります。

表 9.1 t 分布表

$\nu \setminus p$	.10	.05	.025	.01	.005
1			⋮		
2	⋯	⋯	4.303		
3					
⋮					
30					
∞	1.282	1.645	1.960	2.326	2.576

9.4 補論

t 分布の定義と確率変数は、次のようになります。カイ 2 乗分布もガンマ関数も次の章で出てくるもので、特にガンマ関数は覚える必要はありません。

実際の計算はこの式に基づいて行うわけではなく、正規分布のときと同じように分布表から値を読み取ることで行います。

[定義 9.1]

確率変数 X が標準正規分布に従い、Y が自由度 ν のカイ 2 乗分布に従うとする。X, Y が独立ならば、

$$t = \frac{X}{\sqrt{\dfrac{Y}{\nu}}} \tag{9.8}$$

は自由度 ν の $\boldsymbol{t}$ **分布**に従うといい、自由度 ν の t 分布を $t(\nu)$ で表す。t の確率密度関数 $f(x)$ は、

$$f(t) = \frac{\Gamma\left(\frac{\nu+1}{2}\right)}{\sqrt{\nu\pi}\,\Gamma\left(\frac{\nu}{2}\right)}\left(1 + \frac{t^2}{\nu}\right)^{-\frac{\nu+1}{2}} \qquad (-\infty < t < \infty) \tag{9.9}$$

$$E(t) = 0 \quad (\nu \geqq 2), \qquad Var(t) = \frac{\nu}{\nu - 2} \quad (\nu \geqq 3)$$

となります。

第 9 章のまとめ

母集団と標本平均 $\overline{X}$ との間には、

$$E(\overline{X}) = \mu, \qquad Var(\overline{X}) = \frac{\sigma^2}{n}$$

が成り立ちます。さらに、標本の数が十分に大きければ、標本平均は母平均と等しいとみなすことができ (大数の法則)、その分布は正規分布 $N(\mu, \dfrac{\sigma^2}{n})$ に近づきます (中心極限定理)。

また、t 分布は母分散がわからないときの標本平均の分布を表すもので、直感的には

$$t\,分布 = \frac{N(0,1)}{\sqrt{\dfrac{\chi^2(\nu)}{\nu}}}$$

という分布です。

練習問題 9

1. 確率変数 t が $t(4)$ に従う。

(1) $P(t \geqq a) = 0.025$ を満たす a を求めよ。

(2) $P(-b \leqq t \leqq b) = 0.99$ を満たす b を求めよ。

2. 確率変数 t が $t(10)$ に従う。

(1) $P(t \leqq 2.764)$ を求めよ。

(2) $P(-2.228 \leqq t \leqq 2.228)$ を求めよ。

第10章　標本分散の分布

目的

標本分散の分布がどのような分布をするか理解する。

前の章では標本平均の標本分布について考えてきました。この章では、標本分散と関係のある統計量の分布についてみていきます。まず、標本分散の定義をもう一度みてみましょう。

$$S^2 = \frac{1}{n-1}\sum_{i=1}^{n}(X_i - \overline{X})^2$$

この標本分散と母分散の関係は次のようになります。

$$E(S^2) = \sigma^2$$

10.1　$\boldsymbol{\chi^2}$ 分布（カイ2乗分布）

まず最初に、後の推定や検定の章でよく用いられる大変重要な分布である、χ^2 分布 (chi-square distribution) を考えましょう。この分布は、標準正規分布の 2 乗の和に従う分布、つまり

$$\chi^2\text{分布} = \overbrace{N(0,1)^2 + \cdots + N(0,1)^2}^{\nu\text{個}}$$

という分布で、正確な定義は次のようになります。

[定義 10.1]　$\boldsymbol{\chi^2}$ 分布

確率変数 $X_1, X_2, \cdots, X_\nu$ がそれぞれ標準正規分布 $N(0,1)$ に従うとします。このとき，

$$X = \sum_{i=1}^{\nu} {X_i}^2 = {X_1}^2 + {X_2}^2 + \cdots + {X_\nu}^2$$

とすると、確率変数 X は **自由度 ν の $\boldsymbol{\chi^2}$ 分布**に従う。自由度 ν の χ^2 分布を $\chi^2(\nu)$ と表します。ですから、χ^2 分布の自由度とは、この分布をつくるもととなった標準正規分布に従っている確率変数の数、すなわち χ^2 分布を構成しているものの数という意味合いです。前章の t 分布、次にでてくる F 分布も χ^2 分布をもとにして定められているので、それぞれの自由度も χ^2 分布の自由度をもとにして定められています。

また、χ^2 分布の平均と分散は次のようになります。

$$E(X) = \nu, \quad Var(X) = 2\nu \tag{10.1}$$

これは、自由度が決まってしまうと、χ^2 分布はグラフの形が完全に定まることを表しています。

χ^2 分布は、自由度によってさまざまな形をとります。図 10.1 は、自由度が 2、4、6、8 のときのグラフが描かれています。

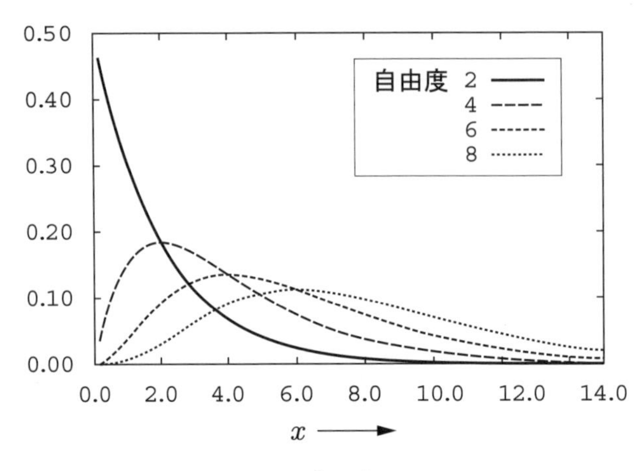

図 10.1　χ^2 分布のグラフ

巻末の χ^2 分布表は、自由度 ν のときの、χ^2 分布の上側の確率が α となる $\chi^2(\alpha, \nu)$ の値（図 10.2 のアミ点の部分）が示してあります。この $\chi^2(\alpha, \nu)$ を、自由度 ν の χ^2 分布における**確率 α 点** といいます。

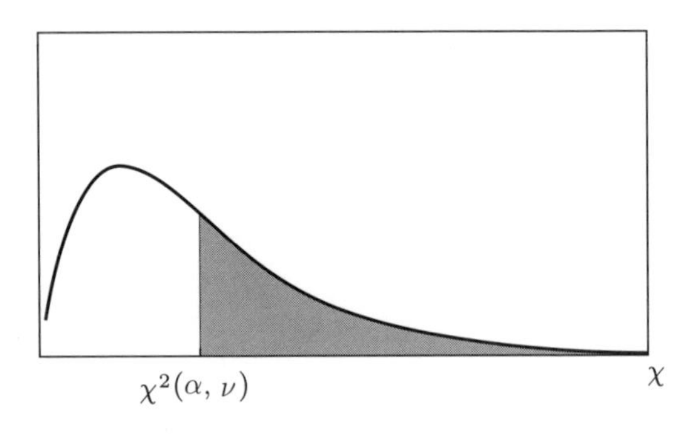

図 10.2　χ^2 分布表の表す確率

〈**例 10.1**〉確率変数 X が $\chi^2(4)$ に従うとき、$\chi^2(0.050, 4)$ は次のように求めます。

$\chi^2(0.050, 4)$ とは、$P(X \geqq a) = 0.050$ を満たす a のことなので、χ^2 分布表より自由度 4 が表示してある行と、確率 0.050 が表示してある列のクロスしているところを探します（表 10.1 を参照）。

すると、その値は 9.488 なので、求める $\chi^2(0.050, 4)$ $(= a)$ は 9.488 とわかります。

表 10.1　χ^2 分布表

$\nu \backslash p$	0.995	$\cdots$	0.050	$\cdots$	0.0005
1			$\vdots$		
2			$\vdots$		
3			$\vdots$		
4	$\cdots$	$\cdots$	9.488		
$\vdots$					
100					

正規分布と χ^2 分布の関係は次のようになります。

[定理 10.1]

正規母集団 $N(\mu, \sigma^2)$ からの n 個の標本を $X_1, X_2, \cdots, X_n$ とします。これを標準化した確率変数 $Z_i = \dfrac{X_i - \mu}{\sigma}$ は、$N(0,1)$ に従います。ですから χ^2 分布の定義より、

$$\sum_{i=1}^{n} Z_i^2 \text{ は、自由度 } n \text{ の } \chi^2 \text{ 分布に従う}$$

ことになります。

[定理 10.2]

母集団が正規分布 $N(\mu, \sigma^2)$ に従うとき、大きさ n の標本平均を $\overline{X}$ とすると、

$$Y = \frac{1}{\sigma^2} \sum_{i=1}^{n} (X_i - \overline{X})^2 \tag{10.2}$$

は自由度 $n-1$ の χ^2 分布に従う。また、このとき、

$$Y = \frac{n-1}{\sigma^2} s^2, \quad s^2 = \frac{1}{n-1} \sum_{i=1}^{n} (X_i - \overline{X})^2$$

となります。標本の大きさが n に対して χ^2 分布の自由度は $\boldsymbol{n-1}$ と 1 つ少ないことは注意が必要です。

10.2　F 分布

χ^2 分布は標本分散の分布を表していましたが、次の F 分布 (F-distribution) は標本分散の比の分布を表しています。

[定義 10.2] F 分布

確率変数 X_1、X_2 が互いに独立で、それぞれ X_1 は自由度 ν_1 の χ^2 分布に従い、X_2 は自由度 ν_2 の χ^2 分布に従うとき

$$F = \frac{\dfrac{X_1}{\nu_1}}{\dfrac{X_2}{\nu_2}} \tag{10.3}$$

は自由度 ν_1, ν_2 の ***F* 分布**（**エフ分布**）に従うといい、$F(\nu_1, \nu_2)$ と表します。また、F 分布の分散と平均は、

$$E(F) = \frac{\nu_2}{\nu_2 - 2} \quad (\nu_2 \geqq 3) \tag{10.4}$$

$$Var(F) = \frac{2{\nu_2}^2(\nu_1 + \nu_2 - 2)}{\nu_1(\nu_2 - 2)^2(\nu_2 - 4)} \quad (\nu_2 \geqq 5) \tag{10.5}$$

です。

F 分布のグラフは 2 種類の自由度の値によって大きく形が違います。図 10.3 からもその様子が見て取れると思います。

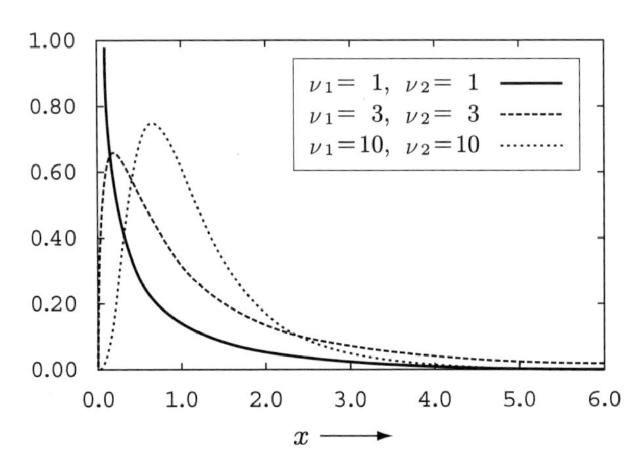

図 10.3　F 分布のグラフ

巻末の F 分布表には、

$$P(F \geqq F(\alpha, \nu_1, \nu_2)) = \alpha$$

となる $F(\alpha, \nu_1, \nu_2)$ が、いくつかの α に対して示してあります。この $F(\alpha, \nu_1, \nu_2)$ を自由度 ν_1、ν_2 の F 分布における**確率 $\boldsymbol{\alpha}$ 点** といいます。また、次の定理により、$1-\alpha$ に対応する値も F 分布表から求めることができます。

[定理 10.3]

自由度 (ν_1, ν_2) の F 分布と自由度 (ν_2, ν_1) の F 分布との間には次のことが成り立つ。

$$F(1-\alpha, \nu_1, \nu_2) = \frac{1}{F(\alpha, \nu_2, \nu_1)} \tag{10.6}$$

式 (10.6) の右辺と左辺の自由度の順番が変わっていることは注意が必要です。

例題 10.1 確率変数 F が $F(7,9)$ に従うとする。

(1) $P(F \geqq a) = 0.010$ となる a を求めよ。

(2) $P(0 \leqq F \leqq b) = 0.050$ となる b を求めよ。

〔解説〕

(1) a は、$\alpha = 0.010$ の F 分布表の $\nu_1 = 7$ の列と $\nu_2 = 9$ の行がクロスしたところの値なので、

$$a = F(0.010, 7, 9) = 5.613$$

となります。

表 10.2　F 分布表、$\alpha = 0.010$

$\nu_2 \setminus \nu_1$	5	6	7	8	$\cdots$
5			$\vdots$		
6			$\vdots$		
7			$\vdots$		
8			$\vdots$		
9	$\cdots$	$\cdots$	5.613		
$\vdots$					

(2) まず、$P(0 \leqq F \leqq b) = 0.050 \iff P(b \leqq F) = 0.950$ なので、b の値は先ほどの定理 10.3 と $\alpha = 0.050$ の F 分布表より、

$$b = F(0.950, 7, 9) = \frac{1}{F(0.05, 9, 7)} = \frac{1}{3.677} = 0.272$$

となります。

表 10.3　F 分布表、$\alpha = 0.050$

$\nu_2 \setminus \nu_1$	5	6	7	8	9	$\cdots$
5					$\vdots$	
6					$\vdots$	
7	$\cdots$	$\cdots$	$\cdots$	$\cdots$	3.677	
$\vdots$						

10.3　補論

10.3.1　χ^2 分布の確率密度関数

χ^2 分布の確率密度関数の定義は次のようになります。

[定義 10.3] χ^2 分布の確率密度関数

確率変数 X が自由度 ν の $\chi^2(\nu)$ に従うとき、その確率密度関数 $f(x)$ は

$$f(x) = \frac{1}{2^{\frac{\nu}{2}}\Gamma\left(\frac{\nu}{2}\right)} x^{\frac{\nu}{2}-1} e^{-\frac{1}{2}x} \quad (x > 0) \tag{10.7}$$

となります。ただし、

$$\Gamma(m) = \int_0^\infty e^{-x} x^{m-1}\, dx \quad (m > 0) \tag{10.8}$$

とし、この関数を **Γ 関数（ガンマ関数）** といいます。

このΓ関数は以下のような性質を持っています。

[定理 10.4]

(1) $\Gamma(1) = 1,\ \Gamma\left(\frac{1}{2}\right) = \sqrt{\pi}$

(2) $\Gamma(m+1) = m\,\Gamma(m)$

(3) m：正の整数
$\Gamma(m) = (m-1)! = (m-1) \times (m-2) \times \cdots \times 1$

10.3.2　F 分布の確率密度関数

F 分布の確率密度関数の定義は以下のようになり、これもまた、Γ関数を用いて定められています。

[定義 10.4] F 分布の確率密度関数

確率変数 F が 自由度 ν_1, ν_2 の F 分布に従うとき、この確率密度関数 $f(x)$ は、

$$f(x) = \frac{\Gamma\left(\frac{\nu_1+\nu_2}{2}\right)}{\Gamma\left(\frac{\nu_1}{2}\right)\Gamma\left(\frac{\nu_2}{2}\right)} \left(\frac{\nu_1}{\nu_2}\right)^{\frac{\nu_1}{2}} x^{\frac{\nu_1-2}{2}} \left(1+\frac{\nu_1}{\nu_2}x\right)^{-\frac{\nu_1+\nu_2}{2}} \quad (x > 0) \tag{10.9}$$

となります。

第10章のまとめ

χ^2 分布は、標本分散の分布を表す分布で、

$$\chi^2\text{分布} = \overbrace{N(0,1)^2 + \cdots + N(0,1)^2}^{\nu}$$

という意味の分布です。また、F 分布 $F(\nu_1, \nu_2)$ は、2 つの χ^2 分布の比、

$$F\text{ 分布} = \frac{\dfrac{\chi^2(\nu_1)}{\nu_1}}{\dfrac{\chi^2(\nu_2)}{\nu_2}}$$

からなる分布で、標本分散の比を表す分布です。

練習問題 10

1. 確率変数 X が $\chi^2(8)$ に従うとする。

(1) $P(X \leqq 2.180)$ を求めよ。

(2) $P(1.344 \leqq X \leqq 20.090)$ を求めよ。

2. 確率変数 X が $\chi^2(4)$ に従うとする。

(1) $P(X \geqq a) = 0.010$ となる a を求めよ。

(2) $P(X \geqq b) = 0.950$ となる b を求めよ。

(3) $P(X \leqq c) = 0.010$ となる c を求めよ。

3. 確率変数 $X_1, X_2, \cdots, X_7$ が互いに独立で、それぞれ $N(0,1)$ に従うものとする。

$$X = {X_1}^2 + {X_2}^2 + \cdots + {X_7}^2$$

としたとき、$X \geqq 16$ の確率を求めよ。

4. 確率変数 X が $F(8,10)$ に従うとする。

(1) $F(0.050, 8, 10)$ を求めよ。

(2) $F(0.950, 8, 10)$ を求めよ。

コラム：平方・立方

ある数を 2 回掛け合わせること、あるいはその結果をその数の平方といいます。たとえば、6 の平方は $6 \times 6 = 36$ です。ようするにある数の自乗あるいは 2 乗です。0 を除くと実数の平方は正の数になり、0 の平方は 0 となります。つまり、実数の平方は負になりません。したがって、平方和つまり 2 乗した数の合計は必ず正です。たとえば、$1 \times 1 + 2 \times 2 + 3 \times 3 = 14$ となります。また、平方は身近なところで使われています。面積がそうです。一辺の長さが 1m の正方形の面積を 1 平方メートルといいますね。

また、ある数を 3 回掛け合わせること、あるいはその結果を立方といいます。たとえば、$6 \times 6 \times 6 = 216$ です。身近なところでは体積に使われています。一辺が 1m の正六面体の体積は 1 立方メートルです。

ある数を n 回掛け合わせること、あるいはその結果を累乗といいます。ですから平方、立方は累乗に含まれます。結果は「べき」（冪 (べき) または巾 (べき) ）ともいいます。

第11章　点推定と推定量の望ましい性質

目的

母集団からの標本にもとづいて得られた特性値（平均や分散など）から、母集団に関するさまざまな統計的推測を行ううえで重要な「推定」について理解する。

11.1　統計的推測とは何か

統計分析の基本では、平均、標準偏差などを計算する方法を説明しました。また、確率と確率分布では正規分布という、現実のデータにもよく当てはまり、重要な分布であることを説明しました。ここではデータから全体を予測するということから説明します。統計的な方法によって、調べたい対象となる集合を**母集団**といいます。この母集団に含まれている要素を、あますことなくすべて調べることができれば一番望ましいのですが、現実的にはできません。そこで、母集団からいくつかのサンプルを抽出して、**標本**を作ります。その標本の特性値として、平均や標準偏差を調べて、もとの母集団の特性を知るわけです。

例えば、ある工場で製造される製品に関して、生産量がそれほど多くなければ、すべての製品をチェックすることができます。この場合のチェックとは、製品として良品であるか否か、徹底的に検査することを意味します。しかし、現実には無数に製造される製品すべてに関して検査することは不可能です。つまり、無限個あるような母集団の場合、1つひとつの要素すべてを調べることはできません。このような、無限個の要素を含んでいる母集団を**無限母集団**、有限個の要素を含んでいる母集団を**有限母集団**といいます。

ところで、有限個と無限個を比べると、無限個の方が扱いが難しそうにみえますが、統計学では、無限に要素がある方が統計的推測が簡単といえます。なぜなら、有限個の場合には、サンプルを抽出することによって母集団の全体の個数が変わって、統計的な性質が変化する可能性が高いのに対して、現実には有限であっても無限に要素があるものとして扱える場合には、その影響は無視できるほど小さいからです。

私たちが現実のデータを扱うときは、そのほとんどが標本であるといえます。手元の標本データを使って、母集団の性質を推測しているわけです。統計学を使って、母集団の性質を推測することを、**推測統計学**とよばれています。この場合、可能な限り標本データに偏りが少ないことが重要です。その偏りが、統計的推測を歪ませることにつながるからです。したがって、統計的な結論には常に、**偏り（歪み）**の危険性を伴います。なぜなら、全体を直接調べていないからです。統計的な結論を使う場合には、そのデータの選び方（抽出の方法）に注意をはらうことが重要です。

11.2　推定とは何か

ここからは統計的な推測である推測統計学を中心的課題とします。推定の方法は大きく分けて**点推定**と**区間推定**の 2 種類があります。例えば、農家経済の動向として、「農業経営統計調査（農業経営動向統計）」から全国の販売農家 1 戸当たりの農家総所得が 7,842 千円（平成 14 年）であるということは、販売農家総所得の平均が 7,842 千円であるといえます。このとき、母集団は全国の販売農家であり、その一部として実際に調査された販売農家は無作為に抽出されたデータの標本であるといえます。この標本から得られた標本平均の実現値が 7,842 千円であり、これは全国平均（母平均）の推定値といえます。

ここで、問題となるのは、全国平均（母平均）は直接全部を調査していないので未知であり、標本平均の実現値（7,842 千円）が母平均の推定値（推測値）としてどの程度確からしいかはわからないということです。そこで、得られた推定値の確からしさを測る理論的な尺度として「推定」という考え方を利用します（第 11 章〜第 14 章）。

この他に推定の方法には、母集団の特性値の値を統計的仮説として、あらかじめ設定しておいて、これを棄却したり採択したりして、母集団の特性値を推測する統計的仮説検定という方法もあります（第 15 章以降）。

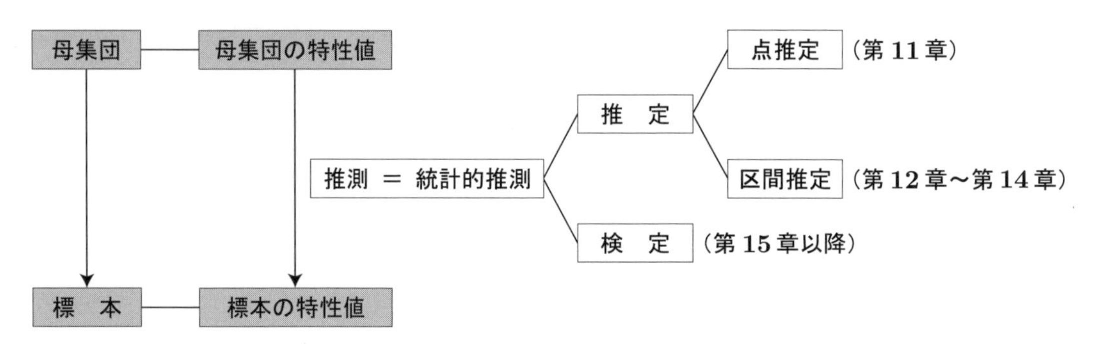

図 11.1　統計的推測とその方法

例題 11.1　S 市の全世帯の中から 800 世帯を無作為に抽出して、乗用車保有の有無を調査することによって、S 市全体における乗用車の普及率を求めよ。

〔解説〕

無作為に抽出した $n = 800$ 世帯の中で、乗用車を保有していたのは $x = 320$ 世帯であったので、その普及率は、$\dfrac{x}{n} = 0.40$ (40%) となります。この S 市の全体の乗用車の普及率を p とすると、この $\dfrac{x}{n} = 0.40$ を p の推定値 $\hat{p}$ として用いると、$\hat{p} = \dfrac{x}{n}$ と表すことができます。このように、1 つの値で母数（実際に知りたい母集団の特性値）を推定することを点推定とよびます。しかし、この $\hat{p}$ は、p の推定値としてよいといえるでしょうか？

11.3　点推定と推定量の特性

一般的に、ある母集団の 1 つの母数 θ を知りたい場合、この母集団から抽出された標本にもとづいて、ある特定の方法で θ の推定値 $\hat{\theta}$ を計算する。この $\hat{\theta}$ が θ の推定値としてもよい性質をもっているかどうかを判断するためには、確率変数としての $\hat{\theta}$ の標本分布を考え、この標本分布の様子を調べ、それを判断の基準にしようとすることが、統計的推定の基本的な考え方です。

確率変数 $\hat{\theta}$ の標本分布が、推定しようとする母数 θ のまわりに密集している度合いが高いほど、$\hat{\theta}$ はよい推定値であると考えられます。標本に対する 1 回の観測値から得られる値は、θ のまわりに密集している $\hat{\theta}$ の標本分布の中から無作為にとられた 1 個の値に他ならないから、密集の度合いが高ければ高いほど、その 1 個の観測値が、真の θ の値に近い確率が大きいはずだといえます。そこで、このような密集の度合いを測る目安として、まず、$\hat{\theta}$ の標本分布の期待値 $E(\hat{\theta})$ を取りあげて、それが母数 θ に等しいことを望ましい第 1 の条件と考えます。

○ 不偏性

ある推定値 $\hat{\theta}$ の期待値が母数に等しいとき、$E(\hat{\theta}) = \theta$ が成り立つとき、この推定値 $\hat{\theta}$ は、θ の**不偏推定値**といいます。または、その推定値は**不偏性**をもっているといいます。

ところで、$\dfrac{x}{n} = \hat{p}$ であるから、

$$E\left(\frac{x}{n}\right) = E(\hat{p}) = p$$

となり、標本割合 $\dfrac{x}{n} = \hat{p}$ は、母集団割合 p の不偏推定値といえます。また、標本平均 $\overline{X}$ の期待値は、母平均 μ に等しい。すなわち

$$E(\overline{X}) = \mu$$

であるから、標本平均 $\overline{X}$ は、母平均 μ の不偏推定値であるといえます。

このように推定値は、偏りがない、つまり不偏性は大切な性質であり、原則的には不偏推定値を用いるべきであるといえます。

ところで、1 つの母数を推定するために、標本観察から導かれる不偏推定値が、何通りも考えられるのが普通です。例えば、母平均 μ を標本から推定するために、次式で定義される W という推定値を考えてみます。

$$W = w_1X_1 + w_2X_2 + \cdots + w_nX_n = \sum_{i=1}^{n} w_iX_i$$

ここで、$w_1, w_2, \cdots, w_n$ はすべて定数でその和が 1 に等しいものとします。すなわち、

$$\sum_{i=1}^{n} w_i = 1$$

このように定義された W は、$X_1, X_2, \cdots, X_n$ の加重平均といえますが、これもやはり、μ の不偏推定値であることが、期待値の法則から次のように理解できます。

$$E(W) = E\left(\sum_{i=1}^{n} w_iX_i\right) = \sum_{i=1}^{n} w_iE(X_i) = \mu\sum_{i=1}^{n} w_i = \mu$$

ところが、$\displaystyle\sum_{i=1}^{n} w_i = 1$ という条件を満足するような定数 $w_1, w_2, \cdots, w_n$ の組み合わせは、無数に存在します。したがって、W の形の不偏推定値は無数にあることになります。$\overline{X}$ は

$w_1 = w_2 = \cdots = w_n = \dfrac{1}{n}$ とおいたときの W で、一般の W の 1 つの特別の場合です。これら無数の不偏推定値のうちのどれが最良の推定値でしょうか。この問いに答えるためには、推定値 $\hat{\theta}$ の標本分布が母数 θ のまわりに密集する度合いを計る第 2 の目安が必要になってきます。それは、推定値 $\hat{\theta}$ の分散 $Var(\hat{\theta})$ が、なるべく小さいことを要求するという条件といえます。

○ **最良性**

母数 θ の**最良 (不偏) 推定値**とは不偏で、かつ最小分散をもつものをいいます。

標本割合 $\hat{p}$ は、母集団割合 p の推定値として、この最良性という性質をもっています。また、標本平均 $\overline{X}$ は、母平均 μ の推定値として、やはり最良性をもっています。したがって、母集団の推定値として標本が、また母平均の推定値として標本平均が広く用いられています。

第 11 章のまとめ

標本で得られた知識にもとづいて、母集団に関するさまざまな推論 (統計的推論) のやり方を理解するためには、推定という考え方があります。母集団である母平均 μ などはわからないのが普通です。したがって、この母集団から n 個の標本 $x_1, x_2, \cdots, x_n$ を抽出し、これらの標本を組み合わせて 1 つの統計量 (確率変数) をつくり、この確率変数の実現値を未知の母数 θ の推定値 $\hat{\theta}$ とします。このように、ある統計量の実現値をもって母数を推定する方法を、点推定といいます。推定量の望ましい条件は、① 推定値は不偏性をもっている、② 母数 θ の最良推定値とは不偏で、かつ最小分散をもつものであり、母集団の推定値として標本平均がもっとも望ましい推定量であることがわかりました。

練習問題 11

1. 次のデータは、農林漁家を除くサラリーマン世帯から 10 世帯を無作為抽出して調査した、1ヶ月当たりの食料支出金額である。この資料から母平均 μ および母標準偏差 σ の推定値を求めよ。

71　68　72　74　90　75　110　84　75　55

(「家計調査年報」平成 14 年、単位：千円)

第12章　母平均の区間推定(1)：正規分布

目的

この章においては、ただ1つの値で推定するところの点推定の代わりに、ある幅をもって推定する区間推定について理解する。

12.1　点推定と区間推定の違い

母集団のすべてを細かく調べることは現実的に不可能なため、何個かのサンプルからなる標本を使って、母集団の性質を推測することになります。このとき、母集団の基本的な性質を決定する母平均 μ と、母分散 σ^2 (母標準偏差 σ) を最初に推測することになります。

そこで、まずはじめに、母分散 σ^2 がわかっている (既知である) ときに、母平均 μ を調べる方法を考えてみます。ここで、母平均がわからないのに母分散が既知であるということは、奇異に感じるかもしれません。分散は平均を使って計算しますので、母平均も母分散もわかっていないとするのが常識的です。しかし、母分散 (母標準偏差) を推定するのは、かなり難しいことなのです。そこで、比較的に考えやすい、母分散があらかじめわかっているときの平均の推測方法をはじめに考えます。これで以前に学んだ正規分布 (第8章) の使い方に慣れておきます。その方法をもとに、第13章では、母分散がわからない (未知である) ときの、母平均を推測する方法を考えることにします。

ある農家でメロンを生産しているとします。このメロン全体を母集団として、重さの分布を考えます。母集団の平均 (母平均) μ を推定するときに、母分散 σ^2 (母標準偏差 σ) がわかっているとするのは無理がありますが、説明を簡単にするために、母分散 σ^2 (母標準偏差 σ) がわかっているとします。

いま、この母集団の母標準偏差 $\sigma = 200\text{g}$ としましょう。ここで、1個のメロンを標本として抽出して、その重さを量ったら、1500g でした。このように、メロンを1個取ってきて重さを量り、これを母集団の平均の推測に使うとします。このとき、ある母数 θ を推定するための統計量 $\hat{\theta}$ を推定量といい、その実現値 $\hat{\theta}$ (この場合 1500g) を推定値とよびます。最初の母集団の分布が正規分布をしていると、確率分布は平均の両側に対称なグラフになります。平均値がいくつなのかわからなくても、その平均値を境に左右対称であることがわかります。

メロンの例の場合、1個の標本を取ってきて、その重さを量りました。それを平均の推定値 (1500g) にしました。この推定値は、平均より大きい確率と小さい確率が同じになります。なぜなら、母集団の分布が平均値を境に右と左で対称になっています。1個の標本を取ってきたときに、それが平均値より大きくなる確率は平均値の右側にある面積です。また、平均値より小さくなる確率は、左側にある面積です。対称なグラフですので、どちらも同じ面積、すなわち同じ確率といえます。

このように、推測したい数値より大きくなる確率と小さくなる確率が同じになる推定値を不偏推定値といいました。母集団の分布が正規分布でなくても、平均値に関して左右対称になっていれば同じことがいえます。

正規分布は、平均値の両側に標準偏差が単位の長さになって、確率が決まっています。平均値 μ がどこにあっても、標準偏差 σ がいくつでも同じです。標準偏差 σ の幅で長さをとっていくと決まった面積 (＝決まった確率) がわかります。

図 12.1 のように、μ から $\mu+\sigma$、$\mu-\sigma$ まで 68.26% $(= 34.13 \times 2)$、$\mu-2\sigma$ から $\mu+2\sigma$ まで 95.44% となっています。

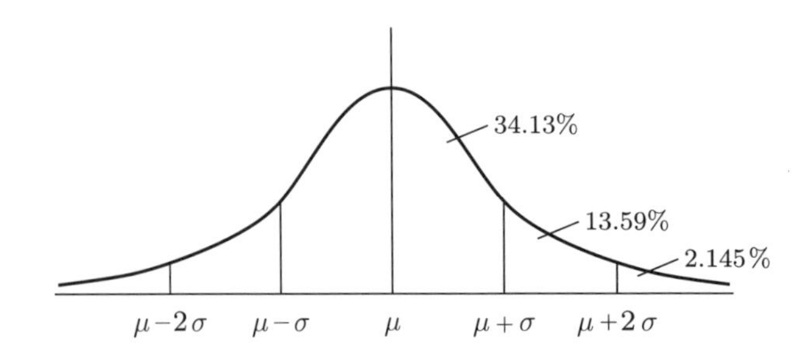

図 12.1　正規分布における平均と標準偏差の関係

メロンの例でいえば、母集団の標準偏差 σ が 200g で、取ってきた標本の重さが 1500g です。この 1500g が平均の推定値です。つまり、68% の確率で、母集団の平均値から $\pm\sigma(= 200\text{g})$ の幅の中に推定値 1500g が入っています。いいかえると、1500g の両側 ±200g のところに母集団の平均値が 68% の確率で入っていることになります。すなわち、1500g±200g のところ、1300g 以上 1700g 以下のところに、母集団の平均値が 68% の確率で入っていると推定できます。ここで、母集団の平均値を特定の 1 つの値とするのではなく、何 % の確率でこの区間に入っているという形で推定することを**区間推定**とよびます。1300g 以上 1700g 以下の区間を 68% の信頼区間とよび、68% の方を信頼係数とよびます。

同じ例で、95% の信頼係数で、母集団の平均値の信頼区間を求めてみます。95% の信頼係数に対しては、区間の幅を $\pm 2\sigma = \pm 400\text{g}$ と取ればよいことになります。$1500 - 400 = 1100$、$1500 + 400 = 1900$ より、1100g 以上 1900g が信頼区間になります。この区間に母集団の平均値が入る確率は 95% です。

$$
\begin{aligned}
&\sigma = 200 \ \text{のとき} \\
&\mu - 2\sigma \leqq 1500 \leqq \mu + 2\sigma \ \text{より} \\
&1500 - 2\sigma \leqq \mu \leqq 1500 + 2\sigma \ \text{ゆえに} \\
&1100 \leqq \mu \leqq 1900
\end{aligned}
$$

信頼区間を作るときは、考え方として σ、2σ、3σ を使います。しかし、第 8 章の正規分布で解説したように、それぞれ、68.3%、95.4%、99.7% の信頼係数に対する信頼区間を作ります。95% の信頼区間を作るときには、1.96、99% の信頼区間を作るときには、2.576 を使うことを思い出してください。

例題 12.1 ある農家でいもを栽培している。この農家のいもは、1 個の平均の重さが 200g で標準偏差が 16g とする。このときサンプルを 1 個選んで平均の推定値とする。このとき、この推定値は平均 200g で、標準偏差が 16g の分布をする。

しかし、平均値の推定をするときに母集団の平均がわかっているのはおかしいので、少し変更して、標準偏差が 16g のときに 1 個の標本が重さ 210g だったとする。このとき、95% の信頼係数で母集団の平均である母平均を推定せよ。

〔解説〕

95% の信頼係数のときは、平均の推定値の両側に $\pm 1.96\sigma$ の値を加えます。母平均 μ は、

$$210 - 1.96 \times 16 \leqq \mu \leqq 210 + 1.96 \times 16$$

$$178.64 \leqq \mu \leqq 241.36$$

すなわち、母集団（この農家のいも）の平均は、95% の信頼係数で 178.64g ～ 241.36g の間になると推定できます。

ここまで、1 つの標本（データ）を母集団から取ってきました。それでは、無作為に抽出された標本を増やすとどうなるか考えます。

例題 12.2 先ほどのメロン農家の例で、標本を 2 個取ってくる場合を考えて、2 個のデータの平均を母集団の平均の推定値とする。メロンを 2 個取ってきて、重さを量った。すると、1 個は 1300g、他方は 1700g であった。このとき、95% の信頼係数で、母平均の信頼区間を計算せよ。

〔解説〕

母集団の平均値の推定値は、標本の平均を使って、$\dfrac{1300 + 1700}{2} = 1500\text{g}$ を使います。

2 個の標本、x_1、x_2 を取ったとき、その平均の分布がどうなるかはわかります。x_1、x_2 は、それぞれ、平均 μ、分散 σ^2（標準偏差 σ）の正規分布 $N(\mu, \sigma^2)$ に従います。このとき、標本の平均は $\dfrac{x_1 + x_2}{2}$、平均 μ、標準偏差 $\dfrac{\sigma}{\sqrt{2}}$ の正規分布 $N\left(\mu, \left(\dfrac{\sigma}{\sqrt{2}}\right)^2\right)$ に従うことが証明されています。母集団の平均値の推定値が 1500g より、この推定値は、母集団の標準偏差が 200g より、平均 μ、標準偏差 $\dfrac{\sigma}{\sqrt{2}} = \dfrac{200}{\sqrt{2}}$ の正規分布 $N\left(\mu, \left(\dfrac{200}{\sqrt{2}}\right)^2\right)$ に従います。95% の信頼係数で、母平均の信頼区間を計算すると、

$$1500 - 1.96 \times \frac{200}{\sqrt{2}} \leqq \mu \leqq 1500 + 1.96 \times \frac{200}{\sqrt{2}}$$

$$1222.81 \leqq \mu \leqq 1777.19$$

となります。つまり、95% 信頼区間は、1222.81g～1777.19g ということです。1 個の標本のときは、信頼区間の幅は 800g ありました。2 個の標本を使うと、幅は約 555g になります。信頼

区間の幅は狭いほどよいわけですから、標本の個数が多い方がよい統計的推測が可能ということになります。

いくら多い方がよいといっても、現実的には無制限に標本を集めるわけにはいきません。どこかで、妥協する必要があります。一般的に n 個の標本を取ったとき、データ $\{X_1, X_2, \cdots, X_n\}$ の平均値 $\overline{X} = \dfrac{X_1 + X_2 + \cdots + X_n}{n}$ を母集団の平均の推定値とします。$\overline{X}$ は、平均 μ、標準偏差 $\dfrac{\sigma}{\sqrt{n}}$ の正規分布 $N\left(\mu, \dfrac{\sigma^2}{n}\right)$ に従います。

このことから、各信頼係数に対する信頼区間は、次のようになります。

- 90%の信頼区間
  $$\overline{X} - 1.645\frac{\sigma}{\sqrt{n}} \leqq \mu \leqq \overline{X} + 1.645\frac{\sigma}{\sqrt{n}}$$
- 95%の信頼区間
  $$\overline{X} - 1.96 \times \frac{\sigma}{\sqrt{n}} \leqq \mu \leqq \overline{X} + 1.96 \times \frac{\sigma}{\sqrt{n}}$$
- 99%の信頼区間
  $$\overline{X} - 2.576 \times \frac{\sigma}{\sqrt{n}} \leqq \mu \leqq \overline{X} + 2.576 \times \frac{\sigma}{\sqrt{n}}$$

区間推定では、母平均 μ を特定しようとするときに、その値は確率をともなって推定されることになります。したがって、ある決まっている値が確定した区間 $[1222.81, 1777.19]$（例題12.2）に入っている確率は 0 か 1 のどちらかといえます。ゆえに、μ が $[1222.81, 1777.19]$ に入っている確率が 0.95 であるという言い方は正しくありません。推測統計学では、これから起こることに対して確率を定義して結論づけます。区間 $[1222.81, 1777.19]$ が μ を含む確率は 0.95 であるという言い方は、$\overline{X}$ が確率変数、つまり、これから起こることと考えられますから、推測統計学の立場からは正しいことになります。確定した信頼区間 $[1222.81, 1777.19]$ を、確率の代わりに、「μ がこの区間に入っていると 95%の確信をもって主張できる」という意味にとらえることになります。そして、区間 $[1222.81, 1777.19]$ が μ を含む確率は 0.95 ですから、図12.2より、同じ母集団から n 個の標本を抽出する実験を 100 回行い、得られた 100 個の信頼区間のうち、おおよそ 95 個は μ を含んでいるということになります。

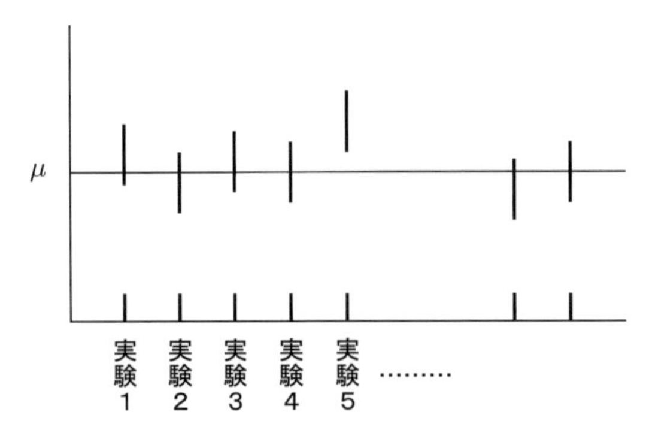

図12.2　実験を繰り返したときの信頼区間

点推定と区間推定の違いについて、ここでおさらいをしておきましょう。点推定では、中心極限定理から、標本数 n を増やしていくと標本平均 $\overline{X}$ の期待値が母平均 μ に近づいていくため、標本平均 $\overline{X}$ を母平均 μ の推定値としました。しかし、標本平均 $\overline{X}$ は、母平均 μ の周りにばらつくことになります。そのため、母平均 μ の推定には、ただ 1 つの推定値を示す（点推定）のではなく、ある幅をもって推定するという区間推定の考え方があるのです。

標準化の式から、標本平均 $\overline{X}$ は $Z = \dfrac{\overline{X} - \mu}{\dfrac{\sigma}{\sqrt{n}}}$ に変換することができます。標準正規分布で考えて、この Z がある幅をもつわけです。その幅を $\pm Z\left(\dfrac{\alpha}{2}\right)$ とすると、

$$-Z\left(\frac{\alpha}{2}\right) \leqq \frac{\overline{X} - \mu}{\frac{\sigma}{\sqrt{n}}} \leqq Z\left(\frac{\alpha}{2}\right)$$

と表されます。最終的に

$$-Z\left(\frac{\alpha}{2}\right)\frac{\sigma}{\sqrt{n}} \leqq \overline{X} - \mu \leqq Z\left(\frac{\alpha}{2}\right)\frac{\sigma}{\sqrt{n}}$$

となります。つまり、点推定では、標本平均 $\overline{X}$ は 母平均 μ のまわりに、$\pm Z\left(\dfrac{\alpha}{2}\right)\dfrac{\sigma}{\sqrt{n}}$ の幅をもって推定することになります。ここで、$Z\left(\dfrac{\alpha}{2}\right)$ の値は、信頼係数によって決められます。なお、$Z\left(\dfrac{\alpha}{2}\right)\dfrac{\sigma}{\sqrt{n}}$ のことを、推定値の誤差といいます。推定値の誤差については、第 14 章で再度検討することになります。

12.2　比率の場合の区間推定

いま一度、第 11 章の例題 11.1 に関して、「この S 市の乗用車の普及は 40% と推定される」という結論が得られましたが、ここで区間推定してみましょう。

標本比率 $\hat{p}$ は、母集団比率 p の不偏推定値であり、その分散は、

$$Var(\hat{p}) = \frac{pq}{n} \quad (q = 1 - p)$$

で表されます。$Var(\hat{p})$ の平方根 $\sqrt{\dfrac{pq}{n}}$ は、$\hat{p}$ の標準偏差で、推定値 $\hat{p}$ の誤差を測る目安となるものです。これを $S_{\hat{p}}$ で表します。特に例題 11.1 のように、n が大きい場合には、第 9 章で学んだ中心極限定理により、$\hat{p}$ は p を平均とし $S_{\hat{p}} = \sqrt{\dfrac{pq}{n}}$ を標準偏差とする正規分布に従うものと考えてよいのです。

さらに、例題 11.1 のように、n が十分に大きい場合には、$\sqrt{\dfrac{pq}{n}}$ に含まれる p、q をそれぞれ、$\hat{p}$、$1 - \hat{p}$ で置き換えても上の記述は正しいものとみなせます。

一方、正規分布表より

$$P(-1.96 \leqq Z \leqq 1.96) = 1 - 2P(Z \geqq 1.96) = 0.95$$
$$P(-2.576 \leqq Z \leqq 2.576) = 1 - 2P(Z \geqq 2.576) = 0.99$$

となるので、p の 95% 信頼区間、99% 信頼区間は、次のように考えられます。

$$95\%\ \text{信頼区間}：\left[\hat{p}-1.96\sqrt{\frac{\hat{p}(1-\hat{p})}{n}},\ \hat{p}+1.96\sqrt{\frac{\hat{p}(1-\hat{p})}{n}}\right]$$

$$99\%\ \text{信頼区間}：\left[\hat{p}-2.576\sqrt{\frac{\hat{p}(1-\hat{p})}{n}},\ \hat{p}+2.576\sqrt{\frac{\hat{p}(1-\hat{p})}{n}}\right]$$

〈例題 11.1 における区間推定の計算〉

例題 11.1 での値、$n=800$、$\hat{p}=0.40$ を上式に代入すると、乗用車の普及率の区間推定を求めることができます。

$$95\%\ \text{信頼区間}：\left[0.40-1.96\sqrt{\frac{0.4(1-0.4)}{800}},\ 0.40+1.96\sqrt{\frac{0.4(1-0.4)}{800}}\right]\ \text{よって、}37\%\sim43\%$$

$$99\%\ \text{信頼区間}：\left[0.40-2.576\sqrt{\frac{0.4(1-0.4)}{800}},\ 0.40+2.576\sqrt{\frac{0.4(1-0.4)}{800}}\right]\ \text{よって、}36\%\sim44\%$$

もし、10,000 世帯のうちで何世帯が乗用車をもっているのかを推定したければ、上の区間の両端の値に 10,000 を掛ければよい。よって、95% 信頼区間：3,700 世帯から 4,400 世帯となります。

12.3　信頼区間の持つ性質

信頼区間の両端の値の差を信頼区間の幅といいます。これは、$1.96S_{\hat{p}}$ または $2.576S_{\hat{p}}$ のちょうど 2 倍によって与えられます。このとき、95% あるいは 99% という確率を信頼係数 (信頼度) とよびます。表記は $1-\alpha$ で表します。95% の場合は $\alpha=0.05$、99% の場合は $\alpha=0.01$ で信頼係数を表記します。真の値 (母数) p は、この区間の中に入っているか否かのどちらかです。したがって、ただ 1 つの標本から求めた信頼区間だけを考えるときには、95% や 99% という確率は出てきません。このような無作為抽出を繰り返し行い、そのたびに、前と同じ方式で信頼区間をつくるとすれば、推定値 $\hat{p}$ が変わることによって、その信頼区間の中点も、また、区間の幅も変わる。このような操作を無限に繰り返して無数の信頼区間を得るとすれば、そのうち真の値 p を含むものの割合を示すのがこの信頼係数なのです。

したがって、標準正規分布表の 2.5% のところの値を用いてつくった 95% 信頼区間は、真の値を含む割合が 20 回中 19 回であることを意味します。残りの 1 回、すなわち $\frac{1}{20}$ の割合で、真の値はせっかく求めた信頼区間の外にあることになります。

- 信頼係数を高めるためには、区間の幅を広くしなければならない。
- 区間の幅を狭くすると信頼係数は下がる。

このように、区間の幅と信頼係数の間には、互いに両立しにくい関係があります。それでは、信頼係数をどれくらいにするのが、必要かつ十分でしょうか。信頼率 50% という推論は「当たり、はずれ」というに等しく、採用することができません。他方で、信頼係数100%の推論をしようとすれば、不可能ではないが、一般には、区間の幅が著しく大きくなってしまいます。

極端にいえば、テレビの所有率は、0% ～ 100% の間にあるとか、喫煙者は0人～1,000万人であるというような言い方になり、これなら信頼係数100%といっても誰も疑わないかわりに、何の役にも立ちません。そうすると、実際には信頼係数90%、95%、99%などをその使用目的に応じて決めて、これに対応する信頼区間の幅が実用に耐える程度に小さくなるように、十分に多数のデータを集めたり、あるいは実験精度を高めたりすることが必要になってきます。

例題 12.3　ある精密なネジを作っている工場がある。その工場では製造したネジの太さの平均値 μ（母平均）が0.90mmになるようにしないと、合わないネジとなり、クレームが発生するので、母平均が0.90mmでなくなったときは機械を止めて調整することにしている。母平均が0.90mmになっているかどうかは、毎日製造した多くのネジの中から、無作為に100本を抽出して、その太さを測り、その平均値 $\overline{X}$ を計算して調べている。

〔解説〕

このとき、たとえ母集団の平均値 μ が0.90mmで、ばらつき（標準偏差）も十分小さく、調整を必要としない状態であっても、それから得られた標本平均には、無作為抽出に不可避な変動により、それがちょうど0.90mmになるとは限りません。したがって、$\overline{X} = 0.91$ となったからといって、すぐに機械を止めて調整し直すとしたら、余計な手数をかけて無駄なことをすることになります。

現在できあがった製品（調整前）の母平均を推定してみましょう。点推定値としては $\overline{X} = 0.91$ であるが、$\overline{X}$ は μ のまわりにばらつくので、このことを利用して μ の信頼区間を考えてみます。

ここで、$s^2 = \sigma^2$ とみなせるほど大きな標本の場合を考えます。したがって、$Z = \dfrac{\overline{X} - \mu}{\dfrac{\sigma}{\sqrt{n}}}$ は $N(0,1)$ に従うとみてよいから、-1.96 以下、または1.96以上の値をとる確率は、標準正規分布表より0.05と求まる。したがって、

$$-1.96 \leqq \frac{\overline{X} - \mu}{\dfrac{\sigma}{\sqrt{n}}} \leqq 1.96$$

の範囲をとる確率は、$1 - 0.05 = 0.95$ である。これを変形すると、

$$-1.96\frac{\sigma}{\sqrt{n}} \leqq \overline{X} - \mu \leqq 1.96\frac{\sigma}{\sqrt{n}}$$

$$-\overline{X} - 1.96\frac{\sigma}{\sqrt{n}} \leqq -\mu \leqq -\overline{X} + 1.96\frac{\sigma}{\sqrt{n}}$$

符号を変えて整理すると、信頼係数95%の信頼区間が次のように求まる。

$$\overline{X} - 1.96\frac{\sigma}{\sqrt{n}} \leqq \mu \leqq \overline{X} + 1.96\frac{\sigma}{\sqrt{n}}$$

信頼係数99%の信頼区間は、上の式の1.96のかわりに2.576を用いればよい。

例題 12.3 の場合で、$\overline{X} = 0.91$、$\sigma = 0.03$ であったとして計算すると、母平均 μ の推定は、

$$0.91 - 1.96\frac{0.03}{\sqrt{100}} \leqq \mu \leqq 0.91 + 1.96\frac{0.03}{\sqrt{100}}$$
$$0.904 \leqq \mu \leqq 0.916 \text{（または} 0.91 \pm 0.006\text{）}$$

すなわち、ネジの太さの母平均 μ は、0.904mm ～ 0.916mm の区間内にある (信頼係数 95%)。

第 12 章のまとめ

この章においては、ただ 1 つの値で推定するところの点推定の代わりに、ある幅をもって推定する区間推定という考え方を導入しました。

$$P\left(\overline{X} - Z\left(\frac{\alpha}{2}\right) \times \frac{\sigma}{\sqrt{n}} \leqq \mu \leqq \overline{X} + Z\left(\frac{\alpha}{2}\right) \times \frac{\sigma}{\sqrt{n}}\right) = 1 - \alpha$$

であり、μ の信頼係数 $1 - \alpha$ の信頼区間は、

$$\left[\overline{X} - Z\left(\frac{\alpha}{2}\right) \times \frac{\sigma}{\sqrt{n}},\ \overline{X} + Z\left(\frac{\alpha}{2}\right) \times \frac{\sigma}{\sqrt{n}}\right]$$

となります。

また、標本数が多い、大標本の場合の母平均の推定は、$\sigma^2 = S^2$ とみなすことにより、母標準偏差が既知となり区間推定を行うことができます。

なお、$\mu_U = \overline{X} + Z\left(\frac{\alpha}{2}\right)\frac{\sigma}{\sqrt{n}}$, $\mu_L = \overline{X} - Z\left(\frac{\alpha}{2}\right)\frac{\sigma}{\sqrt{n}}$ とすると、μ_U を上方信頼限界、μ_L を下方信頼限界といいます。

また、90%、95%、99% のときの α は、それぞれ 0.1、0.05、0.01 です。

練習問題 12

1. 次の表は、多くの乳牛の中から無作為に抽出した 10 頭の乳牛の 1 日の乳量を示している。乳量は母平均 μ、母分散 σ^2 の正規分布 $N(\mu, \sigma^2)$ に従うと仮定する。ただし、母標準偏差は $\sigma = 9$ で既知であると仮定する。このとき、1 日の乳量の平均 μ の信頼率 95% $(1 - \alpha = 0.95)$ の信頼区間を求めよ。

(単位：kg)

牛番号	1	2	3	4	5	6	7	8	9	10
乳量	40.5	30.2	15.5	26.6	34.3	22.3	23.6	35.7	20.5	40.8

2. あるみかん農園でみかんの栽培を行っている。ここで収穫されるみかんは、1 個当たりの重さの標準偏差が 20g であることがわかっていると仮定する。いま、10 個の標本を取って、重さの平均を求めると、250g であった。1 個当たりの重さは、$N(250, 20^2)$ の正規分布に従うとするとき、信頼係数 99% $(1-\alpha=0.99)$ で母集団の平均を区間推定せよ。

3. ある模擬テストを実施して、大きさが 900 の標本を選んだ。標本の平均点は 65 点、母集団の標準偏差は 12 点であった。母集団の平均を 99% の信頼係数で推定せよ。

4. 次の表は、ある規模の多数の企業の中から無作為に抽出した 10 社の 1ヶ月の取引金額を示している。取引金額は母平均 μ、母分散 σ^2 の正規分布 $N(\mu, \sigma^2)$ に従うと仮定する。ただし、母標準偏差は $\sigma=10$ で既知であると仮定する。このとき、1ヶ月の取引金額の平均 μ の信頼率 95% の信頼区間を求めよ。

（単位：100 万円）

会社	1	2	3	4	5	6	7	8	9	10
金額	473	466	458	449	440	470	461	455	446	436

5. ある地域において、6 歳（男児）の身長の母標準偏差が 5cm であることがわかっていると仮定する。いま、30 人（6 歳（男児））の身長の平均を求めると、115cm であった。6 歳（男児）の身長は、正規分布に従うとするとき、信頼係数 99% で母集団の平均値を区間推定せよ。

第13章　母平均の区間推定(2)：t分布

目的

母標準偏差 σ が未知である場合の母平均 μ の区間推定について理解する。

第12章では、母標準偏差 σ が既知である場合の母平均 μ の区間推定について取り上げました。しかし、実際には母平均 μ の推定をするのに、母標準偏差 σ が既知ということはほとんどありません。

そのため、母平均 μ の区間推定で母標準偏差 σ が未知の場合は、標本標準偏差 s を用い、標準正規分布の代わりに、t 分布を活用して推定を行います。

13.1　t 分布の活用

t 分布については 第9章で説明しましたが、おさらいをしておきましょう。

t 分布は釣鐘型 (Bell shape) であり平均 $\mu = 0$ といった点が、標準正規分布と同じでした。しかし、t 分布が標準正規分布と異なるのは、標本数によって分布の形が変わるという点です。そのため標本数が小さい場合、t 分布は標準正規分布よりも広がりが大きく、標本数が大きくなるにつれて標準正規分布に近づきます。標本数がほぼ 30 以上では、t 分布は標準正規分布とほとんど区別がつきません。

そこで、母標準偏差 σ が未知の場合の区間推定は、標本数が 30 未満では t 分布を、標本数がほぼ 30 以上であれば標準正規分布を活用することができます。

本章では、標本数が 30 未満の場合を想定して、t 分布を活用した母平均 μ の区間推定について理解しましょう。

ここで、

$$t = \frac{\overline{X} - \mu}{\frac{s}{\sqrt{n}}} \tag{13.1}$$

は自由度 $\nu = n - 1$ の t 分布をします。

式 (13.1) で、$\overline{X}$ は標本平均、s は標本標準偏差、n は標本数を表します。

この t 値が、標本平均 $\overline{X}$ の標準正規分布における z 値と異なるのは、前述のとおり母標準偏差 σ が未知のため、それを標本標準偏差 s に置き換えた点です。言い換えると、標本平均 $\overline{X}$ の母標準偏差 σ が未知であっても、式 (13.1) を使えば、母平均 μ の区間推定をすることができます。標本標準偏差 s は、標本から観測することができます。

13.2　t 分布の有意水準について

t 分布の有意水準は、対象とする問題に応じて、両側有意水準と片側有意水準の 2 通りの表し方があります。両側有意水準は、有意に大きい値と有意に小さい値の両方を考慮したものです。片側有意水準は、有意に大きい値、あるいは、有意に小さい値のいずれか一方のみを考慮したものです。通常、区間推定を行うときは両側有意水準を用いますが、特別な場合は片側有意水準を用います。なお、信頼係数 $100(1-\alpha)\%$ は、第 12 章（p.89 の補足説明）と同様に、90%、95%、99% と設定されます。90% 信頼係数に対応する両側有意水準、および、片側有意水準は下の図のとおりです。

また、t 値は t 分布表から読み取ります。t 分布表では、片側有意水準で表側の自由度 ν と表頭の $p=\alpha$ 点に対する t 値を表しています。したがって、両側有意水準では、自由度 ν の点に対する値が t 値 $\left(t\left(\frac{\alpha}{2},\nu\right)\right)$ となります。

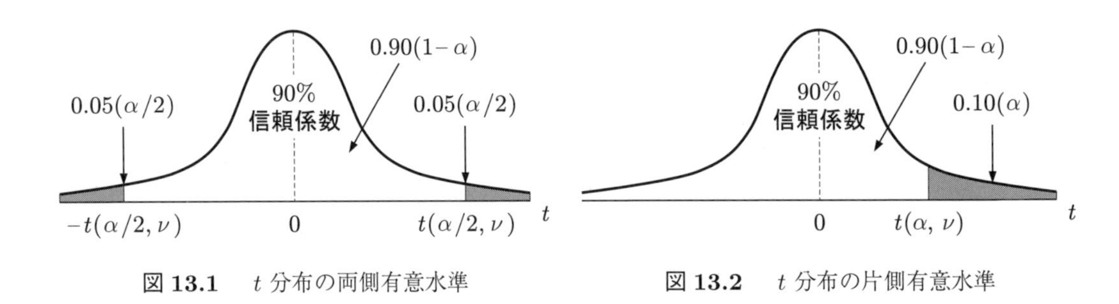

図 **13.1**　t 分布の両側有意水準

図 **13.2**　t 分布の片側有意水準

13.3　t 分布による信頼区間

それでは、t 分布を用いた区間推定の方法についてみていきます。それには、第 12 章で取り上げた標準正規分布を用いた母平均 μ の区間推定と同様に、t 分布を用いた母平均 μ の信頼区間、つまり母平均 μ の上方信頼限界 (μ_U：upper confidence limit)、下方信頼限界 (μ_L：lower confidence limit) を式で表す必要があります。

そこで、母平均 μ の信頼係数 $100(1-\alpha)\%$ における信頼区間を、式で表してみましょう。ここでは、両側有意水準について考えます。母標準偏差 σ はわからず、観測されたデータから、標本平均 $\overline{X}$、標本標準偏差 s、標本数 n はわかっているものとします。自由度は $\nu=n-1$ で、両側有意水準の t 値を $t\left(\frac{\alpha}{2},\nu\right)$ と表します。

t 値は、式 (13.1) で表されるため、確率の表記を用いると次のようになります。

$$P\left(-t\left(\frac{\alpha}{2},\nu\right) \leqq \frac{\overline{X}-\mu}{\frac{s}{\sqrt{n}}} \leqq t\left(\frac{\alpha}{2},\nu\right)\right) = 1-\alpha \tag{13.2}$$

しかし、いま知りたいのは母平均 μ の信頼区間です。そのため、式 (13.2) のカッコ内を母

平均 μ について整理します。

$$-t\left(\frac{\alpha}{2},\nu\right)\frac{s}{\sqrt{n}} \leqq \overline{X}-\mu \leqq t\left(\frac{\alpha}{2},\nu\right)\frac{s}{\sqrt{n}}$$
$$-\overline{X}-t\left(\frac{\alpha}{2},\nu\right)\frac{s}{\sqrt{n}} \leqq -\mu \leqq -\overline{X}+t\left(\frac{\alpha}{2},\nu\right)\frac{s}{\sqrt{n}}$$

上の式の符号を変えると次のようになります。

$$\overline{X}-t\left(\frac{\alpha}{2},\nu\right)\frac{s}{\sqrt{n}} \leqq \mu \leqq \overline{X}+t\left(\frac{\alpha}{2},\nu\right)\frac{s}{\sqrt{n}}$$

よって、式 (13.2) は式 (13.3) になります。

$$P\left(\overline{X}-t\left(\frac{\alpha}{2},\nu\right)\frac{s}{\sqrt{n}} \leqq \mu \leqq \overline{X}+t\left(\frac{\alpha}{2},\nu\right)\frac{s}{\sqrt{n}}\right)=1-\alpha \tag{13.3}$$

そこで、母平均 μ の上方信頼限界 (μ_U)、および下方信頼限界 (μ_L) は以下のように表すことができます。

$$\text{上方信頼限界：}\ \mu_U=\overline{X}+t\left(\frac{\alpha}{2},\nu\right)\frac{s}{\sqrt{n}}$$
$$\text{下方信頼限界：}\ \mu_L=\overline{X}-t\left(\frac{\alpha}{2},\nu\right)\frac{s}{\sqrt{n}} \tag{13.4}$$

それでは、次の例題を解いてみましょう。

例題 13.1　ある町に住んでいる 20 歳の男性 25 人の身長を調べたところ、標本平均 $\overline{X}=170.3\text{cm}$、標本標準偏差 $s=10\text{cm}$ であった。この町の 20 歳男性の身長の平均（母平均 μ）を信頼係数 95% のもとで区間推定せよ。

〔解説〕

母平均 μ の区間推定をしたいのですが、母標準偏差 σ がわかりません。そこで、標本標準偏差 s を用い、標準正規分布の代わりに、t 分布を活用して推定を行います。信頼係数 95% のもとで区間推定をするには、式 (13.3) を適用することになります。

$$P\left(\overline{X}-t\left(\frac{\alpha}{2},\nu\right)\frac{s}{\sqrt{n}} \leqq \mu \leqq \overline{X}+t\left(\frac{\alpha}{2},\nu\right)\frac{s}{\sqrt{n}}\right)=0.95$$

ここで、わかっているデータは、$n=25$、$\overline{X}=170.3$、$s=10$ です。

わからないのは t 値だけです。t 値は t 分布表から、表側の自由度 $\nu\,(=n-1)$ の $25-1=24$ と表頭の $p=\dfrac{\alpha}{2}=0.025$ より求めることができます。すると、$t=2.064$ を読み取ることができます。

これで、母平均 μ の上方信頼限界と下方信頼限界を求めることができます。

$$\text{上方信頼限界：}\ \mu_U=\overline{X}+t\left(\frac{\alpha}{2},\nu\right)\frac{s}{\sqrt{n}}=170.3+2.064\times\frac{10}{\sqrt{25}}=174.4$$
$$\text{下方信頼限界：}\ \mu_L=\overline{X}-t\left(\frac{\alpha}{2},\nu\right)\frac{s}{\sqrt{n}}=170.3-2.064\times\frac{10}{\sqrt{25}}=166.2$$

よって答えは次のとおりです。

この町の 20 歳男性の身長の平均は、信頼係数 95% のもとで、$166.2\text{cm} \leqq \mu \leqq 174.4\text{cm}$ である。

13.4　補論：母標準偏差の区間推定

第12章から第13章までは、母平均 μ の区間推定の方法について取り上げてきました。ここでは、母標準偏差 σ の区間推定の方法についてふれておきます。通常、母標準偏差 σ は未知であるため、推定をする必要があります。母標準偏差 σ の区間推定には、第10章で説明した χ^2 (カイ2乗：chi-square) 分布を活用します。

はじめに、χ^2 分布の復習をしておきましょう。χ^2 は、z 値の2乗和で、次の式で表されました。

$$\chi^2 = \sum_{i=1}^{n} \left(\frac{x_i - \mu}{\sigma} \right)^2 = \frac{1}{\sigma^2} \sum_{i=1}^{n} (x_i - \mu)^2 \tag{13.5}$$

また、χ^2 分布は t 分布と同様に、自由度 ν の大きさによって形が変わります。自由度 ν は、標本数 n と同じになります ($\nu = n$)。また、χ^2 分布の有意水準を読みとる場合には注意が必要です。χ^2 分布は、片側有意水準のみ表示されます。なぜなら、式 (13.5) からもわかるとおり、χ^2 は2乗しているので、正の値しかとらないためです。

それでは、χ^2 分布を用いた母標準偏差 σ の区間推定の方法を見ていきましょう。具体的な式展開は省略しますが、母標準偏差 σ の区間推定には、標本分散 s^2 を用いることになります。そのため自由度 ν は、$n-1$ です。χ^2 の式は次のように整理されます。

$$\chi^2 = \frac{(n-1)s^2}{\sigma^2} \tag{13.6}$$

例えば、式 (13.6) より χ^2 分布における信頼係数95% の信頼区間は、確率の表記を用いると次のように表されます。

$$P\left(\chi^2(0.975,\ \nu) \leqq \frac{(n-1)s^2}{\sigma^2} \leqq \chi^2(0.025,\ \nu) \right) = 0.95 \tag{13.7}$$

しかし、ここで推定したいのは母標準偏差 σ の信頼区間です。そこで、式 (13.7) のカッコ内を母標準偏差 σ について整理すると、次の式 (13.8) になります。

$$P\left(\sqrt{\frac{(n-1)s^2}{\chi^2(0.025,\ \nu)}} \leqq \sigma \leqq \sqrt{\frac{(n-1)s^2}{\chi^2(0.975,\ \nu)}} \right) = 0.95 \tag{13.8}$$

よって、母標準偏差 σ の上方信頼限界、および下方信頼限界は以下のように表すことができます。

$$\begin{aligned} \sigma \text{ の上方信頼限界：} & \sqrt{\frac{(n-1)s^2}{\chi^2(0.975,\ \nu)}} \\ \sigma \text{ の下方信頼限界：} & \sqrt{\frac{(n-1)s^2}{\chi^2(0.025,\ \nu)}} \end{aligned} \tag{13.9}$$

ここで、これら信頼限界を求めるのに、χ^2 分布の有意水準を χ^2 分布表から読み取ります。χ^2 分布表において信頼係数を95% とすると、χ^2 の上方信頼限界は $\chi(0.025,\ \nu)$ であり、表側

の自由度 ν と表頭の確率 0.025 に対応する値となります。χ^2 の下方信頼限界は $\chi^2(0.975,\ \nu)$ であり、表側の自由度 ν と表頭の確率 0.925 に対応する値となります。

ちなみに、式 (13.7) と式 (13.8) をみてわかるように、上方信頼限界と下方信頼限界の χ^2 の値は逆になります。

それでは、次の例題を解いてみましょう。

例題 13.2　ある町に住んでいる 20 歳男性の身長の母標準偏差 σ がわからないので推定したい。そこで、大きさ 10 の標本を抽出し、標本標準偏差 s を測ったら 6cm であった。95% 信頼係数のもとで母標準偏差 σ を区間推定しなさい。

〔解説〕

母標準偏差 σ を区間推定するには、さきほどの式 (13.8) を使うことになります。

$$P\left(\sqrt{\frac{(n-1)s^2}{\chi^2(0.025,\ \nu)}} \leqq \sigma \leqq \sqrt{\frac{(n-1)s^2}{\chi^2(0.975,\ \nu)}}\right) = 0.95$$

ここでわかっているデータは、$n = 10$、$s = 6$ です。

わからないのは、χ^2 の値だけです。χ^2 分布表から、$\chi^2(0.975,\ \nu)$ の値は自由度 $\nu(= n-1)$ の $10 - 1 = 9$ と表頭の確率 0.975 に対応した、2.700 となります。$\chi^2(0.025,\ \nu)$ の値は自由度 9 と表頭の確率 0.025 に対応した、19.023 となります。

これで、母標準偏差 σ の上方信頼限界と下方信頼限界を求めることができます。

$$\sigma \text{の上方信頼限界：} \sqrt{\frac{(n-1)s^2}{\chi^2(0.975,\ \nu)}} = \sqrt{\frac{(10-1)\cdot 6^2}{2.70}} = 10.95$$

$$\sigma \text{の下方信頼限界：} \sqrt{\frac{(n-1)s^2}{\chi^2(0.025,\ \nu)}} = \sqrt{\frac{(10-1)\cdot 6^2}{19.0}} = 4.13$$

よって答えは、次のとおりです。

20 歳男性の身長の母標準偏差 σ は、信頼係数 95% のもとで、4.13cm $\leqq \sigma \leqq$ 10.95cm である。

第 13 章のまとめ

本章では、母標準偏差 σ が未知である場合の母平均 μ の区間推定の方法について取り上げました。母平均 μ の区間推定において母標準偏差 σ が未知の場合は、標本標準偏差 s を用い、標準正規分布の代わりに、t 分布を活用して区間推定を行うことを説明しました。

ただし、標本数がほぼ 30 以上である場合、t 分布は標準正規分布とほとんど区別がつきません。そのため、標本数が 30 以上であれば、標準正規分布を活用して区間推定を行うことができます。本章で取り上げたのは、標本数が 30 未満の場合であり、t 分布を活用した区間推定の方法についてでした。

なお、これまでの説明では、信頼係数 95% のもとで、信頼区間を推定してきました。しかし、信頼係数 $100(1-\alpha)\%$ は、第 12 章と同様に、99%、95%、90% と設定されます。

次の練習問題では、それらについても取り上げます。

練習問題 13

1. A 地区の乳牛の中から無作為に 10 頭を抽出した。この 10 頭の 1 日当たり乳量の平均は 29kg、標本標準偏差は 8.7kg であることがわかっている。A 地区の乳牛の 1 日当たり乳量の平均を信頼係数 95% のもとで区間推定せよ。

2. 宿根カスミソウの生産をしている農家がある。宿根カスミソウの採花時の長さは、長短さまざまである。この農家で採花した宿根カスミソウの中から無作為に 10 本の標本を抽出して、その長さを測ったら次のような結果が得られた。

80.0　70.5　100.6　88.7　68.1　71.9　93.9　85.5　77.0　67.8　(cm)

この農家における宿根カスミソウの採花時の長さの平均を信頼係数 95% のもとで区間推定せよ。

3. ある地域で無作為に 16 戸の農家を抽出し、 耕地 10a 当たり生産農業所得を調べたところ、標本平均 4.5 万円、標本標準偏差 1.7 万円であった。この地域の耕地 10a 当たり生産農業所得の平均を信頼係数 95% のもとで区間推定せよ。

4. ある地域の稲作農家 25 戸を無作為に抽出し、今年のコシヒカリの単収を調べたところ、25 戸の平均は $\overline{X} = 498.0\text{kg}/10\text{a}$、標準偏差は $s = 56.0\text{kg}/10\text{a}$ であった。昨年のこの地域の単収は、485kg/10a であった。信頼係数 90% のもとで、この地域の単収に大きな変化があったといえるのか区間推定せよ。

5. あるみかん農園でみかんの栽培を行っている。ここで収穫されたみかん 16 個について重さを調べたところ、標本平均 250g、標本標準偏差 20g であった。このみかん農園のみかん 1 個当たりの重量の平均を信頼係数 99% のもとで区間推定せよ。

6. 次の表は、ある年の A 株式会社への株式投資の 1ヶ月ごとの収益率を示している。このデータは正規分布からの無作為標本とし、母分散 σ^2 は未知であるとする。このとき、収益率の平均 μ の信頼率 95% の信頼区間を求めよ。

（単位：%）

月	1	2	3	4	5	6	7	8	9	10	11	12
収益率	3.4	10.3	3.5	−5.6	−10.3	7.0	−4.1	−0.3	1.7	0.5	5.1	9.5

第14章　母平均の区間推定(3)：標本数の求め方

目的

母平均 μ を推定するために、最小限必要な標本数 n の求め方について理解する。

これまでの 第12章から 第13章までは、母平均 μ を推定するのに、標本数 n が決まっているという前提のもとで説明をしてきました。

しかし、実際に自分の分析対象について母平均 μ を推定する場合は、自分自身が母集団から標本を抽出しなければなりません。つまり、自分で標本数 n を決めて、その上で標本平均 $\bar{x}$、標本標準偏差 s を計算することになります。

推定したい母平均 μ の標本数 n を求めるには、母平均 μ の信頼限界、つまり誤差 ε の限界をはじめに決めておく必要があります。

14.1　母平均 μ を推定するために必要な標本数

第12章において、推定した母平均 μ の誤差 ε を次のように表すことを説明しました。

$$\varepsilon = Z\left(\frac{\alpha}{2}\right)\frac{\sigma}{\sqrt{n}} \tag{14.1}$$

誤差の限界を決めて、最小限必要な標本数 n を求めるには、この式を整理した、式(14.2)から求めることになります。

$$n = \left(Z\left(\frac{\alpha}{2}\right)\frac{\sigma}{\varepsilon}\right)^2 \tag{14.2}$$

なお、上の式では、標本標準偏差 s を使う代わりに母標準偏差 σ を用いています。これは、標本数 n が変わるたびに標本標準偏差 s を計算することが面倒なので、母標準偏差 σ が既知であるものとして簡略化したためです。

14.2　誤差の大きさと標本数

誤差 ε が小さくなるにつれて、最小限どの程度の標本数 n が必要となるのでしょう。誤差 ε の大きさと標本数 n の関係をみてみましょう。

推定したい母平均 μ の標本数 n を求めるには、式(14.2)の $n = \left(Z\left(\frac{\alpha}{2}\right)\frac{\sigma}{\varepsilon}\right)^2$ を使います。表14.1は、誤差 ε を100から10まで、10ずつ小さくした場合の最小限必要な標本数 n の値

です。ここでは、母標準偏差 $\sigma = 350$、信頼係数 95% に対応する Z 値 1.96 から計算しています。

すると、誤差 ε の大きい 100 では標本数 n が 48 であるのに、誤差 ε が次第に小さくなるにつれて、最小限必要な標本数 n は非常に大きくなっていくことがわかります。この表でもっとも小さい誤差 10 では、標本数 n は 4,706 となります。このことは、標本数 n の式で、誤差 ε が小さくなるとカッコ内の値が 2 乗されて大きくなるためです。

表 14.1　誤差の大きさによる標本数の推移

誤　差 (ε)	100	90	80	70	60	50	40	30	20	10
標本数 (n)	48	59	74	97	131	189	295	523	1,177	4,706

それでは、次の例題を解いてみましょう。

例題 14.1　R 大学の学生を対象に統計学の試験を行った。試験結果を 95% 信頼係数のもとで推定したい。ただし、母標準偏差 σ は 15 点であることがわかっている。ここで、誤差 ε を 5 点以内におさえたいとすると、標本数 n がいくつ以上の標本を抽出すればよいか。

〔解説〕

推定したい母平均 μ の最小限必要な標本数 n を求めるには、式 (14.2) を使います。この例題から、$\sigma = 15$、$\varepsilon = 5$ であり、信頼係数 95% に対応する Z の値を標準正規分布表から求めると 1.96 です。

$$n = \left(Z\left(\frac{\alpha}{2}\right) \frac{\sigma}{\varepsilon} \right)^2 = \left(1.96 \times \frac{15}{5} \right)^2 = 34.57$$

よって、答えは 35 人以上の標本を抽出すればよいことになります。

第 14 章のまとめ

本章では、母平均 μ を推定するために最小限必要な標本数 n の求め方について説明しました。実際に自分の分析対象について標本を抽出する場合、推定したい母平均 μ の誤差 ε をどの程度にしたいのかを事前に判断することになります。それには、標本数 n をいくらにすべきかを決めることが問題となるわけです。

以上、第 12 章から第 14 章までは推定について説明してきました。次の章からは、検定について説明していきます。

練習問題 14

1. ある農家が販売している鶏卵は、栄養価が高く消費者からも評判がよい。しかし、それぞれの鶏卵は大きさが異なっている。この農家の鶏卵の重さを 95% 信頼係数のもとで推定したい。ここで、母標準偏差 σ は 35g であることがわかっている。その際、誤差 ε を 10g 以内におさえたいとすると、標本数 n がいくつ以上の標本を抽出すればよいか。

2. 上の 1 と同じ条件で、この農家の鶏卵の重さを 90% 信頼係数のもとで推定したい。この場合、標本数 n がいくつ以上の標本を抽出すればよいか。

3. 上の 1 と同じ条件で、誤差を 5g 以内におさえたいとする。この場合、標本数 n がいくつ以上の標本を抽出すればよいか。

4. ある飲食店で、1 人の客が食事をする平均時間を知りたいとする。仮に 1 人の客が食事をする時間が正規分布に従っており、母標準偏差 σ は 25 分であることがわかっている。ここで、95 %信頼係数のもとで、推定の誤差 ε を 5 分以内になるようにするためには、標本の大きさ n がいくつ以上必要か求めよ。

第15章　仮説検定の基本的な考え方

目的

仮説検定の基本的な考え方について理解する。

実験やアンケート調査などで得られた標本データによって得られた、平均値（標本平均）、分散（標本分散）、比率などの値が「想定される母数」より大きいあるいは小さい結果が出たことによって、ただちに大小関係について結論づけることはできません。なぜなら、標本データから得られた平均値（標本平均）、分散（標本分散）、比率など、母集団の特性を推定した数値は「確率分布」するため、確率に従って標本を得た元の母集団の平均値（母平均）、分散（母分散）、比率などの母数との間に差が生じるからです。

私たちは、標本データから得られたさまざまな値と「想定される母数」との差が、確率分布によって生じた差であるか、確率分布によって生じたのではないのかを注意深く識別しなくてはなりません。そのような方法として、「仮説検定」があります。

仮説検定には、検定を行う対象や状況によって、平均値に関する検定、分散の検定、比率の検定などさまざまな種類があります。しかしながら、仮説検定を行ううえでの手順は、どの検定も同じです。大きく異なるのは、統計的な判断基準の設定をする際に問題となる「検定を行う推定値の分布」だけです。ですから、仮説検定の基本的な考え方が理解できれば、他のさまざまな検定方法についても理解しやすくなります。

そこで、この章では標本平均の検定を例題に取り上げ、仮説検定の基本的な考え方について解説します。

例題 15.1　ある国の 18 歳男性の身長は、平均 170cm、標準偏差 6cm の正規分布に従っている。この国の A 地域で 18 歳の男性のうち 20 人を無作為抽出して身長を調べたところ、平均身長は 174cm であった。A 地域の 18 歳男性の平均身長はこの国の平均身長と異なるといえるか。有意水準 1% で検定せよ。

15.1　仮説検定の手順

仮説検定では、まず標本データの母数が「想定される母数」の値であるという仮説（帰無仮説）と、その仮説が妥当でないと判断されたとき、採用する仮説（対立仮説）を設定します。

そして、始めに設定した帰無仮説が正しいと仮定し、確率分布と照らし合わせて仮説が正しいかどうかを判定し結論を導きます。

例題 15.1 では、ある国の 18 歳男性の身長を「ある母集団」の平均値（期待値）としています。そして、18 歳男性の身長について、A 地域の平均値は、この国全体の平均値（「ある母集団」の期待値）と異なるかどうか（同じではないこと）を明らかにしたいと考えています。

そこで、A 地域の平均値（母集団の期待値）は、国全体の平均値（ある母集団の期待値）と同じであると仮定して確率分布と照らし合わせます。あまりに確率が低いと、仮説を破棄して平均値が異なると判断することになるのです。

このような仮説検定を行うために、本書では以下の手順で行います。

手順 1：仮説の設定

帰無仮説と対立仮説を立てる（基本的には証明したいことが対立仮説になる）。

手順 2：検定統計量

帰無仮説が正しいと仮定して、検定統計量を求める。

手順 3：有意水準と有意点

有意水準を用いて、有意点を求める。

手順 4：判定

帰無仮説を棄却できるかどうか判定する。

手順 5：結論

結論を述べる。

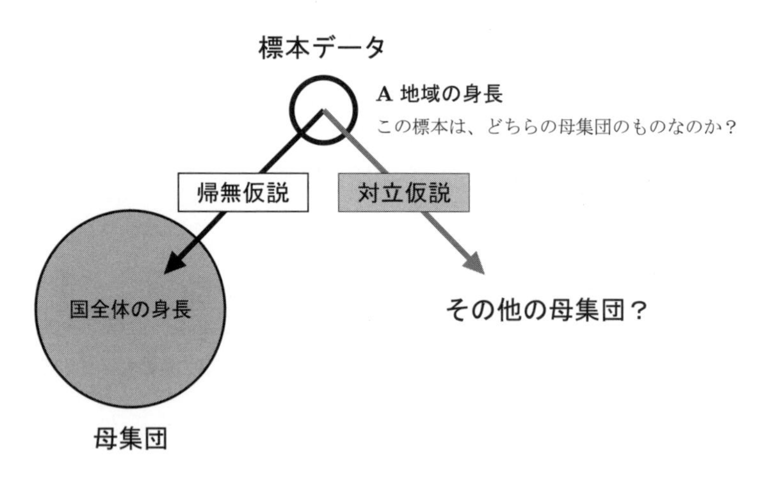

図 15.1　検定の概念

15.1.1　仮説（hypothesis）の設定

最初に、仮説を設定します。

はじめに設定した仮説を**帰無仮説**とよびます。そして、帰無仮説が妥当ではないと判断し仮説を破棄することを**棄却する**といい、その結果「採択する」仮説を**対立仮説**とよびます。

帰無仮説は、棄却されるかどうかの判断のためにたてられた仮説です。それに対して、対立仮説は帰無仮説が棄却できたときに、明らかになる仮説です。

例題 15.1 では、「18 歳男性の身長について、A 地域の平均値は、国全体の平均値と同じではない」ことを明らかにしたいので、以下のようになります。

帰無仮説：18 歳男性の身長について、A 地域の平均値は、国全体と同じ 170cm。

対立仮説：18 歳男性の身長について、A 地域の平均値は、国全体と同じ 170cm ではない。

ここで、もし「帰無仮説」が間違いであることがわかれば、「対立仮説」を採択できます。

数式で示すと、A 地域の 18 歳男性の身長の母平均 μ とすると、

$$\text{帰無仮説} \quad H_0{:}\mu = 170$$
$$\text{対立仮説} \quad H_1{:}\mu \neq 170$$

となります（帰無仮説は H_0、対立仮説は H_1 で示します）。

このように仮説を設定すると、例題 15.1 のデータは、以下のように整理できます。

母集団に関するデータ：母平均 $\mu = 170$、母標準偏差 $\sigma = 6$（母分散 $\sigma^2 = 36$）

標本に関するデータ：標本の大きさ $n = 20$、標本平均 $\overline{X} = 174$

15.1.2　検定統計量

次に、帰無仮説が妥当であるかどうかを判断するために、帰無仮説にもとづいて推定値が確率分布上のどの位置にあるかを計算して求めます。この値を**検定統計量**といいます。

例題 15.1 では、帰無仮説 $\mu = 170$ が正しいと仮定すると、標本平均 $\overline{X}$ の分布は、平均 μ、分散 $\dfrac{\sigma^2}{n}$ の正規分布に従います。分布がわかると、推定値（例題 15.1 では標本平均）が分布上のどの位置にあるかがわかります。

ここでは、標準化の式より

$$\begin{aligned} Z &= \frac{\text{標本平均} - \text{分布の平均}}{\sqrt{\text{分布の分散}}} \\ &= \frac{\overline{X} - \mu}{\sqrt{\frac{\sigma^2}{n}}} \end{aligned} \tag{15.1}$$

で与えられる Z が、標準正規分布上の標本平均の位置を示すことになるので、

$$Z = \frac{174 - 170}{\sqrt{\frac{36}{20}}} = 2.9814 \tag{15.2}$$

となります。

検定統計量は、帰無仮説を棄却できるかどうかを判断するための数値となります。

15.1.3　有意水準と有意点

検定統計量を求めた後、帰無仮説を棄却できるかどうかを判断するには、ある判断基準を設定し境目を決定することが必要となります。

その判断基準を、**有意水準**とよびます。例題 15.1 では、「有意水準 1% で検定」とありました。その意味は、帰無仮説の母平均と推定値との差が、1% 以上の確率で生じるのであれば、よく起きる結果であるので、帰無仮説を否定できないことになります(帰無仮説を棄却できない)。

反対に、母平均と推定値の差が、1% 未満の確率で生じるのであれば、それはめったに起きないことなので、推定値の母平均は仮説とは違うと予想でき、差に意味がある(有意)と判断することができます(帰無仮説を棄却する)。

有意水準は、一般に 10%、5%、1% を用いることが多いです。上記の説明から、有意水準は、小さい確率の方がより厳密な結果を与えることができる、ということを理解できます。

有意水準を設定した後、境目を探します。例題 15.1 では、有意水準を 1% とし「異なるかどうか」を明らかにしたいので、母平均と推定値の差はプラスとマイナスの両方に可能性があります。よって、上下に $\frac{1}{2}$ の 0.5% に分けると、1% の境目になります。標本平均の標準化した値は標準正規分布上の点となるので、標準正規分布の下側 0.5% の点と上側 0.5% の点が境目ということになります。この境目を**有意点**とよびます[††]。

例題 15.1 の場合は、標準正規分布表(もしくは t 分布の表の自由度 ∞)を参照した結果、$Z(0.005) = 2.576$ なので、下側の有意点は $Z(0.995) = -2.576$、上側の有意点は $Z(0.005) = 2.576$ ということになります。

したがって、1% 以上の確率で起こりうる差は、検定統計量が $-2.576 \leqq Z \leqq 2.576$ となり、この範囲では帰無仮説を棄却できないことになります。1% 未満の確率で起こりうる差は、検定統計量が $Z < -2.576$ と $Z > 2.576$ となる範囲なので、この範囲では帰無仮説を棄却するため、**棄却域**といいます。

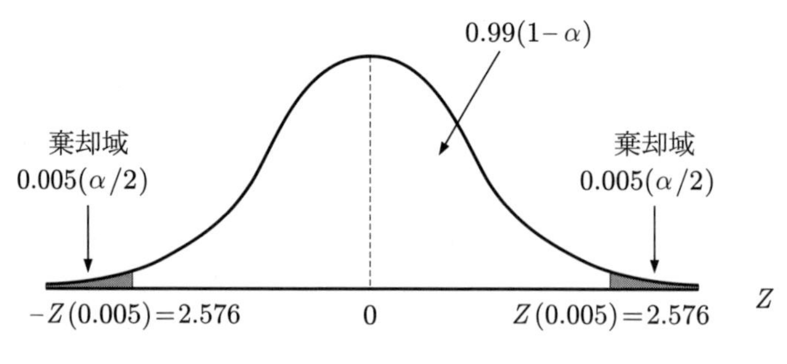

図 15.2　棄却域

以上より、例題 15.1 の棄却域は検定統計量が $Z < -2.576$ と $Z > 2.576$ となる範囲となります。このように、下側と上側 0.5 に有意点および棄却域を設定して検定する方法を、両側検定とよびます。両側検定についての詳細な説明は、後述の「両側検定と片側検定」でします。

[††]「棄却限界」、「棄却点」、「α 点」などともいう。

○ **P 値**（最近のパソコンソフトには、P 値を示すものが多くあります）

P 値とは、検定統計量が示す値について分布上の上側（もしくは両側の場合は上側の 2 倍）の確率で何パーセントの点の位置にあるのかを求めているので、有意点を求めなくても、手順 4 の「判定」を行うことができます。

例題 15.1 では、検定統計量が 2.9814 であるので、標準正規分布の表より 0.0014 の位置にあることがわかります。よって、P 値（片側）$= P(Z \geqq 2.9814) = 0.0014(0.14\%)$、P 値（両側）$= 2P(Z \geqq 2.9814) = 0.0028(0.28\%)$ となります。

15.1.4　判定

検定統計量と有意点の値から、帰無仮説が棄却できるかどうかを検討します。もし、帰無仮説が棄却できれば、対立仮説を採択できるということになります。

例題 15.1 の場合、検定統計量 2.9814 は、上側の有意点の値 2.576 よりも大きいので、帰無仮説で設定した母平均でその差が起こりうる確率は 1% 未満であり、帰無仮説は棄却できます。よって、対立仮説を採択します。

○ **P 値による判定**

例題 15.1 の P 値（両側）は 0.0028(0.28%) で有意水準 1% より小さいので、帰無仮説を棄却できるということになります。

15.1.5　結論

仮説検定は、「判定した結果、どのようなことをいえるか」が重要ですから、「判定」で終わることなく、必ず「結論」を述べます。

例題 15.1 では、「18 歳男性の身長について、A 地域の平均値は、この国全体の平均値と異なるかどうか」を考察していて、判定結果から、同じであるという帰無仮説を棄却したわけです。したがって、結論は「18 歳男性の身長について、A 地域の平均値は、この国全体の平均値と異なるといえる」となります。

もしも、帰無仮説を棄却できなかった場合、今回の仮説検定の方法では積極的に帰無仮説が正しいと結論づけられないため、結論を「18 歳男性の身長について、A 地域の平均値は、この国全体の平均値と同じである」とせず、「18 歳男性の身長について、A 地域の平均値は、この国全体の平均値と異なるとはいえない」ということになります。

今回の仮説検定の方法では、積極的に帰無仮説が正しいと結論づけられない理由については、後述の「第 1 種の誤りと第 2 種の誤り」の節で説明します。

15.1.6　例題 15.1 の仮説検定

以上の説明より、例題 15.1 では、次のように仮説検定を実行できます。

手順 1：仮説の設定

$$H_0{:}\mu = 170$$
$$H_1{:}\mu \neq 170$$

手順 2：検定統計量

$$Z = \frac{\overline{X} - \mu}{\sqrt{\frac{\sigma^2}{n}}} = \frac{174 - 170}{\sqrt{\frac{36}{20}}} = 2.9814 \tag{15.3}$$

手順 3：有意水準と上側有意点

有意水準 1%で両側検定なので、上側有意点は、$Z(0.005) = 2.576$ の点である。よって、棄却域は $Z < -2.576$ と $Z > 2.576$ となる。

手順 4：判定

検定統計量 2.9814 は、上側有意点の値 2.576 よりも大きいので、帰無仮説は棄却できる。よって、対立仮説を採択する。

手順 5：結論

18 歳男性の身長について、A 地域の平均値は、この国全体の平均値と異なるといえる。

15.2　両側検定と片側検定

仮説検定には、「棄却域」の設定の仕方に 2 つの方法があります。

例題 15.1 のように、上下の両側に棄却域を定めて検定する検定方法を、**両側検定**といいます。

これとは異なり、「差が十分小さい (下側)」、もしくは「差が十分大きい (上側)」値である上下の片側のみに棄却域を定めて検定する検定方法を**片側検定**といいます。

どちらの方法を用いるかは、対立仮説の設定方法によって、決まります。

一般に両側検定は、母数が「想定される母数」の値と差があるかどうか (異なるかどうか) を調べる場合に用います。したがって、対立仮説は、母数 $\neq$ 想定される母数 となります。そして、有意水準の確率を両側に分けるため、棄却域との境目である有意点は、有意水準の $\frac{1}{2}$ パーセント点になります。

例題 15.1 の場合、仮説は、

$$H_0{:}\mu = 170$$
$$H_1{:}\mu \neq 170$$

となりました。また、有意水準が 1% であったので、棄却域との境目である有意点は、上下の確率 $P = 0.005(0.5\%)$ の点になりました。

一方、片側検定は母数が「想定される母数」の値と差があること (大小関係があること) が、理論的・経験的に予想される場合に使われます。したがって、対立仮説は、母数 $>$ 想定される母数、もしくは 母数 $<$ 想定される母数、となります。

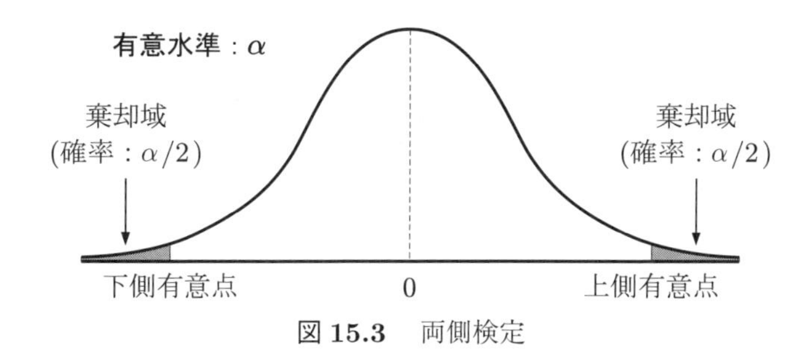

図 15.3　両側検定

例題 15.1 では、(1) この国の中で A 地域の 18 歳男性の身長が高いと予想され、A 地域の 18 歳男性の身長が高いかどうかを調べる場合、上側の片側検定を行います。その場合の仮説は、

$$H_0{:}\mu = 170$$

$$H_1{:}\mu > 170$$

となります。

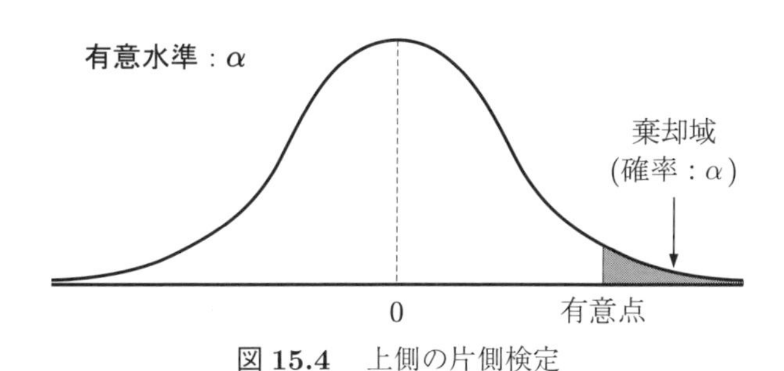

図 15.4　上側の片側検定

また、(2) この国の中で A 地域の 18 歳男性の身長が低いと予想され、A 地域の 18 歳男性の身長が低いかどうかを調べる場合、下側の片側検定を行います。その場合の仮説は、

$$H_0{:}\mu = 170$$

$$H_1{:}\mu < 170$$

となります。

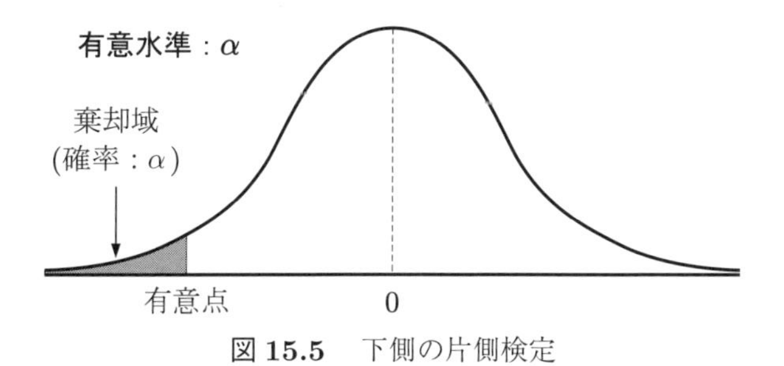

図 15.5　下側の片側検定

片側検定の場合、有意水準の確率を両側に分けないため、棄却域との境目である有意点は、有意水準と同じ確率のパーセント点になります。

(1) または (2) の場合、有意水準が 1% であったので、棄却域との境目である有意点は、$Z(0.01)$ (確率 1% の点) になります。

15.3　補論：第1種の誤りと第2種の誤り

統計的検定には、常に2種類の誤りが存在します。1つ目は、「帰無仮説が正しいのに、帰無仮説を棄却する」ことで、これを「第1種の誤り」とよびます。2つ目は、「帰無仮説が誤りであるのに、帰無仮説を採択する」ことで、これを「第2種の誤り」とよびます。

表 15.1　第1種の誤りと第2種の誤り

	帰無仮説を採択	帰無仮説を棄却
帰無仮説が正しい	正しい	第1種の誤り
対立仮説が正しい	第2種の誤り	正しい

○ 第1種の誤り

第1種の誤りは、先述したように帰無仮説が正しいのに棄却してしまうことです。

例題15.1の身長の例を考えましょう。もし、A地域の18歳男性の身長の平均が、実際には国内の平均と同じであったとします。しかしながら、そのような場合でも標本平均は分布するため、検定統計量が有意点よりも大きい値になったり、小さい値になる可能性があります。

「第1種の誤り」が発生するのは、図15.6の灰色の部分に検定統計量が入る場合で、その確率は有意水準と同じになります。したがって、有意水準10%よりも有意水準1%の方が、「第1種の誤り」の発生する確率は低くなります。

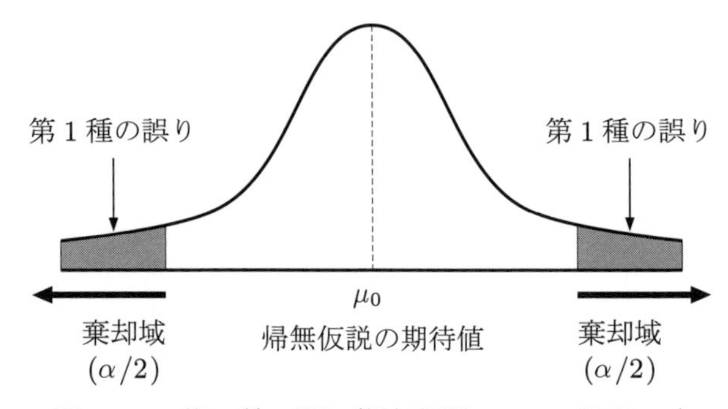

図 15.6　第1種の誤り（帰無仮説 $\mu = \mu_0$ が正しい）

○ 第2種の誤り

第2種の誤りは、先述したように帰無仮説が誤っているのに採択してしまうことです。

例題15.1の身長の例を考えましょう。もし、A地域の18歳男性の身長の平均は、実際には国内の平均よりも少しだけ高かったとします。ここで、帰無仮説が正しい場合の標本平均の分布は Z_0、実際のA地域の標本平均の分布は Z_1 とし、それぞれの分布の平均を μ_0、μ_1 とします。

図にあるように、実際のA地域の身長の平均が μ_1 であっても、標本平均は分布するため、検定統計量が有意点よりも小さい値になる場合、帰無仮説を棄却できないことになります。

「第2種の誤り」が発生するのは、図15.7の灰色の部分に検定統計量が入る場合です。図の場合、第2種の誤りが発生する確率は帰無仮説の棄却域が小さくなるほど、高くなります。したがって、有意水準10%よりも有意水準1%の方が、「第2種の誤り」の発生する確率は高くなります。

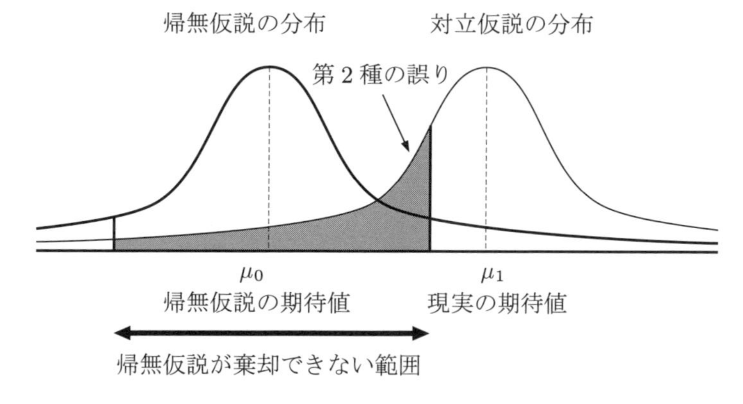

図 15.7　第 2 種の誤り（帰無仮説 $\mu = \mu_0$ が正しくない）

○ 第 1 種の誤りと第 2 種の誤りが起きる確率

以上の説明により、有意水準が 10% であるときよりも有意水準が 1% であるときのほうが、第 1 種の誤りが発生する確率は低くなるが、第 2 種の誤りが発生する確率は高くなります。反対に、有意水準が 1% であるときよりも有意水準が 10% であるときのほうが、第 1 種の誤りが発生する確率は高くなるが、第 2 種の誤りが発生する確率は低くなります。

では、仮説検定において、第 1 種の誤りと第 2 種の誤りの発生する確率のどちらを減少させることが重要なのでしょうか。

例題 15.1 の身長の例では、A 地域の身長が国内の平均と異なるかどうかを検討しています。例題 15.1 の検定で、第 1 種の誤りは実際の A 地域の身長の平均が国内の平均と同じであるにも関わらず、異なると判定してしまうことで、第 2 種の誤りは実際の A 地域の身長の平均が国内の平均と異なっているにも関わらず、同じであると判定してしまうことです。ここで、身長が異なっていることを明らかにしたい場合、第 1 種の誤りを減少させることが重要となります。

仮説検定は、帰無仮説を棄却して、対立仮説を証明することを目的としているので、誤って帰無仮説を棄却しないことが、重要となります。つまり、「第 1 種の誤り」を減少させることが重要となります。その場合、有意水準の値を小さくする方が信頼性が高まります。しかしながら、その結果として、第 2 種の誤りの存在があるため、帰無仮説を採択した場合について積極的な結論を出せないことになります。

第 15 章のまとめ

○ 仮説検定の手順

手順 1：仮説の設定

帰無仮説と対立仮説をたてる（基本的に証明したいことが対立仮説）。

手順 2：検定統計量

帰無仮説が正しいと仮定して、検定統計量を求める。

手順 3：有意水準と有意点

有意水準を用いて、有意点を求める。

手順 4：判定

帰無仮説を棄却できるかどうか判定する。

手順 5：結論

結論を述べる。

○ 両側検定と片側検定

両側検定

標本の母数が「想定される母数」と異なるかどうかを明らかにする場合に用います。帰無仮説は、母数 = 想定される母数。対立仮説は、母数 ≠ 想定される母数。有意点は、上下の確率 $\dfrac{\alpha}{2}$ の点となります。

片側検定

理論的・経験的に予想にもとづき、標本の母数と「想定される母数」との大小関係を明らかにする場合に用います。帰無仮説は、標本の母数 = 想定される母数 となり、対立仮説は、標本の母数 < 想定される母数、もしくは 標本の母数 > 想定される母数 となります。有意点は、下側もしくは上側の確率 α の点となります。

○ 第 1 種の誤りと第 2 種の誤り

仮説検定は、「第 1 種の誤り」を減少させることが重要となるため、有意水準の値を小さくする方が信頼性が高まります。しかしながら、第 2 種の誤りの存在があるため、帰無仮説を採択した場合に積極的な結論を出せないことになります。

練習問題 15

1. ある地域の乳牛 1 頭あたりの年間搾乳量は、平均 6800kg、標準偏差 400kg の正規分布に従っている。この地域の A 農家の乳牛を無作為に 25 頭抽出し、年間搾乳量を調べたところ、1 頭あたりの平均搾乳量は 6920kg であった。A 農家の乳牛は地域内の乳牛と搾乳量が異なるといえるか。有意水準 5%で検定せよ。

2. 日本における平成 25 年の 17 歳（男子）の体重は、平均 62.8kg、標準偏差 10.6kg の正規分布に従っている。ある都市の中から無作為に 17 歳（男子）を 100 人抽出し、体重を調べたところ、平均体重は 65.4kg であった。ある都市の 17 歳（男子）の平均体重は日本の平均体重と異なるといえるか。有意水準 1%で検定せよ。

3. ある地域の稲作農家では、面積 10a あたりの米の収量は、平均 580kg、標準偏差 40kg の正規分布に従っている。この地域の B 集落は、条件が悪いため収量が少ないと予想される。そこで、B 集落にある 20 戸を無作為に抽出し米の収量を調べたところ、平均収量は 10a あたり 560kg であった。B 集落は米の収量が少ないといえるか。有意水準 5%で検定せよ。

第16章　平均値に関する仮説検定 (1)

第16章

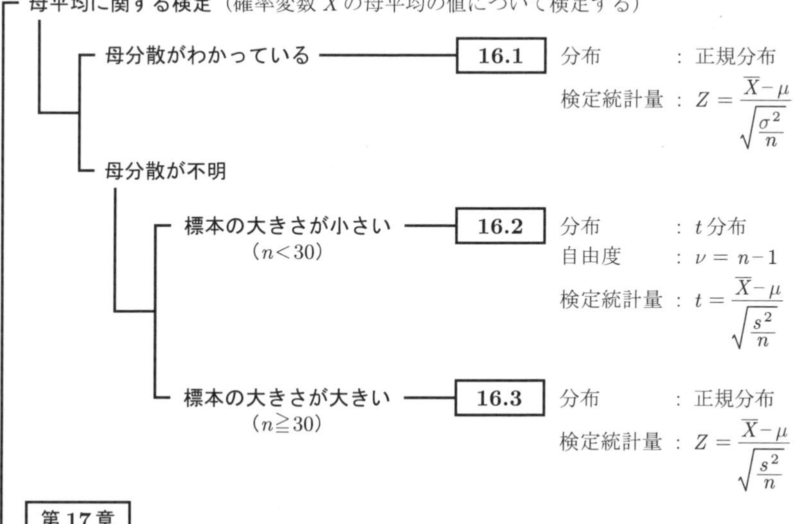

母平均の差の検定（確率変数 X、Y の母平均の値の差について検定する）

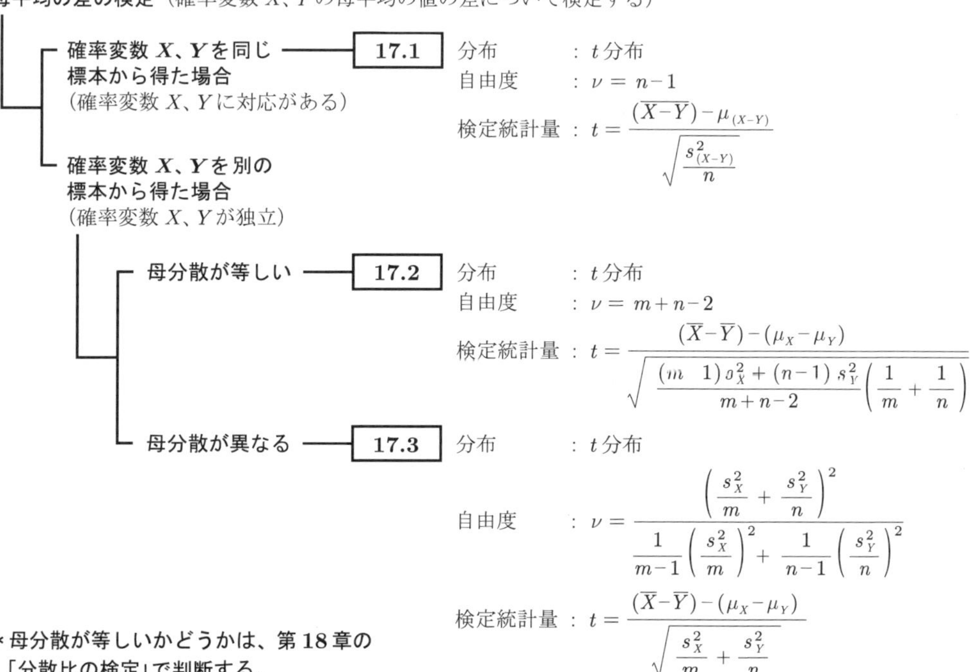

図 16.1　平均値に関する検定

目的

母平均の検定について理解する。

前章で述べたように、検定を行う対象や状況によって推定値の分布のかたちが異なるため、検定の方法(手順2の検定統計量の計算式と手順3の有意点)が異なります。

そこで、本章以降では、分布と検定統計量の計算式を中心に、さまざまな検定方法について解説していきます。とりわけ本章では、平均値に関する検定について説明します。

平均値に関しては、確率変数Xの母平均の値について検定する場合(母平均の検定)と2つの確率変数X、Yの母平均の値の差について検定する場合(母平均の差の検定)の大きく2通りの検定があります(図16.1)。

本章では、ある標本から確率変数Xの標本平均$\overline{X}$を得たとき、確率変数Xの母平均μが、「ある値と等しいかどうか」もしくは「ある値に対して大小関係があるかどうか」について検定する方法を説明します。

16.1 母分散がわかっている場合

例題16.1 ある会社の乳製品工場で生産されるバターの1日当たり生産量は、従来の装置では平均100kg、標準偏差10kgの正規分布に従っている。この会社のA工場で新しい装置を導入して、20日間試験製造を行ったところ、標準偏差は従来の装置と等しいと推定されるが、平均生産量は105kgであった。従来の装置と比較して、A工場はバターの生産量が異なるといえるか。母標準偏差を10kg(母分散が100)とし、有意水準1%で検定せよ。

○ 分布と検定統計量

母平均がμ、母分散がσ^2である母集団における標本平均$\overline{X}$の分布は、平均μ、分散$\frac{\sigma^2}{n}$の正規分布に従います。ここで母分散さえわかっていれば、標本平均の標準正規分布上の位置を標準化によって求めることができます。

したがって、検定統計量Zは、

$$Z = \frac{\text{標本平均} - \text{分布の平均}}{\sqrt{\text{分布の分散}}} = \frac{\text{標本平均} - \text{母平均}}{\sqrt{\frac{\text{母分散}}{\text{標本の大きさ}}}} = \frac{\overline{X} - \mu}{\sqrt{\frac{\sigma^2}{n}}} \tag{16.1}$$

で与えられ、検定統計量Zは標準正規分布に従います。

以上より、例題16.1の仮説検定は以下のように行うことができます。

手順1:仮説の設定

$$H_0 : \mu = 100$$

$$H_1 : \mu \neq 100$$

手順 2：検定統計量

検定統計量 Z は、

$$Z = \frac{\overline{X} - \mu}{\sqrt{\frac{\sigma^2}{n}}} = \frac{105 - 100}{\sqrt{\frac{100}{20}}} = 2.2361 \tag{16.2}$$

である。

手順 3：有意水準と有意点

有意水準 1%で両側検定（上下の確率 0.5%）なので、有意点は標準正規分布表より、$Z(0.005) = 2.576$ である。

棄却域は $Z < -2.576$ と $Z > 2.576$ となる。

手順 4：判定

検定統計量 2.2361 は、有意点の値 2.576 よりも小さいので、帰無仮説は棄却できない。よって、帰無仮説を採択する。

手順 5：結論

A 工場の新装置のバター 1 日当たり生産量の平均値は従来の装置と異なるとはいえない。

16.2　母分散が不明で標本の大きさが小さい場合

例題 16.2　ある会社の乳製品工場で生産されるバターの 1 日当たり生産量は、従来の装置では平均 100kg の正規分布に従っている。この会社の A 工場で新しい装置を導入して、20 日間試験製造を行ったところ、平均生産量は 110kg、標本標準偏差は 12kg であった。従来の装置と比較して、A 工場はバターの生産量が異なるといえるか。有意水準 1% で検定せよ。

○ 分布と検定統計量

母分散がわかっている場合、標本平均 $\overline{X}$ の分布は、平均 μ、分散 $\frac{\sigma^2}{n}$ の正規分布に従うことから、検定統計量 Z は、

$$Z = \frac{\overline{X} - \mu}{\sqrt{\frac{\sigma^2}{n}}} \tag{16.3}$$

で求めることができました。

しかしながら、母分散 σ^2 が不明であるため、Z を求めることができません。そこで、母分散 σ^2 を標本分散 s^2 によって推定して、Z の式に代入します。

検定統計量 t は、

$$t = \frac{\text{標本平均} - \text{母平均}}{\sqrt{\frac{\text{標本分散}}{\text{標本の大きさ}}}} = \frac{\overline{X} - \mu}{\sqrt{\frac{s^2}{n}}} \tag{16.4}$$

となります。

ここで注意しなくてはならないのは、この検定統計量 t は、標準正規分布とは異なる分布になることです。母分散 σ^2 を標本分散 s^2 によって推定して求めた検定統計量 t は、標本の大き

さが n であるとき、自由度 $\nu = n - 1$ の（ステューデントの）t 分布に従うことになります。よって、棄却域も P 値も t 分布表によって求めなくてはなりません。

以上より、例題 16.2 の仮説検定は以下のように行うことができます。

手順 1：仮説の設定

$$H_0 \colon \mu = 100$$
$$H_1 \colon \mu \neq 100$$

手順 2：検定統計量

母分散が不明であるため検定統計量 t は、

$$t = \frac{\overline{X} - \mu}{\sqrt{\frac{s^2}{n}}} = \frac{110 - 100}{\sqrt{\frac{12^2}{20}}} = \frac{10}{\sqrt{\frac{144}{20}}} = 3.7268 \tag{16.5}$$

であり、自由度は、

$$\nu = n - 1 = 20 - 1 = 19 \tag{16.6}$$

である。

手順 3：有意水準と有意点

有意水準 1%で両側検定(上下の確率 0.5%)なので、有意点は t 分布表より、$t(0.005, 19) = 2.861$ である。

棄却域は $t < -2.861$ と $t > 2.861$ となる。

手順 4：判定

検定統計量 3.7268 は、有意点の値 2.861 よりも大きいので、帰無仮説は棄却できる。よって、対立仮説を採択する。

手順 5：結論

A 工場の新装置のバター 1 日当たり生産量の平均値は従来の装置と異なるといえる。

16.3　母分散が不明で標本の大きさが大きい場合

例題 16.3　ある会社の乳製品工場で生産されるバターの 1 日当たり生産量は、従来の装置では平均 100kg の正規分布に従っている。この会社の A 工場で新しい装置を導入して、50 日間試験製造を行ったところ、平均生産量は 105kg、標本標準偏差は 8kg であった。従来の装置と比較して、A 工場はバターの生産量が異なるといえるか。有意水準 1% で検定せよ。

○ 分布と検定統計量

母分散が不明で小標本の場合、検定統計量 t は、

$$t = \frac{\text{標本平均} - \text{母平均}}{\sqrt{\frac{\text{標本分散}}{\text{標本の大きさ}}}} = \frac{\overline{X} - \mu}{\sqrt{\frac{s^2}{n}}} \tag{16.7}$$

で求められ、検定統計量 t は、自由度 $\nu = n - 1$ の t 分布に従いました。

t 分布は、自由度 ν が大きくなるに従い、標準正規分布に近づき、自由度が無限大になると標準正規分布になります。具体的な数値でみると、t 分布の上側 5% の点の値は、t 分布表より、自由度が 5 のとき 2.015、自由度が 10 のとき 1.812、自由度が 20 のとき 1.725、自由度が 30 のとき 1.697、自由度が 60 のとき 1.671 と、だんだんと標準正規分布の上側 5% の点の値である 1.645 に近づきます。

そのため、自由度が充分に大きくなる (= 標本の大きさが大きくなる) と、標準正規分布に近似することができます (どの程度で自由度が大きいかの判断については、とりあえず本書では標本の大きさが 30 (自由度 $\nu = 29$) とします)。

そこで、母分散が不明で標本の大きさが大きい場合の検定統計量の計算式は、母分散が不明で標本の大きさが小さい場合と同じ式で、

$$
\begin{aligned}
Z &= \frac{\text{標本平均} - \text{分布の期待値}}{\sqrt{\frac{\text{標本分散}}{\text{標本の大きさ}}}} \\
&= \frac{\overline{X} - \mu}{\sqrt{\frac{s^2}{n}}} \qquad (16.8)
\end{aligned}
$$

で求め、検定統計量 Z の分布は、標準正規分布に近似します。よって、棄却域も P 値も標準正規分布表によって求めます。

以上より、例題 16.3 の仮説検定は次のように行うことができます。

手順 1：仮説の設定

$$
H_0 : \mu = 100
$$
$$
H_1 : \mu \neq 100
$$

手順 2：検定統計量

母分散が不明で標本の大きさは $n = 50$ と大きいため検定統計量 Z は、

$$
\begin{aligned}
Z &= \frac{\overline{X} - \mu}{\sqrt{\frac{s^2}{n}}} \\
&= \frac{105 - 100}{\sqrt{\frac{8^2}{50}}} \\
&= \frac{5}{\sqrt{\frac{64}{50}}} \\
&= 4.4194 \qquad (16.9)
\end{aligned}
$$

である。

手順 3：有意水準と有意点

有意水準 1% で両側検定 (上下の確率 0.5%) なので、有意点は標準正規分布表より、$Z(0.005) = 2.576$ である。

棄却域は $Z < -2.576$ と $Z > 2.576$ となる。

手順 4：判定

検定統計量 4.4194 は、有意点の値 2.576 よりも大きいので、帰無仮説は棄却できる。よって、対立仮説を採択する。

手順 5：結論

A 工場の新装置のバター 1 日当たり生産量の平均値は従来の装置と異なるといえる。

第 16 章のまとめ

母平均に関する検定における検定統計量および分布のかたちは、図 16.1 に示されるとおりです。

練習問題 16

1. ある国の 30 歳代男性における体格を示す BMI の値は、平均 23.5、標準偏差 3.3 の正規分布に従っている。A 地域の 30 歳代男性 80 人を無作為に抽出し BMI を調べたところ、平均 22.8 であった。A 地域の 30 歳代男性は他の地域と BMI の平均値が異なるといえるか。有意水準 5% で検定せよ。

2. ある地域の稲作農家では、面積 10a あたりの米の収量は、平均 580kg の正規分布に従っている。この地域の A 集落は、条件がよく収量が多いと予想される。そこで、A 集落にある 16 戸を無作為に抽出し米の収量を調べたところ、平均 600kg、標準偏差 46kg であった。A 集落は米の収量が多いといえるか。有意水準 5% で検定せよ。

3. ある地域の乳牛 1 頭あたりの年間搾乳量は、平均 6800kg の正規分布に従っている。この地域にある B 農家の乳牛を無作為に 9 頭抽出し年間搾乳量を調べたところ、平均 7100kg、標準偏差 500kg であった。B 農家の乳牛は地域内の乳牛と搾乳量が異なるといえるか。有意水準 5% で検定せよ。

4. ある国の男子高校生の身長は、平均 170cm の正規分布に従っている。C 地域の男子高校生 15 名を無作為に抽出し身長を調べたところ、平均 173cm、標準偏差 6cm であった。C 地域の男子高校生は他の地域と平均身長が異なるといえるか。有意水準 5% で検定せよ。

5. ある国の 30 歳代男性における体格を示す BMI の値は、平均 23.5 の正規分布に従っている。D 地域の 30 歳代男性 16 名を無作為に抽出し BMI を調べたところ、平均 22.0、標準偏差 3.5 であった。D 地域の 30 歳代男性は他の地域と BMI の平均値が異なるといえるか。有意水準 10% で検定せよ。

6. ある地域の稲作農家では、面積 10a あたりの米の収量は、平均 580kg の正規分布に従っている。この地域の A 地区は、条件が良く収量が多いと予想される。そこで、A 地区にある 100 戸を無作為に抽出し米の収量を調べたところ、平均 585kg、標準偏差 30kg であった。A 地区は米の収量が多いといえるか。有意水準 5% で検定せよ。

7. ある地域の乳牛 1 頭あたりの年間搾乳量は、平均 6800kg の正規分布に従っている。この地域の B 地区の乳牛を無作為に 80 頭抽出し年間搾乳量を調べたところ、平均 6920kg、標準偏差 400kg であった。B 地区の乳牛は地域内の乳牛と搾乳量が異なるといえるか。有意水準 5% で検定せよ。

8. ある国の男子高校生の身長は、平均 170cm の正規分布に従っている。C 地域の男子高校生 50 名を無作為に抽出し身長を調べたところ、平均 172cm、標準偏差 6cm であった。C 地域の男子高校生は他の地域と平均身長が異なるといえるか。有意水準 5% で検定せよ。

9. ある国の 30 歳代男性における体格を示す BMI の値は、平均 23.5 の正規分布に従っている。D 地域の 30 歳代男性 40 名を無作為に抽出し BMI を調べたところ、平均 22.0、標準偏差 5.0 であった。D 地域の 30 歳代男性は他の地域と BMI の平均値が異なるといえるか。有意水準 5% で検定せよ。

第17章　平均値に関する仮説検定 (2)
：母平均の差の検定

目的

母平均の差の検定について理解する。

本章では、確率変数 X、Y について大きさ n、m の標本から標本平均 $\overline{X}$、$\overline{Y}$ を得たとき、2つの確率変数 X、Y の母平均 μ_X、μ_Y について、「差があるかどうか」または「大小関係があるかどうか」について検定する方法を説明します。

母平均の差について検定するとき、2変数についての標本を1組の標本から得たのか、2組の標本から得たのかを区別する必要があります。例えば、25歳と30歳の握力の違いについて検定を行うとしましょう。表17.1のように、1組の標本で25歳のときと30歳のときの握力が得られた場合、確率変数 X、Y は対応あり $X-Y$ を計算することができることから、$\mu_{(X-Y)}$ について検定を行うことができます (17.1節)。

しかしながら、表17.2のように、現在の25歳の人と30歳の人の2組の標本から握力のデー

表 17.1　握力の変化 (架空例)

単位 (kg)

標本	25歳時の測定値 (X)	30歳時の測定値 (Y)	$X-Y$
1	48.5	49.2	−0.7
2	45.0	44.5	0.5
3	49.2	50.1	−0.9
4	50.3	49.5	0.8
⋮	⋮	⋮	⋮

表 17.2　年代別の握力 (架空例)

単位 (kg)

標本1	25歳の人 (X)
1	49.2
2	44.5
3	50.1
4	49.5
⋮	⋮

単位 (kg)

標本2	30歳の人 (Y)
1	48.5
2	45.0
3	49.2
4	50.3
⋮	⋮

タを得た場合、確率変数 X、Y は対応がなく独立であるため $X-Y$ を計算することができません。そこで、17.2 節と 17.3 節で説明するように、$\mu_X - \mu_Y$ について検定を行います。ただし、確率変数 X、Y の分散が等しいか異なるかで $\overline{X}-\overline{Y}$ の分散の推計方法が異なるため、検定方法が異なります。分散が等しいか異なるかについては、次章の「分散比の検定」によって、確かめることができます。

17.1　確率変数 X、Y を同じ標本から得た場合（対応がある場合）

例題 17.1 地域 A の男性の握力について、25 歳のときと 30 歳のときで握力が異なるのかについて調べようとしました。そこで、地域 A の 30 歳の男性を無作為抽出によって抽出した 15 人について、25 歳のときと 30 歳のときの握力を調べた。その結果、30 歳のときの握力と 25 歳のときの握力の差の平均（$\overline{X-Y}$）は 0.8kg、標本標準偏差 $s_{(X-Y)}$ は 2kg であった。25 歳のときと 30 歳のときを比較して、握力の平均値に差があるといえるか。25 歳のときと 30 歳のときの握力は正規分布をしているものとして有意水準 1% で検定せよ。

○ 分布と検定統計量

確率変数 X、Y を同じ標本から得た場合、確率変数 X と Y は独立ではないため、後述する「2 つの標本」の検定方法を用いることはできない。しかし、対応があるため $X_i - Y_i$ を計算して、$\mu_{(X-Y)}$ について検定を行うことができます。

確率変数 X、Y が正規分布に従っているとすると、$X-Y$ は正規分布に従うことから、先述した「母平均の検定」と同様に検定を行うことができます。

以上より、例題 17.1 の仮説検定は次のように行うことができます。

手順 1：仮説の設定

$$H_0 : \mu_{(X-Y)} = 0$$
$$H_1 : \mu_{(X-Y)} \neq 0$$

手順 2：検定統計量

母分散が不明であるため検定統計量 t は、

$$t = \frac{(\overline{X-Y}) - \mu_{(X-Y)}}{\sqrt{\frac{s^2_{(X-Y)}}{n}}} = \frac{0.8-0}{\sqrt{\frac{2^2}{15}}} = \frac{0.8}{\sqrt{\frac{4}{15}}} = 1.5492 \tag{17.1}$$

であり、自由度 ν は、

$$\nu = n - 1 = 15 - 1 = 14 \tag{17.2}$$

である。

手順 3：有意水準と有意点

有意水準 1% で両側検定（上下の確率 0.5%）なので、有意点は、$t(0.005, 14) = 2.977$ である。棄却域は $t < -2.977$ と $t > 2.977$ となる。

手順 4：判定

検定統計量 1.5492 は、有意点の値 2.977 よりも小さいので、帰無仮説は棄却できない。よって、帰無仮説を採択する。

手順 5：結論

地域 A の男性について、25 歳のときと 30 歳のときを比較して握力の平均値に差があるとはいえない。

17.2　確率変数 X、Y が独立で母分散が等しいと仮定される場合

例題 17.2　地域 A の 18 歳男性の握力について、運動部に所属している人と所属していない人で異なるかどうかについて調べようとしました。そこで、まず運動部に所属している 18 歳男性について無作為抽出によって抽出した 15 人の握力を調べたところ、標本平均 $\overline{X}$ は 45kg、標本標準偏差 s_X は 7kg であった。次に、運動部に所属していない 18 歳男性について無作為抽出によって抽出した 12 人の握力を調べたところ、標本平均 $\overline{Y}$ は 42kg、標本標準偏差 s_Y は 6kg であった。

地域 A の 18 歳男性の握力について、運動部に所属している人と所属していない人を比較して、握力の平均値に差があるといえるか。運動部に所属している人と所属していない人の握力は正規分布に従い、母分散は等しいと仮定して、有意水準 5% で検定せよ。

○ 分布と検定統計量

確率変数 X と Y は独立であり正規分布に従い、確率変数 X と Y の母分散が等しいと仮定します。

このとき、標本平均の差についての検定統計量は、確率変数 X と Y の標本の大きさを m、n、標本平均を $\overline{X}$、$\overline{Y}$、母平均を μ_X、μ_Y、標本分散を s_X^2、s_Y^2 とすると、

$$t = \frac{(\overline{X} - \overline{Y}) - (\mu_X - \mu_Y)}{\sqrt{(\frac{(m-1)s_X^2 + (n-1)s_Y^2}{m+n-2})(\frac{1}{m} + \frac{1}{n})}} \tag{17.3}$$

で示され、自由度 $\nu = m + n - 2$ の t 分布に従います。

以上より、例題 17.2 の仮説検定は以下のように行うことができます。

手順 1：仮説の設定

$$H_0 : \mu_X - \mu_Y = 0$$
$$H_1 : \mu_X - \mu_Y \neq 0$$

手順 2：検定統計量

母分散が等しいと仮定したとき、検定統計量は、

$$t = \frac{(\overline{X} - \overline{Y}) - (\mu_X - \mu_Y)}{\sqrt{(\frac{(m-1)s_X^2 + (n-1)s_Y^2}{m+n-2})(\frac{1}{m} + \frac{1}{n})}} = \frac{(45 - 42) - 0}{\sqrt{(\frac{(15-1)7^2 + (12-1)6^2}{15+12-2})(\frac{1}{15} + \frac{1}{12})}} = 1.1774 \tag{17.4}$$

であり、自由度 ν は、

$$\nu = m + n - 2 = 27 - 2 = 25 \tag{17.5}$$

である。

手順 3：有意水準と有意点

有意水準5%で両側検定(上下の確率2.5%)なので、有意点は t 分布表より、$t(0.025, 25) = 2.060$ である。

よって、棄却域は $t < -2.060$ と $t > 2.060$ となる。

手順 4：判定

検定統計量 1.1774 は、有意点の値 2.060 よりも小さいので、帰無仮説は棄却できない。よって、帰無仮説を採択する。

手順 5：結論

地域 A の 18 歳男性について、運動部に所属している人と所属していない人を比較して、握力の平均値に差があるとはいえない。

17.3　確率変数 X、Y が独立で母分散が異なると仮定される場合

例題 17.3 米の 10a あたりの収量 (単収) について品種 X と品種 Y で差があるかどうかを調べようとしました。そこで、品種 X と品種 Y を作付けしている圃場をそれぞれ無作為抽出によって抽出し、10a あたりの収量を調べました。その結果、品種 X の 10a あたり収量については、標本の大きさ $m = 16$、標本平均 $\overline{X} = 535$(kg/10a)、標本標準偏差 $s_X = 80$ で、品種 Y については、標本の大きさ $n = 12$、標本平均 $\overline{Y} = 480$(kg/10a)、標本標準偏差 $s_Y = 48$ であった。品種 X と品種 Y を比較して、10a あたりの収量の平均値に差があるといえるか。品種 X と品種 Y の収量は正規分布に従い、標準偏差は等しくないと仮定して、有意水準 10% で検定せよ。

○ 分布と検定統計量

確率変数 X と Y は独立であり正規分布に従い、確率変数 X と Y の母分散が異なると仮定します。

このとき、標本平均の差についての検定統計量は、確率変数 X と Y の標本の大きさを m、n、標本平均を $\overline{X}$、$\overline{Y}$、母平均を μ_X、μ_Y、標本分散を s_X^2、s_Y^2 とすると、

$$t = \frac{(\overline{X} - \overline{Y}) - (\mu_X - \mu_Y)}{\sqrt{\frac{s_X^2}{m} + \frac{s_Y^2}{n}}} \tag{17.6}$$

で示される t 分布に従います。このとき、自由度 ν は、

$$\nu = \frac{(\frac{s_X^2}{m} + \frac{s_Y^2}{n})^2}{\frac{1}{m-1}(\frac{s_X^2}{m})^2 + \frac{1}{n-1}(\frac{s_Y^2}{n})^2} \tag{17.7}$$

で計算した値を四捨五入して得られた整数を用います。

以上より、例題 17.3 の仮説検定は以下のように行うことができます。

手順 1：仮説の設定

$$H_0{:}\mu_X - \mu_Y = 0$$
$$H_1{:}\mu_X - \mu_Y \neq 0$$

手順 2：検定統計量

母分散が異なると仮定したとき、検定統計量 t は、

$$t = \frac{(\overline{X} - \overline{Y}) - (\mu_X - \mu_Y)}{\sqrt{\frac{s_X^2}{m} + \frac{s_Y^2}{n}}} = \frac{(535 - 480) - 0}{\sqrt{\frac{80^2}{16} + \frac{48^2}{12}}} = 2.2605 \tag{17.8}$$

であり、自由度 ν は、

$$\nu = \frac{(\frac{s_X^2}{m} + \frac{s_Y^2}{n})^2}{\frac{1}{m-1}(\frac{s_X^2}{m})^2 + \frac{1}{n-1}(\frac{s_Y^2}{n})^2} = \frac{(\frac{80^2}{16} + \frac{48^2}{12})^2}{\frac{1}{16-1}(\frac{80^2}{16})^2 + \frac{1}{12-1}(\frac{48^2}{12})^2} = 25.001 \tag{17.9}$$

より 25 である。

手順 3：有意水準と有意点

有意水準 10% で両側検定（上下の確率 5%）なので、有意点は t 分布表より、$t(0.05, 25) = 1.708$ である。

棄却域は $t < -1.708$ と $t > 1.708$ となる。

手順 4：判定

検定統計量 2.2605 は、有意点の値 1.708 よりも大きいので、帰無仮説は棄却できる。よって、対立仮説を採択する。

手順 5：結論

品種 X と品種 Y を比較して、10a あたりの収量の平均値に差があるといえる。

第 17 章のまとめ

母平均の差の検定における検定統計量および分布のかたちは、図 16.1 に示されるとおりです。

練習問題 17

1. ある地域では、今年の気象条件がよく、昨年よりも面積 10a あたりの米の収量が多いと予想されている。そこで、この地域で稲作農家 8 戸を無作為に抽出し、昨年と今年の米の収量を調べたところ、表のようになった。この地域において，今年の方が昨年よりも米の収量の平均値は多いといえるか。有意水準 1% で検定せよ。

農家	1	2	3	4	5	6	7	8
昨年	562	584	592	574	563	589	568	572
今年	574	593	586	578	565	588	577	583

2. ある 2 つの学習法 A および B の効果の優劣を調べたい。学生 50 人をそれぞれ抽出し、学習法 A および B を実施し、終了後に試験を行った。学習法 A のグループの平均点は 58 点、標準偏差は 8 点であり、学習法 B のグループの平均点は 52 点、標準偏差は 12 点であった。この結果から、学習法 A は学習法 B より優れているといえるか。2 つのグループの母分散は異なるものと仮定して、有意水準 1%で検定せよ。$t(0.01, 85) = 2.37$ とする。

3. ある農家の乳牛の搾乳量が昨年と今年で変化したかどうかを調べたい。そこで、この農家の乳牛 10 頭を無作為に抽出し年間搾乳量を調べたところ、表のようになった。この農家では、昨年に比べて乳牛の搾乳量の平均値が変化したといえるか。有意水準 5% で検定せよ。

乳牛	1	2	3	4	5	6	7	8	9	10
昨年	6850	6920	7100	6750	6600	6870	6450	6880	6200	6300
今年	6800	7100	7000	6950	6700	6820	6600	6900	6450	6600

4. A 地域の面積 10a あたりの米の収量は、B 地域よりも多いと予想されている。そこで、A 地域で稲作農家 10 戸を無作為に抽出し米の収量を調べたところ、平均 590kg、標準偏差 40kg であった。B 地域では、稲作農家 12 戸を無作為に抽出し米の収量を調べたところ、平均 560kg、標準偏差 36kg であった。A 地域の米の収量の平均値は B 地域と比べて多いといえるか。A 地域と B 地域の分散は等しいものと仮定して、有意水準 5% で検定せよ。

5. A 地域と B 地域で、乳牛の搾乳量が異なるかどうかを調べたい。そこで、A 地域の乳牛 15 頭を無作為に抽出し年間搾乳量を調べたところ、平均 7000kg、標準偏差 330kg であった。B 地域でも同様に乳牛 12 頭を無作為に抽出し年間搾乳量を調べたところ、平均 6800kg、標準偏差 250kg であった。A 地域と B 地域で、乳牛の搾乳量の平均値が異なるといえるか。A 地域と B 地域の分散は等しいものと仮定して、有意水準 5% で検定せよ。

6. A 地域の面積 10a あたりの米の収量は、B 地域よりも多いと予想されている。そこで、A 地域で稲作農家 8 戸を無作為に抽出し米の収量を調べたところ、平均 590kg、標準偏差 46kg であった。B 地域では、稲作農家 12 戸を無作為に抽出し米の収量を調べたところ、平均 560kg、標準偏差 26kg であった。A 地域の米の収量の平均値は B 地域と比べて多いといえるか。A 地域と B 地域の分散は異なるものと仮定して、有意水準 5% で検定せよ。

7. A 地域と B 地域で、乳牛の搾乳量が異なるかどうかを調べたい。そこで、A 地域の乳牛 12 頭を無作為に抽出し年間搾乳量を調べたところ、平均 7000kg、標準偏差 400kg であった。B 地域でも同様に乳牛 16 頭を無作為に抽出し年間搾乳量を調べたところ、平均 6700kg、標準偏差 250kg であった。A 地域と B 地域で、乳牛の搾乳量の平均値は異なるといえるか。A 地域と B 地域の分散は異なるものと仮定して、有意水準 10% で検定せよ。

第18章　分散に関する仮説検定

目的

母分散の検定と分散比の検定について理解する。

18.1　母分散の検定

例題 16.1 では、検定統計量の計算に従来の装置の母標準偏差 $\sigma = 10$ を用いました。一方、例題 16.2 では、母分散が不明であることから検定統計量の計算に標本標準偏差 $s = 12$ を用いました。どちらの例題も従来の装置と新しい装置の標準偏差もしくは分散が等しいと仮定して母平均の検定を行いました。しかしながら、従来の装置と新しい装置の分散が等しいということが確認されたわけではありません。

例題 18.1　例題 16.1 で新しい装置による 20 日間の試験製造を行った結果、バターの 1 日当たり生産量の標本標準偏差 s が 12kg であったとき、新しい装置の分散は、従来の装置の分散と等しいといえるか、有意水準 $\alpha = 0.05$ (5%) で検定せよ。

○ 分布と検定統計量

確率変数 X が正規分布に従っているとし、基準となる正規母集団の母分散を σ^2、標本の想定される母分散（この場合は標本分散）を σ_0^2 とすると、

$$\chi^2 = \frac{(n-1)s^2}{\sigma^2} = \frac{\displaystyle\sum_{i=1}^{n}(X_i - \overline{X})^2}{\sigma^2} \tag{18.1}$$

が自由度 $\nu = n - 1$ の χ^2 分布に従うことを利用して、有意水準 α の棄却域を設定すれば、図 18.1 のように表すことができます。

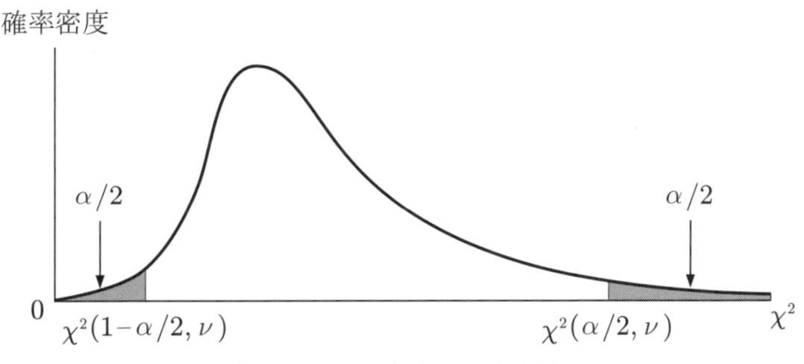

図 18.1　χ^2 分布の棄却域

このとき帰無仮説が $H_0 : \sigma^2 = \sigma_0^2$、対立仮説が $H_1 : \sigma^2 \neq \sigma_0^2$ であるとすれば、棄却域は $\chi^2 < \chi^2(1-\frac{\alpha}{2},\nu)$ と $\chi^2 > \chi^2(\frac{\alpha}{2},\nu)$ となります。

例題 18.1 では、例題 16.1 より、従来の装置の母標準偏差 $\sigma = 10$ なので、比較対象となる母分散は $\sigma^2 = 10^2 = 100$ となります。

例題 18.1 から、標本数 $n = 20$ および標本分散 $s^2 = 12^2 = 144$ が与えられているので、これらを用い検定統計量 χ^2 を計算します。

よって、例題 18.1 の検定は以下のようになります。

手順 1：仮説の設定

$$\begin{aligned} \text{帰無仮説 } H_0 : \sigma^2 &= 100 \quad \text{（両母分散間に有意差なし）} \\ \text{対立仮説 } H_1 : \sigma^2 &\neq 100 \quad \text{（両母分散間に有意差あり）} \end{aligned}$$

手順 2：検定統計量

検定統計量 χ^2 は、

$$\chi^2 = \frac{(n-1)s^2}{\sigma^2} = \frac{19 \times 144}{100} = \frac{2736}{100} = 27.36 \tag{18.2}$$

である。自由度は、$\nu = n - 1 = 20 - 1 = 19$ である。

手順 3：有意水準と有意点

有意水準 5%（$\alpha = 0.05$）で両側検定なので、χ^2 分布表から下側有意点および上側有意点はそれぞれ、$\chi^2(1-\frac{\alpha}{2},\nu) = \chi^2(0.975, 19) = 8.907$ ならびに $\chi^2(\frac{\alpha}{2},\nu) = \chi^2(0.025, 19) = 32.852$ である。

棄却域は $\chi^2 < 8.907$、$\chi^2 > 32.852$ となる。

手順 4：判定

検定統計量 $\chi^2 = 27.36$ は、下側有意点 $\chi^2(0.975, 19) = 8.907$ と上側有意点 $\chi^2(0.025, 19) = 32.852$ の間にあるので、帰無仮説 H_0 を棄却されない。

手順 5：結論

従来の装置と新しい装置で製造されるバターの 1 日当たり生産量について、母分散が同じであることを否定できない。

18.2　分散比の検定

例題 17.2 では「標準偏差は等しいと仮定」し、例題 17.3 では「標準偏差は等しくないと仮定」して平均値の差の検定を行いましたが、このような場合、標準偏差もしくは分散が等しいかどうかの検定をしてから、平均値の検定を行う必要があります。

2 標本の分散が等しいかどうかについては、分散の比が 1 であるのかを検定することで判断できます。

例題 18.2　例題 17.3 のデータより、品種 X と品種 Y を比較して、10a あたりの収量の分散が等しいといえるか。品種 X と品種 Y の収量は正規分布に従っていると仮定して、有意水準 10% で検定せよ。

○ **分布と検定統計量**

確率変数 X と Y は独立であり正規分布に従っているとします。

このとき、母分散の比 $(\frac{\sigma_X^2}{\sigma_Y^2})$ についての検定統計量は、確率変数 X と Y の標本の大きさを m、n、標本分散を s_X^2、s_Y^2 とすると、

$$F = \frac{s_X^2}{s_Y^2} \tag{18.3}$$

で示され、自由度 (ν_1, ν_2) の F 分布に従います。ここで自由度は、$\nu_1 = m - 1$、$\nu_2 = n - 1$ です。

以上より、例題 18.2 の仮説検定は以下のように行うことができます。

手順 1：仮説の設定

$$H_0 : \frac{\sigma_X^2}{\sigma_Y^2} = 1$$

$$H_1 : \frac{\sigma_X^2}{\sigma_Y^2} \neq 1$$

手順 2：検定統計量

検定統計量 F は、

$$F = \frac{s_X^2}{s_Y^2} = \frac{80^2}{48^2} = 2.778 \tag{18.4}$$

であり、自由度は、$\nu_1 = m - 1 = 16 - 1 = 15$、$\nu_2 = n - 1 = 12 - 1 = 11$ である。

手順 3：有意水準と有意点

有意水準 10% で両側検定（上下の確率 5%）なので、上側有意点は、F 分布表から $F(0.05, 15, 11) = 2.719$ である。また、下側有意点は、F 分布表から $F(0.95, 15, 11) = \frac{1}{F(0.05, 11, 15)} = \frac{1}{2.507} = 0.399$ である。

棄却域は $F < 0.399$、$F > 2.719$ となる。

手順 4：判定

検定統計量 2.778 は、有意点の値 2.719 よりも大きいので、帰無仮説は棄却できる。よって、対立仮説を採択する。

手順 5：結論

品種 X と品種 Y を比較して、10a あたりの収量の分散が等しいとはいえない。

第 18 章のまとめ

分散に関する仮説検定における検定統計量は、以下のとおりです。

母分散の検定：検定統計量 $\chi^2 = \frac{(n-1)s^2}{\sigma^2}$ は、自由度 $\nu = n - 1$ の χ^2 分布に従います。

分散比の検定：検定統計量 $F = \frac{s_X^2}{s_Y^2}$ は、自由度 ν_1、ν_2 の F 分布に従います。

練習問題 18

1. ある地域の米の 10a あたり収量の母分散は、1600 であった。この地域の A 集落の 16 戸を無作為に抽出し米の 10a あたり収量を調べたところ、標準偏差 46kg であった。A 集落の米の 10a あたり収量の母分散は、1600 と異なるといえるか。有意水準 10% で検定せよ。

2. 過去の統計学の試験では、点数のばらつきの大きさが $\sigma = 10$ であった。今回の試験では、受験者数 $n = 41$、平均値 $\overline{X} = 70$、標本標準偏差 $s = 15$ という結果が得られた。過去の試験点数のばらつきと比べて、今回のばらつき (標本標準偏差) は、有意に大きいと考えてよいか有意水準 $\alpha = 0.05$ で検定せよ。

3. A 地域と B 地域で、乳牛の搾乳量の分散が異なるかどうかを調べたい。そこで、A 地域の乳牛 12 頭を無作為に抽出し年間搾乳量を調べたところ、標準偏差 400kg であった。B 地域でも同様に乳牛 16 頭を無作為に抽出し年間搾乳量を調べたところ、標準偏差 250kg であった。A 地域と B 地域で、乳牛の搾乳量の分散が異なるといえるか。有意水準 10% で検定せよ。

4. ハンバーガー A とハンバーガー B で、含まれているカロリーの量が異なるかどうかを調べたい。そこで、ハンバーガー A を無作為に 10 個抽出してカロリーを調べたところ、平均 250kcal、標準偏差 5kcal であった。同様にハンバーガー B を無作為に 15 個抽出しカロリーを調べたところ、平均 253kcal、標準偏差 4kcal であった。ハンバーガー A とハンバーガー B で、含まれているカロリーの量が異なるといえるか。有意水準 10% で、分散が等しいかどうかを検定したのち、平均値の差の検定をせよ。

5. ある国で 5 年前に、30 歳代男性 41 名を無作為に抽出し BMI を調べたところ、平均 22.5、標準偏差 3.0 であった。同様の調査を今年も行うため、30 歳代男性 51 名を無作為に抽出し BMI を調べたところ、平均 23.5、標準偏差 3.3 であった。30 歳代男性の BMI の平均値は、5 年前と異なるといえるか。有意水準 5% で、分散が等しいかどうかを検定したのち、平均値の差の検定をせよ。

6. 厚生労働省「乳幼児身体発育調査 (平成 12 年度)」によると、妊娠中の母親の喫煙と乳児の出生時の体重 (男児) の関係は以下の表のとおりである。喫煙していない場合と 1 日 11 本以上の喫煙の場合を比べて、乳児の出生時 (男児) の体重の平均値は異なるといえるか。有意水準 1% で、分散が等しいかどうかを検定したのち、平均値の差の検定をせよ。なお、$F(0.005, 4611, 116) = 1.446$、$F(0.995, 4611, 116) = 0.726$ である。

喫煙本数と出生時の体重 (男児)

	標本数	平均値	標準偏差
喫煙なし	4612 人	3.10kg	0.43kg
1 日 11 本以上	117 人	2.97kg	0.46kg

資料：厚生労働省「乳幼児身体発育調査 (平成 12 年度)」より作成

7. 文部科学省「平成 15 年度学校保健統計調査」によると、ある 2 県（A 県と B 県）について 10 歳男性の身長の平均値および標準偏差は、以下の表のとおりである。A 県と B 県の 10 歳男性において身長の平均値が異なるといえるか。有意水準 1% で、分散が等しいかどうかを検定したのち、平均値の差の検定をせよ。

なお、1 県あたりの標本数が 443〜480 とあるため、ここでは、1 県の標本数を 443 とし、$F(0.005, 442, 442) = 1.278$ を用いて検定せよ。

10 歳男性の身長

	平均値	標準偏差
A 県	139.7cm	6.69cm
B 県	140.2cm	6.42cm

資料：文部科学省「平成 15 年度学校保健統計調査」より作成

第19章　度数についての検定

目的

χ^2 分布を応用した度数検定について理解する。

χ^2 分布を応用した度数検定は、適合度検定と独立性の検定に分けられます。統計的仮説検定を実行する場合にはある程度の馴れが必要と考え、ここでは例題を中心として説明を行うことにしました。

19.1　適合度検定

適合度検定とは、簡単にいえば観測度数（実際に観測された数）と、期待度数（理論的または経験的に期待される数）との差（くい違い）の大きさにより、両者が同じ母集団から抽出されたものであるかどうかを、統計的に判定する方法をいいます。

検定に用いられる分布は主に χ^2 分布ですが、この分布は基本的に連続変量からなる正規母集団から、無作為に抽出された標本分布なので、期待度数の中に1桁の数があるときは、結果について十分に検討する必要があります。以下、例題により説明します。

例題 19.1　1つのさいころを続けて60回振ったところ、下に示した結果が得られた。このさいころは正しく作られているか、有意水準 $\alpha = 0.05$ で検定せよ。

目の数	1	2	3	4	5	6
出た数	10	6	13	8	15	8

○ 分布と検定統計量

期待度数の計算から始めます。適合度検定の場合、期待度数はその事象の起こる確率が、理論的または経験的に決まっている場合にのみ計算が可能です。例題19.1では、さいころが正常なものであるという前提条件で60回続けて振ったとき、理論的には1〜6の目が出る各事象の確率 (p_i) は $\dfrac{1}{6}$ なので、$np_i = 60 \times \dfrac{1}{6} = 10$ より10回ずつ出なければならないことになります。検定に不慣れなうちは、表19.1の作成から始めるとよいと思います。

検定統計量 χ^2 の計算は、事象の数を N とすると、

$$\chi^2 = \sum_{i=1}^{N} \frac{(\text{観測度数} - \text{期待度数})^2}{\text{期待度数}} = \sum_{i=1}^{6} \frac{(f_i - np_i)^2}{np_i} \tag{19.1}$$

表 19.1　適合度検定の検定統計量の計算表

事象 (A_i) 目の数	A_1 1	A_2 2	A_3 3	A_4 4	A_5 5	A_6 6	合計
観測度数 (f_i)	10	6	13	8	15	8	60
期待度数 (np_i)	10	10	10	10	10	10	60
$f_i - np_i$	0	-4	3	-2	5	-2	0
$(f_i - np_i)^2$	0	16	9	4	25	4	−
$\frac{(f_i-np_i)^2}{np_i}$	0	1.6	0.9	0.4	2.5	0.4	5.8

によって求めることができます。よって、

$$\chi^2 = \sum_{i=1}^{6} \frac{(f_i - np_i)^2}{np_i} = 5.8 \tag{19.2}$$

となります。自由度は、$\nu = N - 1 = 6 - 1 = 5$ です。

よって、例題 19.1 の検定は以下のように行うことができます。

手順 1：仮説の設定

$$\begin{aligned} &\text{帰無仮説 } H_0\text{: } P(A_i) &=& \; p_i \quad \text{（観測度数と期待度数との間に有意差なし）} \\ &\text{対立仮説 } H_1\text{: } P(A_i) &\neq& \; p_i \quad \text{（観測度数と期待度数との間に有意差あり）} \end{aligned}$$

手順 2：検定統計量

検定統計量は、$\chi^2 = 5.80$ である。自由度は、$\nu = N - 1 = 6 - 1 = 5$ である。

手順 3：有意水準と有意点

有意水準は $\alpha = 0.05$ である。観測度数と期待度数が離れていると検定統計量は大きくなるので、有意点は χ^2 分布表より $\chi^2(\alpha, \nu) = \chi^2(0.05, 5) = 11.07$ となる。

棄却域は $\chi^2 > 11.07$ となる。

手順 4：判定

検定統計量 $\chi^2 = 5.80$ は、有意点 $\chi^2(0.05, 5) = 11.07$ より小さいので、帰無仮説 H_0 は棄却されない。

手順 5：結論

さいころは、正しく作られていることを否定できない。

例題 19.2　ある園芸店で、赤、ピンク、白の 3 色の鉢植えベゴニアを販売したところ、以下の売上があった。今後の仕入問題を考えるうえで、色によって売上に違いがあるのかを知りたい。そこで、色によって売上に違いがあるのか、有意水準 $\alpha = 0.05$ で検定せよ。

事象 (A_i) 花の色	A_1 赤	A_2 ピンク	A_3 白	合計
売れた鉢の数 (f_i)	120	100	80	300

例題 19.1 と同様に計算を行います。色によって売上に違いがない場合、各事象の比率 (p_i) は $\frac{1}{3}$ になるので、期待度数 np_i は $300 \times \frac{1}{3} = 100$ ということになります。
よって、例題 19.2 の検定は以下のように行うことができます。

手順 1：仮説の設定

$$\begin{aligned} \text{帰無仮説 } H_0 : P(A_i) &= p_i & \text{（観測度数と期待度数との間に有意差なし）} \\ \text{対立仮説 } H_1 : P(A_i) &\neq p_i & \text{（観測度数と期待度数との間に有意差あり）} \end{aligned}$$

手順 2：検定統計量

検定統計量 χ^2 の計算は、

$$\chi^2 = \frac{(120-100)^2}{100} + \frac{(100-100)^2}{100} + \frac{(80-100)^2}{100} = 8.00 \tag{19.3}$$

自由度は、$\nu = N - 1 = 3 - 1 = 2$ である。

手順 3：有意水準と有意点

有意水準は $\alpha = 0.05$ である。有意点は χ^2 分布表より $\chi^2(\alpha, \nu) = \chi^2(0.05, 2) = 5.991$ となる。
棄却域は $\chi^2 > 5.991$ となる。

手順 4：判定

検定統計量 $\chi^2 = 8.00$ は、有意点 $\chi^2(0.05, 2) = 5.991$ より大きいので、帰無仮説 H_0 は棄却される。

手順 5：結論

花の色により売上に有意な違いがみられる。

例題 19.3 例題 19.2 の観測度数がすべて $\frac{1}{5}$ であるとする。色によって売上に違いがあるのか、有意水準 $\alpha = 0.05$ で検定せよ。

事象 (A_i) 花の色	A_1 赤	A_2 ピンク	A_3 白	合計
売れた鉢の数 (f_i)	24	20	16	60

手順 1：仮説の設定

$$\begin{aligned} \text{帰無仮説 } H_0 : P(A_i) &= p_i & \text{（観測度数と期待度数との間に有意差なし）} \\ \text{対立仮説 } H_1 : P(A_i) &\neq p_i & \text{（観測度数と期待度数との間に有意差あり）} \end{aligned}$$

手順 2：検定統計量

検定統計量 χ^2 の計算は、

$$\chi^2 = \frac{(24-20)^2}{20} + \frac{(20-20)^2}{20} + \frac{(16-20)^2}{20} = 1.60 \tag{19.4}$$

自由度は、$\nu = N - 1 = 3 - 1 = 2$ である。

手順 3：有意水準と有意点

有意水準は $\alpha = 0.05$ である。有意点は χ^2 分布表より $\chi^2(\alpha, \nu) = \chi^2(0.05, 2) = 5.991$ となる。棄却域は $\chi^2 > 5.991$ となる。

手順 4：判定

検定統計量 $\chi^2 = 1.60$ は、有意点 $\chi^2(0.05, 2) = 5.991$ より小さいので、帰無仮説 H_0 は棄却されない。

手順 5：結論

花の色により売上に有意な違いがあるとはいえない。

例題 19.2、例題 19.3 にみられるように、標本の大きさにより結果が逆になることがあるので、結果の判定は慎重でなければなりません。

19.2　独立性の検定

クロス集計表が与えられ、事象 A（表 19.2 の場合は好きか嫌いかの嗜好）と事象 B（表 19.2 の場合は年代）との間に、何らかの関係があるかどうか、言い換えれば事象 A と事象 B とは独立であるかどうかを明らかにする場合、独立性の検定を行います。ここでは、χ^2 検定法について説明します。

表 19.2　ある肉製品についての嗜好調査

事象 $(A_i \diagdown B_j)$		B_1 20 歳代	B_2 30 歳代	B_3 40 歳代	合計
A_1	好き	$f_{11} = 50$	$f_{12} = 30$	$f_{13} = 20$	$f_{1\cdot} = 100$
A_2	嫌い	$f_{21} = 10$	$f_{22} = 20$	$f_{23} = 20$	$f_{2\cdot} = 50$
合計		$f_{\cdot 1} = 60$	$f_{\cdot 2} = 50$	$f_{\cdot 3} = 40$	$n = 150$

検定統計量の計算式は、前述の適合度検定と同様に

$$\chi^2 = \sum_{i=1}^{M}\sum_{j=1}^{N} \frac{(\text{観測度数} - \text{期待度数})^2}{\text{期待度数}} = \sum_{i=1}^{2}\sum_{j=1}^{3} \frac{(f_{ij} - np_{ij})^2}{np_{ij}} \tag{19.5}$$

を用いますが、式の中の期待度数の求め方は適合度検定の場合とは異なります。

それぞれに対応する期待度数は、$p_{ij} = P(A_i) \times P(B_j) = \dfrac{f_{i\cdot}}{n} \times \dfrac{f_{\cdot j}}{n}$ より、$f_{ij} = np_{ij} = \dfrac{f_{i\cdot} \times f_{\cdot j}}{n}$ となるため、真横の合計と真下の合計との積を総計 $n = 150$ で割ることにより得られます。ただし、$f_{i\cdot} = \displaystyle\sum_{j=1}^{N} f_{ij}$、$f_{\cdot j} = \displaystyle\sum_{i=1}^{M} f_{ij}$、$M$ は事象 A の数、N は事象 B の数です。

よって、期待度数は表 19.3 のようになります。

表 19.2 の観測度数と表 19.3 の期待度数より検定統計量 χ^2 を求めます。計算の方法は適合度検定同様に 6 個のカテゴリそれぞれについて、$\dfrac{(\text{観測度数 } f_{ij} - \text{期待度数 } np_{ij})^2}{\text{期待度数 } np_{ij}}$ を求め合計することにより得られます。

表 19.3　期待度数の計算表

(np_{ij})

事象 $(A_i \diagdown B_j)$	B_1 20歳代	B_2 30歳代	B_3 40歳代	合計
A_1　好き	$\dfrac{100 \times 60}{150} = 40$	$\dfrac{100 \times 50}{150} = 33.3$	$\dfrac{100 \times 40}{150} = 26.7$	100
A_2　嫌い	$\dfrac{50 \times 60}{150} = 20$	$\dfrac{50 \times 50}{150} = 16.7$	$\dfrac{50 \times 40}{150} = 13.3$	50
合計	60	50	40	150

よって、検定統計量 χ^2 は、

$$\begin{aligned}
\chi^2 &= \sum_{i=1}^{2}\sum_{j=1}^{3}\frac{(f_{ij}-np_{ij})^2}{np_{ij}} \\
&= \frac{(50-40)^2}{40} + \frac{(30-33.3)^2}{33.3} + \frac{(20-26.7)^2}{26.7} \\
&\quad + \frac{(10-20)^2}{20} + \frac{(20-16.7)^2}{16.7} + \frac{(20-13.3)^2}{13.3} \\
&= 13.536
\end{aligned} \tag{19.6}$$

となります。

また、自由度 ν は、

$$\nu = (\text{事象 } A \text{ の数} - 1)(\text{事象 } B \text{ の数} - 1) = (M-1)(N-1) = (2-1)(3-1) = 2 \tag{19.7}$$

によって求められます。

例題 19.4　表 19.2 のクロス表より、ある肉製品についての嗜好は、年代と関係があるといえるか、有意水準 $\alpha = 0.01$ で検定せよ。

手順 1：仮説の設定

帰無仮説 H_0：嗜好と年代との間に関係がない（嗜好と年代とは独立である）

対立仮説 H_1：嗜好と年代との間に関係がある（嗜好と年代とは独立ではない）

手順 2：検定統計量

検定統計量は、$\chi^2 = 13.536$ である。自由度は、$\nu = 2$ である。

手順 3：有意水準と有意点

有意水準は $\alpha = 0.01$ である。有意点は χ^2 分布表より $\chi^2(\alpha, \nu) = \chi^2(0.01, 2) = 9.210$ となる。棄却域は $\chi^2 > 9.210$ となる。

手順 4：判定

検定統計量 $\chi^2 = 13.536$ は、有意点 $\chi^2(0.01, 2) = 9.210$ より大きいので、帰無仮説 H_0 は棄却される。

手順 5：結論

嗜好と年代との間に、有意な関係が認められる。

例題 19.5 ある調査機関で男性サラリーマンを対象に、クレジットカードの利用状況を調査したところ、既婚者では 120 名中 60 名、独身者では 130 名中 90 名が利用していると答えた。この結果から、結婚の有無とカードの利用状況との間に関係がみられるか、有意水準 $\alpha = 0.05$ で検定せよ。

○ 検定統計量の計算方法

独立性の検定の中で、もっとも多く用いられている 2×2 クロス集計表による検定については、検定統計量の計算に 2 つの方法があります。

例題 19.4 と同様に期待度数を計算する方法（計算方法 1）と、期待度数を計算しない方法（計算方法 2）です。ここでは、比較のために両者について説明することにします。

● 計算方法 1

クロス集計表の作成と期待度数の計算を行い、検定統計量を求めます（表 19.4、表 19.5）。

表 19.4　例題 19.5 のクロス集計表

(f_{ij})

事象 $(A_i \setminus B_j)$		B_1 既婚者	B_2 独身者	合計
A_1	利用者	60	90	150
A_2	非利用者	60	40	100
合計		120	130	250

表 19.5　例題 19.5 の期待度数

事象 $(A_i \setminus B_j)$		B_1 既婚者	B_2 独身者	合計
A_1	利用者	$\dfrac{150 \times 120}{250} = 72$	$\dfrac{150 \times 130}{250} = 78$	150
A_2	非利用者	$\dfrac{100 \times 120}{250} = 48$	$\dfrac{100 \times 130}{250} = 52$	100
合計		120	130	250

検定統計量 χ^2 の計算は例題 19.4 と同様の手順で行えばよい。よって、検定統計量 χ^2 は、

$$\begin{aligned}\chi^2 &= \sum_{i=1}^{M}\sum_{j=1}^{N}\frac{(\text{観測度数}-\text{期待度数})^2}{\text{期待度数}}\\ &= \frac{(60-72)^2}{72}+\frac{(90-78)^2}{78}+\frac{(60-48)^2}{48}+\frac{(40-52)^2}{52}\\ &= 9.615 \end{aligned}\tag{19.8}$$

となります。

また、自由度 ν は、$\nu=$ (事象 A の数 -1)(事象 B の数 -1) より、

$$\nu = (M-1)(N-1)=(2-1)(2-1)=1 \tag{19.9}$$

となります。

- **計算方法 2**

期待度数を計算しない方法です。説明のために 表 19.4 を表 19.6 のように書き改めます。

表 19.6　例題 19.5 の観測度数

事象 $(A_i \setminus B_j)$		B_1 既婚者	B_2 独身者	合計
A_1	利用者	$f_{11}=60$	$f_{12}=90$	$f_{1\cdot}=150$
A_2	非利用者	$f_{21}=60$	$f_{22}=40$	$f_{2\cdot}=100$
合計		$f_{\cdot 1}=120$	$f_{\cdot 2}=130$	$n=250$

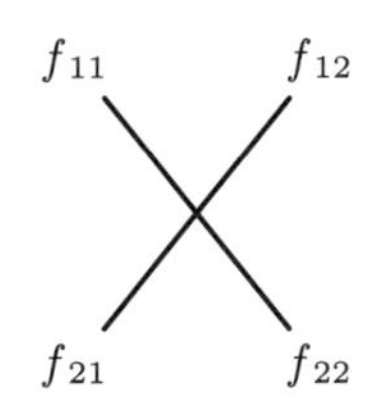

図 19.1　計算順序

検定統計量はデータ数合計 n に、対角線上の観測度数の積 (図 19.1 参照) の差を 2 乗した値 $(f_{11}\times f_{22}-f_{12}\times f_{21})^2$ を乗じ、それを縦横それぞれの合計の度数の積 $f_{1\cdot}\times f_{2\cdot}\times f_{\cdot 1}\times f_{\cdot 2}$ で割ることにより得られます。すなわち、

$$\chi^2=\frac{n(f_{11}f_{22}-f_{12}f_{21})^2}{f_{1\cdot}f_{2\cdot}f_{\cdot 1}f_{\cdot 2}} \tag{19.10}$$

となります。式 (19.10) より、例題 19.5 の検定統計量 χ^2 は

$$\begin{aligned}\chi^2 &= \frac{250(60\times 40-90\times 60)^2}{150\times 100\times 120\times 130}\\ &= 9.615\end{aligned}\tag{19.11}$$

となります。

このように、検定統計量の計算方法1と検定統計量の計算方法2の答えが一致することがわかります。

よって、例題19.5の検定は、以下のようになります。

手順1：仮説の設定

帰無仮説 H_0：カードの利用と結婚の有無との間に関係がない
（カード利用と結婚とは独立である）

対立仮説 H_1：カードの利用と結婚の有無との間に関係がある
（カード利用と結婚とは独立ではない）

手順2：検定統計量

検定統計量は、$\chi^2 = 9.615$ である。自由度は、$\nu = 1$ である。

手順3：有意水準と有意点

有意水準は $\alpha = 0.05$ である。有意点は χ^2 分布表より $\chi^2(\alpha, \nu) = \chi^2(0.05, 1) = 3.841$ となる。棄却域は $\chi^2 > 3.841$ となる。

手順4：判定

検定統計量 $\chi^2 = 9.615$ は、有意点 $\chi^2(0.05, 1) = 3.841$ より大きいので、帰無仮説 H_0 は棄却される。

手順5：結論

カードの利用と結婚の有無との間に、有意な関係が認められる。

第19章のまとめ

度数についての有意差検定の検定統計量は、以下のとおりです。

適合度検定

検定統計量 $\chi^2 = \sum_{i=1}^{N} \frac{(\text{観測度数} - \text{期待度数})^2}{\text{期待度数}} = \sum_{i=1}^{N} \frac{(f_i - np_i)^2}{np_i}$ は、自由度 $\nu = N - 1$ の χ^2 分布に従います。

独立性の検定

検定統計量 $\chi^2 = \sum_{i=1}^{M}\sum_{j=1}^{N} \frac{(\text{観測度数} - \text{期待度数})^2}{\text{期待度数}} = \sum_{i=1}^{M}\sum_{j=1}^{N} \frac{(f_{ij} - np_{ij})^2}{np_{ij}}$ は、自由度 $\nu = (M-1)(N-1)$ の χ^2 分布に従います。なお、$np_{ij} = \frac{f_{i\cdot} \times f_{\cdot j}}{n}$ です。

練習問題 19

1. 日本人全体から見た ABO 式血液型の比率 (%) は A : B : O : AB = 38 : 22 : 31 : 9 とされている。しかし地方によって、この比率に若干の違いがあるとされているので、K 病院では入院患者 150 名を対象に血液型を調べたところ、A : B : O : AB = 63 : 21 : 57 : 9 (人) という結果を得た。この割合は日本人全体の ABO 式の比率に適合していると考えてよいか、$\alpha = 0.05$ で検定せよ。

2. 次の表 19.7 はある大型スーパーマーケットで 1ヶ月間に販売された代表的な 4 銘柄米の販売量をまとめたものである。表から銘柄により売り上げに差がみられるか。$\alpha = 0.01$ で検定せよ。

表 19.7　4 銘柄米の販売量 (単位 : 10kg/1 袋)

銘柄	コシヒカリ	あきたこまち	ほしのゆめ	きらら 397	合計
売上数	220	170	230	180	800

3. ある疾病の治療に効果があると予想される 2 種類の治療薬 A、B を患者に投与したところ、表 19.8 に示した結果を得た。治療薬 A、B 間の効果の差について、有意水準 $\alpha = 0.01$ で検定せよ。

表 19.8　治療薬の効果 (単位 : 人数)

	無効	やや有効	有効	計
A 薬投与群	30	20	10	60
B 薬投与群	30	25	65	120
計	60	45	75	180

第20章　比率についての検定

目的

比率の検定について理解する。

20.1　母比率の検定

例題 20.1 従来、K社製チーズの家庭でのシェアは30%であった。テレビCMを3ヶ月間放映した後、一般の家庭1000戸を抽出して、K社製チーズのシェアを調査したところ34%という結果が得られた。この結果より、テレビCM放映後にK社製のチーズのシェアが高くなったといえるか、有意水準 $\alpha = 0.05\,(5\%)$ で検定せよ。

○ 分布と検定統計量

テレビCM放映後の調査で得られた比率を標本比率 $\hat{p} = 0.34\,(34\%)$ とします。従来のK社製チーズのシェアの母比率は、データ数が十分に大きいと考えられるので、30% (0.30) とします。

例題20.1の検定は、テレビCM放映後のK社製チーズのシェアの母比率が従来のK社製チーズのシェアの母比率と等しいことを帰無仮説に設定することで行うことができます。このとき、検定統計量は (1) 比率から直接を計算する方法と (2) 比率から度数を求めて度数から計算する方法があります。もともと両者は同じものですが、両者について説明します。

さて、二項分布の平均は np、分散は $npq = np(1-p)$ で与えられ、中心極限定理により n が十分に大きいときは、正規分布で近似できるという性質を利用します。標本数を n、母比率を p、標本比率を $\hat{p}$ とすると、標本平均 $n\hat{p}$ の分布は、母平均 np、母分散 $np(1-p)$ の正規分布で近似できることから、検定統計量 Z は、

$$
\begin{aligned}
Z &= \frac{\text{標本平均} - \text{母平均}}{\sqrt{\text{母分散}}} \\
&= \frac{n\hat{p} - np}{\sqrt{np(1-p)}} \qquad (20.1) \\
&= \frac{(n\hat{p} - np)/n}{\sqrt{np(1-p)/n^2}} \\
&= \frac{\hat{p} - p}{\sqrt{\frac{p(1-p)}{n}}} \qquad (20.2)
\end{aligned}
$$

となります。

- **検定統計量の計算 1**

式 (20.2) を用いて、比率から直接を計算します。例題 20.1 では、帰無仮説の母比率を $p = 0.30$ とすると、標本数 $n = 1000$、標本比率 $\hat{p} = 0.34$ であるので、

$$Z = \frac{\hat{p} - p}{\sqrt{\frac{p(1-p)}{n}}} = \frac{0.34 - 0.3}{\sqrt{\frac{0.3\times(1-0.3)}{1000}}} = \frac{0.04}{\sqrt{0.00021}} = 2.76 \tag{20.3}$$

となります。

- **検定統計量の計算 2**

式 (20.1) の分子 $n\hat{p} - np$ のうち、$n\hat{p}$ は観測度数であり、np は期待度数であることからも計算できます。例題 20.1 では標本数 $n = 1000$、標本比率 $\hat{p} = 0.34$ より、観測度数は $f = n\hat{p} = 340$、期待度数 $np = 300$ なので、

$$Z = \frac{n\hat{p} - np}{\sqrt{np(1-p)}} = \frac{340 - 300}{\sqrt{1000 \times 0.3 \times (1 - 0.3)}} = 2.76 \tag{20.4}$$

となります。なお、度数を用いる場合、「K 社製チーズを消費した家庭」の観測度数を $f_1 = n\hat{p_1} = 340$、期待度数 $np_1 = 300$ とし、「K 社製チーズを消費しなかった家庭」の観測度数を $f_2 = n\hat{p_2} = 660$、期待度数 $np_2 = 700$ とすることで適合度検定と同じ検定方法を用いることも可能です。

よって、例題 20.1 の検定は以下のようになります。

手順 1：仮説の設定

帰無仮説 H_0: $p = 0.30$　（CM 後の比率は従来と同じ）

対立仮説 H_1: $p > 0.30$　（CM 後の比率は従来より高い）

手順 2：検定統計量

検定統計量は、$Z = 2.76$ である。

手順 3：有意水準と有意点

有意水準は $\alpha = 0.05$ です。有意点は $Z(0.05) = 1.645$ となります。

棄却域は $Z > 1.645$ となります。

手順 4：判定

検定統計量 $Z = 2.76$ は、有意点 $Z(0.05) = 1.645$ より大きいので、帰無仮説 H_0 は棄却される。

手順 5：結論

テレビ CM 放映によって K 社製のチーズのシェアが高くなったといえる。

20.2　母比率の差の検定

2 つの標本比率 $\hat{p_1}$ と $\hat{p_2}$ より母比率の差について検定する場合、(1) 合併比率を用いる方法、(2) 比率を度数に直して度数検定（独立性の検定）を行う方法、(3) 合併比率によらない比率検定法、の 3 通りあります。

以下の例題によって、3 通りの検定方法について説明します。

例題 20.2　農家を対象に農業問題について、抽出調査を行ったところ、後継者問題を取り上げる意見が多く、地域 A_1 では 930 戸中 55.7%、地域 A_2 では 590 戸中 66.8% がこの問題を指摘した。以上の結果からみて、後継者問題について地域 A_1 と地域 A_2 との間に意識の違いがみられるか、有意水準 $\alpha = 0.05\,(5\%)$ で検定せよ。

戸数（地域内の比率）

	後継者問題を取り上げた	その他の問題を取り上げた	合計（調査戸数）
地域 A_1	518(0.557)	412(0.443)	930(1.000)
地域 A_2	394(0.668)	196(0.332)	590(1.000)
合計	912	608	1520

● **合併比率を用いて 2 つの母比率の差を検定する方法**

2 つの標本をあわせた全体の比率（合併比率）を求めます。合併比率 (p) は、2 標本の標本比率を $\hat{p_1}$、$\hat{p_2}$、標本数を n_1、n_2 としたとき、

$$p = \frac{n_1\hat{p_1} + n_2\hat{p_2}}{n_1 + n_2} = \frac{f_1 + f_2}{n} \tag{20.5}$$

によって求めることができます。

例題 20.2 の合併比率 (p) は、

$$\begin{aligned} p &= \frac{n_1\hat{p_1} + n_2\hat{p_2}}{n_1 + n_2} \\ &= \frac{930 \times 0.557 + 590 \times 0.668}{930 + 590} \\ &= \frac{518 + 394}{1520} = 0.600 \end{aligned} \tag{20.6}$$

となります。

表 20.1　合併比率の計算

事象 (A_i)		後継者問題を取り上げた	その他の問題を取り上げた	合計（調査戸数）
A_1	地域 A_1	$f_1 = 518(\hat{p_1} = 0.557)$	$n_1 - f_1 = 412(\hat{q_1} = 0.443)$	$n_1 = 930$
A_2	地域 A_2	$f_2 = 394(\hat{p_2} = 0.668)$	$n_2 - f_2 = 196(\hat{q_2} = 0.332)$	$n_2 = 590$
合計		$f_1 + f_2 = 912(p = 0.600)$	$n - (f_1 + f_2) = 608(q = 0.400)$	$n = 1520$

検定は、2 標本の母比率 p_1 と p_2 が、求めた合併比率 p と等しい、すなわち $p = p_1 = p_2$ と仮定します。そのとき、検定統計量 Z は、

$$Z = \frac{\hat{p_1} - \hat{p_2}}{\sqrt{p(1-p)(\frac{1}{n_1} + \frac{1}{n_2})}} \tag{20.7}$$

となります。

例題 20.2 の検定統計量 Z は、

$$
\begin{aligned}
Z &= \frac{\hat{p_1} - \hat{p_2}}{\sqrt{p(1-p)(\frac{1}{n_1} + \frac{1}{n_2})}} \\
&= \frac{0.557 - 0.668}{\sqrt{0.6(1-0.6)(\frac{1}{930} + \frac{1}{590})}} \\
&= -4.30
\end{aligned}
\tag{20.8}
$$

となります。

よって、例題 20.2 の検定は以下のようになります。

手順 1：仮説の設定

帰無仮説 H_0: $p_1 = p_2$　（後継者問題について地域による意識の差がない）

対立仮説 H_1: $p_1 \neq p_2$　（後継者問題について地域による意識の差がある）

手順 2：検定統計量

検定統計量は、$Z = -4.30$ である。

手順 3：有意水準と有意点

有意水準は $\alpha = 0.05$ である。有意点は両側検定なので、標準正規分布表より $Z(0.025) = 1.960$ となる。

棄却域は $Z < -1.96$ と $Z > 1.96$ となる。

手順 4：判定

検定統計量 $Z = -4.30$ は、下側有意点 $-Z(0.025) = -1.960$ より小さいので、帰無仮説 H_0 は棄却される。

手順 5：結論

後継者問題について、地域 A_1 と地域 A_2 の間に、有意な意識の違いがみられる。

● 比率を度数に直して度数について検定（独立性の検定）する方法

比率と標本数の積によって度数を求め、2 つの事象についての独立性の検定を用いることで検定することもできます。例題 20.2 についての 2×2 クロス集計表は、表 20.2 のようになります。

表 20.2　例題 20.2 のクロス集計表

事象 ($A_i \setminus B_j$)		B_1 後継者問題を取り上げた	B_2 その他の問題を取り上げた	合計 （調査戸数）
A_1	地域 A_1	$f_{11} = 518$	$f_{12} = 412$	$f_{1\cdot} = 930$
A_2	地域 A_2	$f_{21} = 394$	$f_{22} = 196$	$f_{2\cdot} = 590$
合計		$f_{\cdot 1} = 912$	$f_{\cdot 2} = 608$	$n = 1520$

式 (19.10) より、例題 20.2 の独立性の検定による検定統計量 χ^2 は、

$$
\begin{aligned}
\chi^2 &= \frac{n(f_{11}f_{22}-f_{12}f_{21})^2}{f_{1\cdot}f_{2\cdot}f_{\cdot 1}f_{\cdot 2}} \\
&= \frac{1520(518\times 196 - 412\times 394)^2}{930\times 590\times 912\times 608} \\
&= 18.47 \qquad (20.9)
\end{aligned}
$$

となります。自由度は、$\nu=(M-1)(N-1)=(2-1)(2-1)=1$ です。

よって、例題 20.2 の検定は、以下のようになります。

手順 1：仮説の設定

帰無仮説 H_0 ：地域 A_1・A_2において地域と後継者問題の意識に関係がない
（地域 A_1・A_2において地域と後継者問題の意識とは独立である）

対立仮説 H_1 ：地域 A_1・A_2において地域と後継者問題の意識に関係がある
（地域 A_1・A_2において地域と後継者問題の意識とは独立ではない）

手順 2：検定統計量

検定統計量は、$\chi^2=18.47$ である。自由度は $\nu=(M-1)(N-1)=(2-1)(2-1)=1$ である。

手順 3：有意水準と有意点

有意水準は $\alpha=0.05$ である。有意点は χ^2 分布表より $\chi^2(\alpha,\nu)=\chi^2(0.05,1)=3.841$ となる[††]。

棄却域は $\chi^2>3.841$ となる。

手順 4：判定

検定統計量 $\chi^2=18.47$ は、有意点 $\chi^2(0.05,1)=3.841$ より大きいので、帰無仮説 H_0 は棄却される。

手順 5：結論

後継者問題について、地域と後継者問題の意識に関係があるといえるので、地域 A_1 と地域 A_2 の間に、有意な意識の違いがみられる。

● 合併比率によらない 2 つの母比率の差の検定する方法

合併比率によらない検定統計量 Z は、

$$
Z=\frac{\hat{p_1}-\hat{p_2}}{\sqrt{\frac{\hat{p_1}(1-\hat{p_1})}{n_1}+\frac{\hat{p_2}(1-\hat{p_2})}{n_2}}} \qquad (20.10)
$$

によって、求めることができます。

前述の合併比率を用いる方法では、帰無仮説 H_0 で 2 標本の母比率 p_1 と p_2 が合併比率 p と等しい $(p=p_1=p_2)$ を仮定していて、独立性の検定を用いた方法では自由度 $\nu=1$ となるた

[††] $\chi^2(0.05,1)=\{Z(0.025)\}^2=3.841$（括弧内の確率が違うことに注意）である。

め、合併比率を用いた場合の検定統計量 Z と独立性の検定を用いた場合の検定統計量 χ^2 には、$Z^2 = \chi^2$ の関係にあります。この意味で両者の関係は一致します。

しかしながら、式 (20.10) による検定統計量の場合は、2 乗しても独立性の検定を用いた場合の検定統計量 χ^2 とは等しくならないことに注意しなければなりません。

標本数が多い場合には、どの検定統計量を用いても検定結果はほとんど変わりませんが、2 つの標本分散 $n_1p_1(1-p_1)$、$n_2p_2(1-p_2)$ が明らかに異なる場合には、式 (20.10) によって検定統計量を求める必要があります。

式 (20.10) による例題 20.2 の検定統計量 Z は、

$$\begin{aligned} Z &= \frac{\hat{p_1} - \hat{p_2}}{\sqrt{\frac{\hat{p_1}(1-\hat{p_1})}{n_1} + \frac{\hat{p_2}(1-\hat{p_2})}{n_2}}} \\ &= \frac{0.557 - 0.668}{\sqrt{\frac{0.557 \times 0.443}{930} + \frac{0.668 \times 0.332}{590}}} \\ &= -4.38 \end{aligned} \tag{20.11}$$

となります。

よって、式 (20.10) による例題 20.2 の検定は以下のようになります。

手順 1：仮説の設定

帰無仮説 H_0: $p_1 = p_2$　（後継者問題について地域による意識の差がない）

対立仮説 H_1: $p_1 \neq p_2$　（後継者問題について地域による意識の差がある）

手順 2：検定統計量

検定統計量は、$Z = -4.38$ である。

手順 3：有意水準と有意点

有意水準は $\alpha = 0.05$ である。有意点は両側検定なので、標準正規分布表より $Z(0.025) = 1.960$ となる。

棄却域は $Z < -1.96$ と $Z > 1.96$ となる。

手順 4：判定

検定統計量 $Z = -4.38$ は、下側有意点 $-Z(0.025) = -1.960$ より小さいので、帰無仮説 H_0 は棄却される。

手順 5：結論

後継者問題について、地域 A_1 と地域 A_2 の間に、有意な意識の違いがみられる。

第 20 章のまとめ

比率についての有意差検定の検定統計量は、以下のとおりです。

母比率の検定

検定統計量 $Z = \dfrac{\hat{p} - p}{\sqrt{\frac{p(1-p)}{n}}} = \dfrac{n\hat{p} - np}{\sqrt{np(1-p)}}$ は、標準正規分布に従う。

母比率の差の検定

3 通りの検定方法がある。

- **合併比率を用いる方法**

検定統計量 $Z = \dfrac{\hat{p_1} - \hat{p_2}}{\sqrt{p(1-p)\left(\frac{1}{n_1} + \frac{1}{n_2}\right)}}$ は、標準正規分布に従います。なお、合併比率 $p = \dfrac{f_1 + f_2}{n}$ です。

- **比率を度数に直して度数検定（独立性の検定）を行う方法**

検定統計量 $\chi^2 = \dfrac{n(f_{11}f_{22} - f_{12}f_{21})^2}{f_{1\cdot}f_{2\cdot}f_{\cdot 1}f_{\cdot 2}}$ は、自由度 $\nu = 1$ の χ^2 分布に従います。

- **合併比率によらない比率検定法**

検定統計量 $Z = \dfrac{\hat{p_1} - \hat{p_2}}{\sqrt{\frac{\hat{p_1}(1-\hat{p_1})}{n_1} + \frac{\hat{p_2}(1-\hat{p_2})}{n_2}}}$ は、標準正規分布に従います。

練習問題 20

1. 例題 20.1 を適合度検定法を用いて検定せよ。

2. 数値表によって自由度 $\nu = 1$ のときの χ^2 の値が $\chi^2(\alpha, 1) = \left\{z\left(\frac{\alpha}{2}\right)\right\}^2$ であることを確かめよ。

3. 正四面体のさいころを 40 回投げて、3 の目が 5 回出た。期待される回数は 10 回だからさいころの歪みが疑われる。有意水準 1%で仮説検定せよ。

4. ある健康飲料の新商品について試飲会を実施した。その結果、男性 320 名のうち 32 名が好きと答え、女性は 180 名のうち 36 名が好きと答えた。以上の結果より、男性と女性の性別による差があるのか否か、有意水準 5%で検定せよ。

第21章　ノンパラメトリック検定による2群間の比較

目的

分布の形に依存しない方法で、2群の差を検定する方法を理解する。

前章では、2つの群で平均値が異なるか否かを検定する方法を述べました。このような比較は、比較の対象となる2つの群は正規分布をすることを前提として検定が設計されています。しかしながら、実際のデータでは、分布の形でピークが2つあるなど、正規分布をしない場合があります。本章では、このように正規分布をしないデータ、または、正規分布を想定できないデータを持つ2群について、「2群の母集団に差がない」という帰無仮説についての検定法を説明します。

21.1　データに関連がある場合1（符号検定）

例題 21.1 10名の被験者に、2日にわたって寝付くまでの覚醒時間に関する試験を行った。両日ともに午後12時に所定の飲料を飲み、就寝するまでの時間を記録した。1日目は水を飲み、2日目は眠気が覚めるカフェイン飲料を飲み、寝入るまでの時間を表にした。2日目の飲料には覚醒効果があると言えるか、有意水準5%で検定せよ。

表 21.1　就寝時間1　　（単位：時間）

被験者番号	水を飲んでから就寝するまでの時間	カフェイン飲料を飲んでから就寝するまでの時間
1	3	5
2	1	6
3	5	6
4	2	4
5	6	4
6	1	3
7	2	5
8	4	7
9	3	5
10	4	4

○ 統計量の設定と帰無仮説が正しい場合の分布

「データに関連がある場合というのは、例題に示すように同一被験者について1対のデータが得られる場合と言い換えることができます。基本的に、同じ試験群に対して何かの処理を行

表 21.2　就寝時間差の符号

(単位：時間)

被験者番号	水を飲んでから就寝するまでの時間	カフェイン飲料を飲んでから就寝するまでの時間	符号（カフェイン飲料を飲んだあとの方が長く起きていた場合+）
1	3	5	+
2	1	6	+
3	5	6	+
4	2	4	+
5	6	4	−
6	1	3	+
7	2	5	+
8	4	7	+
9	3	5	+
10	4	4	±

う前のテストと、処理を行った後のテストについて、結果を比較します。処理を行う前のテストを事前テスト、処理後のテストを事後テストと言います。例題のような問題の場合には、水のみを飲んだ試験対象者の覚醒時間が事前テスト、カフェイン飲料を飲んだ後の覚醒時間が事後テストの結果にあたります。これらのテストのうち、事後テストの方が覚醒時間が長い場合+、短い場合に−をつけます。結果が同じであった場合は検定から除きます。「2群の母集団に差がない」という帰無仮説は、この例題に当てはめると、「カフェイン飲料を飲んでも水を飲んだ時と同じように眠くなる」となります。同じように眠くなって就寝するわけですから、事前テストよりも事後テストの時が長く起きている可能性は50%と考えられます。すなわち、カフェイン飲料を飲んだあとの方が長く起きていたことを示す＋符号の割合は、コインを投げたときの表が出る回数と同じように二項分布に従うはずです。

例題の場合は、10人の被験者のうち1名は事前テストと事後テストの差がなく、検定の対象から外れます。残りの9人について、事後テストの方が就寝までの時間が長い確率を50%とし、9回の試行について事後テストの方が就寝までの時間が長い確率を二項定理に従って計算してみます。

表 21.3　二項定理による確率

X	計算式	確率
0	${}_9C_0(1/2)^0(1/2)^{(9-0)}$	0.001953
1	${}_9C_1(1/2)^1(1/2)^{(9-1)}$	0.017578
2	${}_9C_2(1/2)^2(1/2)^{(9-2)}$	0.070313
3	${}_9C_3(1/2)^3(1/2)^{(9-3)}$	0.164063
4	${}_9C_4(1/2)^4(1/2)^{(9-4)}$	0.246094
5	${}_9C_5(1/2)^5(1/2)^{(9-5)}$	0.246094
6	${}_9C_6(1/2)^6(1/2)^{(9-6)}$	0.164063
7	${}_9C_7(1/2)^7(1/2)^{(9-7)}$	0.070313
8	${}_9C_8(1/2)^8(1/2)^{(9-8)}$	0.017578
9	${}_9C_9(1/2)^9(1/2)^{(9-9)}$	0.001953

この確率の計算から、もし帰無仮説が正しい場合には、$X = 0$ すなわち、事後テストが1回も＋の結果を示さない確率は0.001953、すなわち0.2%程度であり、1回のみ＋の結果を示す確率は0017578、すなわち1.8%程度であることがわかります。

ここで、平均値の検定の際の有意水準の意味を復習します。「有意水準5%で検定」する際には、母平均と推定値との差が5%未満の確率で生じるのであれば、それはめったに起きないことなので、推定値の母平均は仮説とは違うと予想でき、差に意味があると判断しました。推定値は、計算の対象となった試験群から算出された平均値のことを指しますので、例題の事例に置き換えて「有意水準 5%」というのは、試験群でのプラスの割合が、事前テストと事後テストが同じ確率で起きると想定された母集団では、起きる可能性が 5%未満である場合と言い換えることができます。このことから、本節で述べる符号検定では、試験群での観察が起きる可能性を二項定理で算出し、その確率が 5%未満であるときに帰無仮説を棄却でき、有意で差があるということになります。

例題では、事前テストと事後テストの覚醒時間が等しいため、どちらのテストも同じ確率でプラスになると想定した帰無仮説に従うと、プラスが 9 人中 1 人という状況になる確率は 1.8%程度であり、めったに起きないことであるため、帰無仮説を棄却することができます。二項定理の計算方法はすでに述べましたから、試験対象数が異なっても確率を計算することはできます。試験数が多くなると計算が複雑になるため、巻末に試験数 30 までの二項分布の計算を記載します。有意水準 1%の場合には、符号がプラスになる回数を計算したあと、各 n に関して表中での値が 0.01 未満となるかを参照して、0.01 未満ならば帰無仮説を棄却して、有意に 2 つの群は異なると判定します。

21.2　データに関連がある場合 2（ウィルコクソンの検定）

例題 21.2　例題 21.1 と同様に 10 名の被験者に、2 日にわたって寝付くまでの覚醒時間に関する試験を行った。両日ともに午後 12 時に所定の飲料を飲み、就寝するまでの時間を記録した。1 日目は水を飲み、2 日目は眠気が覚めるカフェイン飲料を飲み、寝入るまでの時間を表にした。2 日目の飲料には覚醒効果があるといえるか、有意水準 5%で検定せよ。

表 21.4　就寝時間 2　（単位：h 時間、m 分）

被験者番号	水を飲んでから就寝するまでの時間	カフェイン飲料を飲んでから就寝するまでの時間
1	3h12m	5h36m
2	1h20m	6h25m
3	5h10m	6h51m
4	2h30m	4h25m
5	6h15m	4h52m
6	0h16m	3h35m
7	2h42m	5h33m
8	4h26m	7h44m
9	3h02m	5h56m
10	4h02m	4h02m

○ 特性値と検定統計量

第 3 章では、標本分布の値の中心を示す値として特性値を学びました。データの分布が多くの場合正規分布に当てはまるため、特性値としては平均値がよく使われ、推定や検定においても平均値がもっとも頻繁に使われます。しかしながら、分布が正規分布に当てはまらない場合には、データの特性値として平均値が適切ではなくなります。このような場合のデータを代表する特性値として、2 群間の有意な差を検定する場合には中央値が使われます。中央値の有意な差も、2 つの母集団の有意な差を示すことになります。母集団が正規分布に従うことを想定できない場合に用いられるノンパラメトリック検定では、しばしば中央値の相違が注目されます。

帰無仮説：2 群に相違はなく、中央値が相違するとはいえない。

仮説検定のための検定統計量は T で示されます。帰無仮説を棄却するか否かを決定するための手順を示します。

手順 1：被験者ごとの 2 群間の差の絶対値を順位付け

ウィルコクソンの検定では、被験者ごとに 2 種の飲料について、就寝までの起きていた時間の差を算出し、絶対値に変換する。

手順 2：順位番号の追加

手順 1 で作成した差の絶対値について、小さい順に順位をつける。差の絶対値が同じであった場合には、該当する被験者間で順位を平均化する（修正順位）。観察値に差がない場合は順位の対象から外す。

手順 3：差がプラスまたはマイナスごとに順位を累積する

差について絶対値を算出する前の数値を参照して、その値がプラスの被験者とマイナスの被験者ごとに順位を合計する。

手順 4：統計量を算出する

順位の合計値のうち小さい方を T 統計量とする。例題の場合 1 となる。

手順 5：棄却限界値の選択

表 21.5 で関連付けデータをとっている試験数（被験者数）を n にあてはめ、両側または片側と有意水準を選ぶ。この n を算定する際には、差がゼロとなった試験数を除く。

手順 6：判定

例題の場合 $n = 9$ で、有意水準 0.01 の場合、表の値（棄却限界値）と比較する。例題では $T = 1$ となるため仮説が棄却される（検定統計量 $\leqq$ 棄却限界値の場合、仮説が棄却される）。

表 21.5　2 群間の差の絶対値を順位付け

（単位：h 時間、m 分）

被験者番号	水を飲んでから就寝するまでの時間	カフェイン飲料を飲んでから就寝するまでの時間	カフェイン飲料の起床時間－水での起床時間	カフェイン飲料の起床時間－水での起床時間の絶対値	カフェイン飲料の起床時間－水での起床時間の絶対値の順位	プラス群の順位	マイナス群の順位
1	3h12m	5h36m	2h24m	2h24m	3.5	3.5	
2	1h20m	6h25m	5h05m	5h05m	8	8	
3	5h10m	6h51m	5h41m	5h41m	9	9	
4	2h30m	4h25m	1h55m	1h55m	2	2	
5	6h15m	4h52m	−1h23m	1h23m	1		1
6	0h16m	3h35m	3h19m	3h19m	7	7	
7	2h42m	5h06m	2h24m	2h24m	3.5	3.5	
8	4h26m	7h44m	3h18m	3h18m	6	6	
9	3h02m	5h56m	2h54m	2h54m	5	5	
10	4h02m	4h02m	0	0	順位から除外		
順位の合計値						44	1

21.3　データに関連がない2群間の差の検定（マン・ホイットニーの検定）

例題 21.3　19名の被験者を2群に分けて、寝付くまでの覚醒時間に関する試験を行った。10名の対照群は、午後12時に水飲料を飲み、就寝するまでの時間を記録した。9名の試験群では、午後12時に眠気が覚めるカフェイン飲料を飲み、寝入るまでの時間を記録した（表21.6）。カフェイン飲料には覚醒効果があるといえるか、有意水準5%で検定せよ。

表 21.6　対照群と試験群

（単位：時間）

対照群		試験群	
被験者番号	就寝するまでの時間	被験者番号	就寝するまでの時間
1	1	11	0.8
2	1.4	12	1.7
3	0.3	13	1.8
4	1.5	14	2.1
5	1.5	15	3.3
6	0.2	16	2.3
7	0.5	17	1.6
8	0.2	18	3.5
9	1.1	19	1.1
10	0.6		

○ 特性値と検定統計量

第3章では、標本分布の値の中心を示す値として特性値を学びました。データの分布が多くの場合正規分布に当てはまるため、特性値としては平均値がよく使われ、推定や検定においても平均値がもっともよく使われます。しかしながら、分布の形に2つのピークが存在したり、平均値の付近にピークが存在しなかったりなど、データの特性値として平均値が適切でない場合も存在します。このような場合のデータを代表する特性値として、最頻値が有効であることを第3章で述べましたが、2群間の有意な差を検定する際の特性値としては中央値が用いられます。中央値はデータの順位を調べて順位として中央に存在する値を指しますが、順位としてもっとも小さな値ともっとも大きな値の中間に位置することから、分布全体を代表する特性を持ちます。また、2群間の差を考えるときには、2群を混合した場合の順位を比較することにより群間の相違を調べることができますので、順位によって決められる中央値は比較のための特性値として適切です。

帰無仮説：2群に相違はなく、中央値が同一である。

仮説検定のための検定統計量の算出は複雑ですので、データと手順を示します。

手順1：観察結果による順位付け

各被験者の観察結果に基づいて昇順にデータを並び替える。各データには実験群番号（記号）を追加する。

手順2：順位番号の追加

手順1で作成した表に順位の列を加える。観察結果が同じ値であった場合は、該当するデータ間で順位を平均化する（修正順位）。

表 21.7　修正順位

実験群	被験者番号	覚醒時間	順位	修正順位
1	6	0.2	1	1.5
1	8	0.2	2	1.5
1	3	0.3	3	3
1	7	0.5	4	4
1	10	0.6	5	5
2	11	0.8	6	6
1	1	1	7	7
1	9	1.1	8	8.5
2	19	1.1	9	8.5
1	2	1.4	10	10
1	4	1.5	11	11.5
1	5	1.5	12	11.5
2	17	1.6	13	13
2	12	1.7	14	14
2	13	1.8	15	15
2	14	2.1	16	16
2	16	2.3	17	17
2	15	3.3	18	18
2	18	3.5	19	19

手順3：実験群ごとに順位を累積する

実験群ごとに順位を累積する。その際、合計が小さくなる実験群について計算を行う。例題の場合、$R_1 = 1.5 + 1.5 + 3 + 4 + 5 + 7 + 8.5 + 10 + 11.5 + 11.5 = 63.5$　および
$R_2 = 6 + 8.5 + 13 + 14 + 15 + 16 + 17 + 18 + 19 = 126.5$　となる。

手順4：統計量を算出する

統計量としては、U を算出する。実験群1および2の検体数をそれぞれ、n_1 および n_2 とすると、$U_1 = n_1 \times n_2 + \frac{n_1 \times (n_2+1)}{2} - R_1$ または $U_2 = n_1 \times n_2 + \frac{n_2 \times (n_1+1)}{2} - R_2$ を算出する。U_1 および U_2 のうち値の小さい方を検定のための統計量とする。

手順5：判定

n_1 および n_2（n_1 および n_2 が異なる場合や、表を参照する場合には、数の小さい方を n_1 とする）と U_1 または U_2 の値の小さい方を、マン・ホイットニー検定表と比較する。例題の場合は、$U_1 = 81.5$ および $U_2 = 8.5$ となるので、U_2 が判定の対象となる。検定表の $n_1 = 9$ および $n_2 = 10$ の欄を見ると 20 とある。U_1 および U_2 のうち値の小さい 8.5 が統計量なので、この値を表の値の 20 と比較する。算出された 8.5 が 20 よりも小さいため、帰無仮説が棄却され、2群の中央値には有意差があると判断される。

練習問題 21

1. 圃場を 7 つの区画に分け、さらにそれぞれの区画を等分に分けた（区画ペア）。各区画ペアの一方には肥料を入れ、他方には肥料を入れなかった（表 21.8）。各区画ペアについて、肥料ありの場合の収穫高が肥料なしの場合を上回っている場合はプラス、その逆の場合はマイナスを記入して符号検定を実施せよ。ただし、有意水準を 5%とする。

表 21.8　肥料の有無と収穫高

区画ペア	肥料なし	肥料あり
1	21.3	21.4
2	20.0	20.2
3	16.9	24.8
4	19.1	23.4
5	17.9	17.9
6	19.8	18.9
7	16.7	24.4

2. 表 21.8 の結果をマン・ホイットニーの検定法で検定せよ。

第22章　その他の検定方法と区間推定

> **目的**
> 相関係数の検定と異常値の除去に関する検定について理解する。
> ポアソン分布を用いた区間推定について理解する。

22.1　異常値の除去に関する検定（グラブス・スミルノフの棄却検定法）

実験や調査などで、ときどき異常値と思われる数値に出会い、その処理に困ることがあります。ここでは、異常値のもっとも一般的な削除法について述べることにします。

例題 22.1 健康診断で来院した者の中から10名を無作為抽出して、血液中の鉛濃度(μg/100ml)を測定したところ、以下の結果を得た。このデータ中の8.3(μg/100ml)は異常値と考えてよいか、有意水準$\alpha = 0.01$で検定せよ。

6.5　5.4　6.0　4.8　5.2　6.1　5.0　6.3　**8.3**　5.5

○ 分布と検定統計量

はじめにデータから、標本平均$\overline{X}$と標本標準偏差sを求め、次に異常値と思われる数値$\acute{X}$と標本平均$\overline{X}$との差を標本標準偏差sで除した、

$$T = \frac{\acute{X} - \overline{X}}{s} \tag{22.1}$$

を求めます。

検定統計量tは、

$$t = \frac{T\sqrt{n-2}}{\sqrt{n-1-T^2}} \tag{22.2}$$

により与えられ自由度$\nu = n-2$のt分布に従います。

例題22.1では、データより標本平均$\overline{X} = 5.9$、標本標準偏差$s = 1.014 (s^2 = 1.028)$、異常値と思われる数値$\acute{X} = 8.3$より、

$$T = \frac{8.3 - 5.9}{1.014} = 2.367 \tag{22.3}$$

となり、検定統計量tは、

$$t = \frac{2.367\sqrt{10-2}}{\sqrt{10-1-2.367^2}} = 3.632 \tag{22.4}$$

で、自由度 $\nu = 10 - 2 = 8$ となります。

よって、例題 22.1 の検定は以下のようになります。

手順 1：仮説の設定

帰無仮説 H_0：　$\acute{X} = 8.3$ は異常値ではない。

対立仮説 H_1：　$\acute{X} = 8.3$ は異常値である。

手順 2：検定統計量

検定統計量は $t = 3.632$、自由度は $\nu = 8$ である。

手順 3：有意水準と有意点

有意水準は $\alpha = 0.01$ である。有意点は両側検定なので、t 分布表より $t(0.005, 8) = 3.355$ となる。棄却域は $t < -3.355$ と $t > 3.355$ となる。

手順 4：判定

検定統計量 $t = 3.632$ は、上側有意点 $t(0.005, 8) = 3.355$ より大きいので、帰無仮説 H_0 は棄却される。

手順 5：結論

$\acute{X} = 8.3$ は異常値である。

22.2　ポアソン分布を用いた区間推定

ここではポアソン分布を用いた区間推定について簡単に説明します。実験データを処理するときに使う場合があります。

例題 22.2 2枚のシャーレに検水を 1ml ずつ採り、45℃に調整しておいた固形培地を約 20ml ずつ加えて混和・凝固後、シャーレの上蓋に付着している水分を蒸発させてから 37℃で 48 時間培養した。培養後の菌数は、それぞれ 25 個、35 個であった。この結果から、試験に用いた検水 1ml 当たりの菌数の 95% 信頼区間を求めよ。

試験の結果の菌数の平均は、$\dfrac{25+35}{2} = 30$ です。この値を母平均の推定値 $\hat{\lambda} = \dfrac{25+35}{2} = 30$ とします。ポアソン分布の母平均と母分散は等しいので、母分散の推定値は $\hat{\lambda} = 30$ です。

ポアソン分布は $\lambda \geqq 5$ のとき、正規分布で近似できるので、次のように下方信頼限界と上方信頼限界を求めるとができます。

$$\text{下方信頼限界} \qquad \lambda_L = \hat{\lambda} - Z\left(\frac{\alpha}{2}\right)\sqrt{\frac{\hat{\lambda}}{n}} = 30 - 1.96\sqrt{\frac{30}{2}} = 22.4$$

$$\text{上方信頼限界} \qquad \lambda_U = \hat{\lambda} + Z\left(\frac{\alpha}{2}\right)\sqrt{\frac{\hat{\lambda}}{n}} = 30 + 1.96\sqrt{\frac{30}{2}} = 37.6$$

よって、検水 1ml 当たりの菌数の 95 %信頼区間は、菌数は整数なので、$23 \leqq \lambda \leqq 37$ です。

第22章のまとめ

異常値の除去に関する検定（グラブス・スミルノフの棄却検定法）

検定統計量 $t = \dfrac{T\sqrt{n-2}}{\sqrt{n-1-T^2}}$ は、自由度 $\nu = n-2$ の t 分布に従います。なお、$T = \dfrac{\acute{X} - \overline{X}}{s}$、$\acute{X}$ は異常値と思われる数値です。

ポアソン分布を用いた区間推定

ポアソン分布は母平均と母分散が等しいこと、$\lambda \geqq 5$ のとき正規分布で近似できることから、区間推定を行うことができます。

第23章　分散分析法と多重比較検定法

目的

分散分析法について理解する。

「あまり農業経験の無い人が、自家菜園で何か野菜を栽培しようと考え、園芸店でトマトの苗を10本と、トマトの栽培に効果がありそうな2種類の肥料 A_1、A_2 を買い求めたとします。そして家に戻り、どちらの肥料がトマトの栽培により適しているか、確かめてみようと考えてトマトの苗を5本ずつ2群に分け、1群には肥料 A_1、他の群には肥料 A_2 を施して、成育の観察をすることにしました。」この種の問題を理論的に解明しようとして考えられた方法が、**フイッシャーの実験計画法**であり、そのためのデータ処理法が**分散分析法**です。

1920年代のはじめ、当時ロザムステッド（イギリス）の農業試験場で統計の仕事をしていたR. A. フイッシャーは、「農業分野での研究や実験は、日照時間や降水量などの自然条件および土壌の性質などに左右されることが多い。したがって農業以外の研究室や工場などのように、厳重に管理された条件下での実験とは異なる。そこで自然条件や土壌の違いなどによるデータのばらつき（変動）を認めたうえで、測定値全体のばらつき（全変動）を、実験によるばらつき（誤差変動または級内変動ともいう）と真のばらつき（級間変動）に分けて分析すればよい」という考えを提唱しました。

本章では、このフイッシャーの考え方を、ある品種の小麦栽培に使用する3種類の肥料 A_1、A_2、A_3 の評価方法をとおして、少し詳しく説明します。具体的には実験計画法、分散分析について学びます。また、分散分析を用いた後に必要な2標本における平均の差の検定法を学びます。

23.1　実験計画法 (method of experimental design)

23.1.1　因子と水準

実験計画法は、農作物栽培の改善を目的として考えられた方法であって、実験結果はどこの農業現場でも利用できるものでなければ無意味なわけです。このことを念頭に置いて上述の小麦と3種類の肥料との関係を事例に、実験計画を立てることにします。ここで実験計画法の学習が初めての人達のために、用語の説明をしておきます。

実験計画法では、小麦の増収や改良などの目的に使用される肥料や農薬および品種などを、因子(factor)とよび、因子の内容（肥料、品種などの種類）を水準(level)、水準の数を水準数といいます。しかし現在では、これらの用語は数理統計学以外では、あまり使われなくなっています。そこでわかりやすく説明するために、初めのうちはできるだけ因子を「肥料」、水準を「肥料の種類」とよぶことにします。

23.1.2　実験計画

フイッシャーは実験計画を立てる際に、守らなければならない事項として、

(1) 実験条件を偏らないように設定すること（無作為化：randomization）

(2) 実験の場をいくつかの区画（ブロック）に分けて、区画内はできるだけ、条件が均一になるようにする（局所管理：localcontrol）

(3) 結論に必要な精度を得るために、繰り返し実験を行うこと（反復：replication）

の 3 原則を提唱しました。これらの条件を満足させ、特に (3) の実験精度を十分に検討したうえで、区画数を決めます。本例では説明のために表 23.1 のように、実験圃場を、1 肥料当たり区画数を 5 に分割しました[††]。

表 23.1　肥料の種類と実験圃場の分割

因子	水準（肥料の種類）	圃場の区画 (j) 1	2	3	4	5
肥料	A_1	A_{11}	A_{12}	A_{13}	A_{14}	A_{15}
	A_2	A_{21}	A_{22}	A_{23}	A_{24}	A_{25}
	A_3	A_{31}	A_{32}	A_{33}	A_{34}	A_{35}

さらに種子の均一化、施肥の均等化、区画間の肥料混入の防止対策なども必要になります。なお本例のように、1 因子を対象にした実験計画法を**一元配置法**、肥料以外に例えば、小麦の種類も因子に加えて、2 因子とした場合の実験計画法を**二元配置法**といいます。

肥料の種類と、各肥料に対する区画との関係を表 23.1 に、結果としての肥料別、区画別の小麦収穫量を表 23.2 に示しました。

表 23.2　肥料別および区画別小麦収穫量（単位：kg/a）

因子	水準（肥料の種類）	圃場の区画 (j) 1	2	3	4	5
肥料	A_1	$x_{11} = 36$	$x_{12} = 36$	$x_{13} = 40$	$x_{14} = 37$	$x_{15} = 38$
	A_2	$x_{21} = 42$	$x_{22} = 37$	$x_{23} = 38$	$x_{24} = 41$	$x_{25} = 42$
	A_3	$x_{31} = 37$	$x_{32} = 36$	$x_{33} = 35$	$x_{34} = 37$	$x_{35} = 35$

[††]圃場（ほじょう）：農業実験や研究のために屋外に作られた畑、試験圃場ともいう。

23.2 一元配置法による分散分析 (analysis of variance : ANOVA)

23.2.1 変動について

前述したように全変動(ばらつき全体)は、級内変動(各肥料ごとのばらつき)と級間変動(肥料間のばらつき、求める真のばらつき)に分けることができるから、これを文字式で表せば

$$全変動 = 級内変動 + 級間変動 \tag{23.1}$$

ということになります。なお変動とは、偏差平方和を指します。

データのばらつきの程度を表す尺度として、一般には分散と標準偏差が用いられますが、分散分析法の計算では、はじめにばらつきの基本的な統計量である (1) 全体の偏差平方和(全変動)、(2) 各肥料別の偏差平方和(級内変動)、(3) 各肥料間の小麦収穫量の偏差平方和(級間変動)の計算から始めます。

偏差平方和の計算方法は、

$$変動(偏差平方和) = \sum_{i=1}^{n}(x_i - \bar{x})^2 = \sum_{i=1}^{n} x_i^2 - \frac{\left(\sum_{i=1}^{n} x_i\right)^2}{n} \tag{23.2}$$

となります。

23.2.2 偏差平方和(変動)計算表

表 23.2 は計算に不向きなので、表 23.3 に示すように偏差平方和計算表を作成します。

表 23.3 偏差平方和計算表

因子	水準 (肥料の種類) (i)	圃場の区画 (j) 1	2	3	4	5	合計 1 $\sum_{j=1}^{n_1} x_{ij}$	合計 2 $\sum_{j=1}^{n_1} x_{ij}{}^2$	平均 $\bar{x}_i$
肥料 (i)	A_1	36 (1296)	36 (1296)	40 (1600)	37 (1369)	38 (1444)	187 (34969)	7005	37.4
	A_2	42 (1764)	37 (1369)	38 (1444)	41 (1681)	42 (1764)	200 (40000)	8022	40.0
	A_3	37 (1369)	36 (1296)	35 (1225)	37 (1369)	35 (1225)	180 (32400)	6484	36.0
全合計							567 (321489)	21511	

( ) 内は上の数値の 2 乗

作表の内容は、各肥料別(各水準別)に収穫量の合計(合計 1)と、収穫量の 2 乗値の合計(合計 2)および合計 1 の 2 乗(合計 1)^2、標本平均を求めます。ここまでは肥料別の偏差平方和(級

内変動) の計算に必要な数値です。さらに合計 1 と合計 2 それぞれの合計 (全合計)、合計 1 の全合計の 2 乗を求めます。これらは区画全体の偏差平方和 (全変動) を求めるための数値です。

以下、肥料の種類を $A_i(A_1, A_2, A_3)$、それぞれの区画数を $n_i : (n_1, n_2, n_3)$、全区画数を $N = \sum_{i=1}^{m} n_i : (N = n_1 + n_2 + n_3)$ で表し、全変動を SST、級内変動を SSE、級間変動を SSA で表すことにします[††]。

23.2.3　偏差平方和の計算

- **全変動 SST**

全変動は、式 (23.2) より、

$$
\begin{aligned}
SST &= \sum_{i=1}^{m}\sum_{j=1}^{n} x_{ij}^2 - \frac{\left(\sum_{i=1}^{m}\sum_{j=1}^{n} x_{ij}\right)^2}{N} \\
&= 21511 - \frac{321489}{15} = 78.4 \qquad (23.3)
\end{aligned}
$$

となります。

- **級内変動 SSE**

式 (23.1) より、全変動は、各肥料ごとの級内変動と肥料間の級間変動との合計だから、これら 2 つの変動のうち、いずれか一方の変動がわかれば、他方の変動もわかることになります。

ところで多くの統計書では、級間変動を先に求め、全変動からこの値を引いて級内変動を求める方法が一般的です。分散分析法は級間変動の有意性を決めるための方法であり計算も簡単なことから、当初からこの方法が取られてきています。しかし、分散分析法の仕組みを理解するためには、はじめに級内変動のもつ意味と計算方法を理解しておく方がよいので、級内変動 SSE の計算を先行することにします。

級内変動は、

$$
\begin{aligned}
SSE &= (\text{水準 } i \text{ の中の変動}) \text{ の合計} \\
&= \sum_{i=1}^{m}\left\{\sum_{j=1}^{n_i} x_{ij}^2 - \frac{\left(\sum_{j=1}^{n_i} x_{ij}\right)^2}{n_i}\right\} \\
&= \left(7005 - \frac{34969}{5}\right) + \left(8022 - \frac{40000}{5}\right) + \left(6484 - \frac{32400}{5}\right) \\
&= 37.2 \qquad (23.4)
\end{aligned}
$$

となります。

[††]級間変動 $SSA = \{(\text{水準 } i \text{ の標本平均} - \text{全体の平均})^2 \times \text{水準 } i \text{ の標本数}\}$ の合計

- **級間変動 SSA**

  級間変動は、式 (23.1) より、

$$SSA = SST - SSE = 78.4 - 37.2 = 41.2 \tag{23.5}$$

となります。

23.2.4　各変動の自由度 ν と分散 s^2

各変動の自由度 ν と分散 s^2 は、

変動	自由度	分散 $\left(s^2 = \frac{\text{変動}}{\text{自由度}}\right)$
全変動 SST	$\nu_T = N - 1 = 15 - 1 = 14$	${s_T}^2 = \frac{SST}{\nu_T} = \frac{78.4}{14} = 5.6$
級間変動 SSA	$\nu_A = \nu_T - \nu_E = 14 - 12 = 2$	${s_A}^2 = \frac{SSA}{\nu_A} = \frac{41.2}{2} = 20.6$
級内変動 SSE	$\nu_E = \sum_{i=1}^{m}(n_i - 1) = (5-1) \times 3 = 12$	${s_E}^2 = \frac{SSE}{\nu_E} = \frac{37.2}{12} = 3.1$

となります。

23.2.5　分散分析表の作成

各変動の自由度と分散から、肥料の違いによって小麦の収穫量に有意差があるか検定を行うため、表 23.4 に示されるとおり、分散分析表を作成します。

表 23.4　分散分析表

要因	変動	自由度 ν	分散 s^2	分散比 $F = \frac{{s_A}^2}{{s_E}^2}$
級間変動	$SSA = 41.2$	$\nu_A = 2$	${s_A}^2 = 20.6$	$F = \frac{20.6}{3.1} = 6.645$
級内変動	$SSE = 37.2$	$\nu_E = 12$	${s_E}^2 = 3.1$	

ここでの検定統計量は、分散比 $F = \dfrac{{s_A}^2}{{s_E}^2}$ を用います。

23.2.6　検定結果と結論

手順 1：仮説の設定

H_0：肥料の違いによる小麦収穫量に有意差なし

H_1：肥料の違いによる小麦収穫量に有意差あり

手順 2：検定統計量

検定統計量は、表 23.4 より $F = 6.645$ であり、自由度は $(2, 12)$ である。

手順 3：有意水準と有意点

有意点は、$\alpha = 0.05$ と $\alpha = 0.01$ の両方を求めておいた方がよいので、F 分布表から、$F(0.05, 2, 12) = 3.885$、$F(0.01, 2, 12) = 6.926$ となります。

棄却域は $\alpha = 0.05$ の場合 $F > 3.885$、$\alpha = 0.01$ の場合 $F > 6.926$ となります。

手順 4：判定

検定統計量 6.645 は、$\alpha = 0.05$ の有意点の値 3.885 よりも大きいので、帰無仮説は棄却できる。

手順 5：結論

有意水準 $\alpha = 0.05$ で、肥料の種類により、小麦収穫量に有意な違いがみられるといえる。

23.3　分散分析後の検定（2 標本における母平均の差の検定）

23.3.1　テューキー・クレーマーの方法

分散分析の結果、小麦収穫量に対する肥料の効果に違いがあることはわかりましたが、どのように違うのかについては不明のままです。そこで効果の違いについての判定を、t 検定法を使って調べてみることにします。F 検定後の t 検定では、2 つの標本平均の有意差検定を用います。2 種類の肥料の組合せは A_1 と A_2、A_1 と A_3、A_2 と A_3 の 3 通りあり、検定にはそれぞれの小麦収穫量の標本平均 $\overline{X_1}$、$\overline{X_2}$、$\overline{X_3}$ と区画数 n_1、n_2、n_3 が用いられます。なお、この検定では F 検定の結果を受けての検定なので、分散には F 検定で用いた ${s_E}^2$ が、そのまま使われます[††]。

○ **検定統計量 t の計算**

各検定統計量は、

$$A_1, A_2\text{間}：t_{12} = \frac{\overline{X_1} - \overline{X_2}}{\sqrt{{s_E}^2\left(\frac{1}{n_1} + \frac{1}{n_2}\right)}} = \frac{37.4 - 40}{\sqrt{3.1\left(\frac{1}{5} + \frac{1}{5}\right)}} = -2.335 \tag{23.6}$$

$$A_1, A_3\text{間}：t_{13} = \frac{\overline{X_1} - \overline{X_3}}{\sqrt{{s_E}^2\left(\frac{1}{n_1} + \frac{1}{n_3}\right)}} = \frac{37.4 - 36}{\sqrt{3.1\left(\frac{1}{5} + \frac{1}{5}\right)}} = 1.257 \tag{23.7}$$

$$A_2, A_3\text{間}：t_{23} = \frac{\overline{X_2} - \overline{X_3}}{\sqrt{{s_E}^2\left(\frac{1}{n_2} + \frac{1}{n_3}\right)}} = \frac{40 - 36}{\sqrt{3.1\left(\frac{1}{5} + \frac{1}{5}\right)}} = 3.592 \tag{23.8}$$

となります。

[††] 分散分析では水準数が 3 以上であるから、F 検定後の平均値の検定では、データの多重性を考慮して分散には、各級内分散 ${s_E}^2$ が用いられる。

また、自由度は級内変動 $s_E{}^2$ の自由度 $\nu_E = 12$ を用います。

○ 有意水準と有意点

ここでは、有意水準 $\alpha = 0.05$ と $\alpha = 0.01$ とし、これに対する有意点を t 分布表から求めておきます。有意点は、$\alpha = 0.05$ の場合 $t(0.025, 12) = 2.179$、$\alpha = 0.01$ の場合 $t(0.005, 12) = 3.055$ となります。

棄却域は、$\alpha = 0.05$ の場合 $t < -2.179$ と $t > 2.179$、$\alpha = 0.01$ の場合 $t < -3.055$ と $t > 3.055$ となります。

○ 検定結果

A_1、A_2 間は、$t_{12} = -2.335$ より $\alpha = 0.05$ の有意点の値 -2.179 よりも小さいので、帰無仮説は棄却できる。

A_1、A_3 間は、$t_{13} = 1.257$ より $\alpha = 0.05$ の有意点の値 2.179 よりも小さいので、帰無仮説は棄却できない。

A_2、A_3 間は、$t_{23} = 3.592$ より $\alpha = 0.05$ の有意点の値 2.179 よりも大きいので、帰無仮説は棄却できる。さらに、$t_{23} = 3.592$ は $\alpha = 0.01$ の有意点の値 3.055 よりも大きいので、有意水準 $\alpha = 0.01$ でも帰無仮説は棄却できる。

これらの検定結果を、表 23.5 のように表現することがあります。分散分析の場合、水準数が多くなることがあるので、この方が一般的です。

表 23.5　各肥料間の収穫量平均の差（絶対値）

	A_1	A_2		A_3	
A_1	–	2.6	*	1.4	
A_2	–	–		4	**
A_3	–	–		–	

*：5% で有意、**：1% で有意

○ 結論

検定結果より、小麦の収穫量について、肥料 A_2 は他の肥料 A_1、A_3 と比べて有効であると考えられる。

23.3.2　1 つの対照群と個々の実験群を比較したい場合の検定方法

○ダネット（**Dunnett**）の方法

対照群と比較した場合の各実験群の平均値の差のみに注目した検定を行う場合には、平均値の差の信頼区間から母平均値に差があるかどうかを検定します。表 23.6 のうち A_1 を対照群、A_2 と A_3 を実験群とすると、帰無仮説と計算の手順は下記のようになります。

帰無仮説：対照群と実験群の母平均値に差はない。

手順 1：各群について平均値と偏差平方和を求める。

表 23.6 平均値の差の信頼限界

比較群	$\lvert\overline{X_t}-\overline{X_c}\rvert$	$d\sqrt{s_E{}^2}\sqrt{\dfrac{1}{n_t}+\dfrac{1}{n_c}}$	$\lvert\overline{X_t}-\overline{X_c}\rvert \pm d\sqrt{s_E{}^2}\sqrt{\dfrac{1}{n_t}+\dfrac{1}{n_c}}$
$A_1 - A_2$	2.6	2.78	$[-0.18, 5.38]$
$A_1 - A_3$	1.4	2.78	$[-1.38, 4.18]$

表 23.7 ダネットの表（両側検定 $\alpha = 0.05$）

自由度＼群の数	2	3	4	5	6	7	8	9	10
3	3.18	3.87	4.26	4.54	4.75	4.92	5.06	5.18	5.28
4	2.78	3.31	3.62	3.83	4.00	4.13	4.24	4.33	4.41
5	2.57	3.03	3.29	3.48	3.62	3.73	3.82	3.90	3.97
6	2.45	2.86	3.10	3.26	3.39	3.49	3.57	3.64	3.71
7	2.36	2.75	2.97	3.12	3.24	3.33	3.41	3.47	3.53
8	2.31	2.67	2.88	3.02	3.13	3.22	3.29	3.35	3.41
9	2.26	2.61	2.81	2.95	3.05	3.14	3.20	3.26	3.32
10	2.23	2.57	2.76	2.89	2.99	3.07	3.14	3.19	3.24
11	2.20	2.53	2.72	2.84	2.94	3.02	3.08	3.14	3.19
12	2.18	2.50	2.68	2.81	2.90	2.98	3.04	3.09	3.14
13	2.16	2.48	2.65	2.78	2.87	2.94	3.00	3.06	3.10
14	2.14	2.46	2.63	2.75	2.84	2.91	2.97	3.02	3.07
15	2.13	2.44	2.61	2.73	2.82	2.89	2.95	3.00	3.04
16	2.12	2.42	2.59	2.71	2.80	2.87	2.92	2.97	3.02
17	2.11	2.41	2.58	2.69	2.78	2.85	2.90	2.95	3.00
18	2.10	2.40	2.56	2.68	2.76	2.83	2.89	2.94	2.98
19	2.09	2.39	2.55	2.66	2.75	2.81	2.87	2.92	2.96
20	2.09	2.38	2.54	2.65	2.73	2.80	2.86	2.90	2.95
24	2.06	2.35	2.51	2.61	2.70	2.76	2.81	2.86	2.90
30	2.04	2.32	2.47	2.58	2.66	2.72	2.77	2.82	2.86
40	2.02	2.29	2.44	2.54	2.62	2.68	2.73	2.77	2.81
60	2.00	2.27	2.41	2.51	2.58	2.64	2.69	2.73	2.77
120	1.98	2.24	2.38	2.47	2.55	2.60	2.65	2.69	2.73
∞	1.96	2.21	2.35	2.44	2.51	2.57	2.61	2.65	2.69

手順 2：級内変動の自由度と級内変動の分散の算出はいずれもテューキー・クレーマーの方法で述べたとおりである。

手順 3：ダネットの表 23.7 から d の値を選択する。表 23.6 の場合、自由度 12、群数 3 であるから $d = 2.5$ となる。

手順 4：実験群の平均値と対照群の平均値の差との信頼限界を求める。

$$|\overline{X_t} - \overline{X_c}| \pm d\sqrt{s_E{}^2}\sqrt{\frac{1}{n_t} + \frac{1}{n_c}} \tag{23.9}$$

手順 5：判定

信頼区間に 0 が含まれるとき，帰無仮説を採択する。「母平均値に差があるとは言えない」。
信頼区間に 0 が含まれないとき，帰無仮説を棄却する。「母平均値に差がある」。

表 23.8　判定結果

比較群	信頼区間	判定
$A_1 - A_2$	[−0.18, 5.38]	有意差無し
$A_1 - A_3$	[−1.38, 4.18]	有意差無し

練習問題 23

1. ある農家で、試験栽培中の 3 種類のメロン A、B、C のメロンの糖度を測定して、表 23.9 に示した結果を得た。表から品種間の糖度に有意な差がみられるか、分散分析により検定せよ。なお、$F(0.05, 2, 13) = 3.806$、$F(0.01, 2, 13) = 6.701$ である。

表 23.9　メロンの糖度（単位：%）

品種	1	2	3	4	5	6
A	13	12	11	11	10	12
B	11	10	11	10	9	
C	9	10	8	8	9	

2. 上記の問題 1 で、品種 A を対照群、品種 B および C を試験群として、対照群と試験群に有意差があるかを 5%の有意差で検定せよ。

第24章　2次元データの特徴を示す特性値

目的

変数どうしの関係を明らかにする方法について学ぶ。

本章では2個以上の変数の関係を明らかにします。たとえば、米の価格と米の消費量、消費者の所得と米の消費量は何か関係があることが予想されます。この関係の程度を数量的に表す方法を学びましょう。

例題 24.1 次の表24.1は、酪農学園大学の男子学生10人の身長と体重のデータである。身長と体重に何らかの関係はあるか。

表 24.1　学生の体重と身長

	体重 (x) kg	身長 (y) cm
1	70	178
2	56	165
3	70	181
4	65	176
5	55	162
6	62	178
7	74	179
8	77	172
9	74	190
10	77	179

24.1　2変数データ

2変数以上のデータを扱うときに重要なのは、データの組み合わせです。例題では、たとえば1番目の標本について身長と体重のデータがあります。これは標本となったある男子学生のデータであり、この組み合わせは崩すことができません。常に組で扱うことになります。

24.2　相関係数

第2章で皆さんは散布図を学びました。図24.1は例題の散布図です。身長と体重の間には何らかの関係がありそうです。この節では相関関係を数学的に表す相関係数について学びましょう。

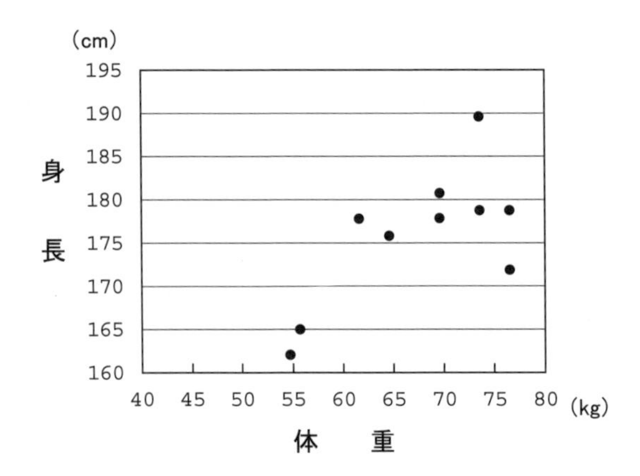

図 24.1　学生の体重と身長の散布図

24.2.1　共分散

相関係数を定義する前に、共分散を定義する必要があります。共分散は次のように定義されます。

$$\text{共分散} = \frac{(x\text{の平均からの偏差}) \times (y\text{の平均からの偏差})\text{の和}}{(\text{データの数} -1)} \tag{24.1}$$

シグマ記号で示すと、

$$s_{xy} = \frac{1}{n-1}\sum_{i=1}^{n}(x_i - \overline{x})(y_i - \overline{y}) \tag{24.2}$$

これは次の分散の式をみてください。

$$s^2 = \frac{1}{n-1}\sum_{i=1}^{n}(x_i - \overline{x})^2 \tag{24.3}$$

Σ の中の $(x_i - \overline{x})^2$ の1つを、y の平均からの偏差に置き換えたものです。そこで、これを x と y の共分散とよぶわけです。

24.2.2　相関係数

相関係数は次のように定義されます。

$$\text{相関係数 } r = \frac{\text{共分散}}{x\text{の標準偏差} \times y\text{の標準偏差}} \tag{24.4}$$

相関係数は、-1 から 1 の間の値をとります。$-1 \leqq r < 0$ のとき、負の相関があるといい、$0 < r \leqq 1$ のとき、正の相関があるといいます。$r = 0$ のときは、相関がないといいます。つまり相関係数により相関の程度を表すことができます。r が -1 から 1 の間の値をとることは、補論で証明します。

24.2.3　相関係数の成り立ち

さて、なぜ相関係数で相関の程度を表すことができるのでしょう。そのため、相関係数の定義式を次のように変形します。

$$r = \frac{\dfrac{1}{n-1}\displaystyle\sum_{i=1}^{n}(x_i - \overline{x})(y_i - \overline{y})}{s_x\, s_y} = \frac{1}{n-1}\sum_{i=1}^{n}\left(\frac{x_i - \overline{x}}{s_x}\right)\left(\frac{y_i - \overline{y}}{s_y}\right) \tag{24.5}$$

そこで、$u_i = \dfrac{x_i - \overline{x}}{s_x}$, $v_i = \dfrac{y_i - \overline{y}}{s_y}$ とおきます（x、y それぞれを標準化）。すると、相関係数は次のように書き直すことができます。

$$r = \frac{1}{n-1}\sum_{n=1}^{n} u_i\, v_i \tag{24.6}$$

図 24.2 をみてください。x と y それぞれの平均のところで垂線と水平線を引いてあります。この 2 直線で平面を 4 分割しました。a では u_i も v_i も正ですので、$u_i\, v_i > 0$ です。b では u_i は負、v_i は正ですので、$u_i\, v_i < 0$ となります。以下同様に、c では $u_i\, v_i > 0$、d では $u_i\, v_i < 0$ です。したがって図 24.3 のような正の相関の散布図の場合、$u_i\, v_i$ の値は正が多くなります。したがって、相関係数は正となります。また、a と c に点が多くあるほど（正の相関の程度が強いほど）相関係数は大きくなります。逆に、図 24.4 のように b と d に点が多くあると相関係数は負になります。a、b、c、d に均等に点があると相関係数は 0 に近くなることがわかるでしょう。

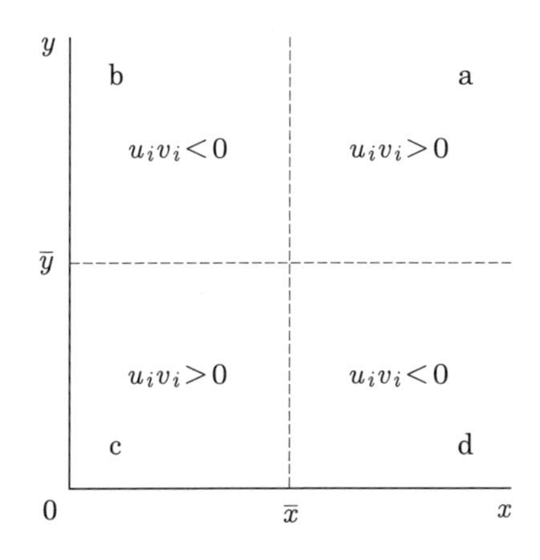

図 24.2　相関係数の考え方

24.3　相関係数と散布図

次に、図24.5から図24.9をみてください。いろいろな散布図と相関係数の関係を示しています。図24.5から図24.8は相関関係の弱いものから強いものへ順に示しています。ただし、図24.9には注意が必要です。この場合、相関係数は0に近くなります。これは相関係数が直線的関係の程度を表すためです。図24.9は2変数の関係は直線的関係ではなく、別の関係にあります。ですから、2変数の関係をみる場合、相関係数を計算することはもちろん重要ですが、散布図を必ず確認する必要もあるわけです。

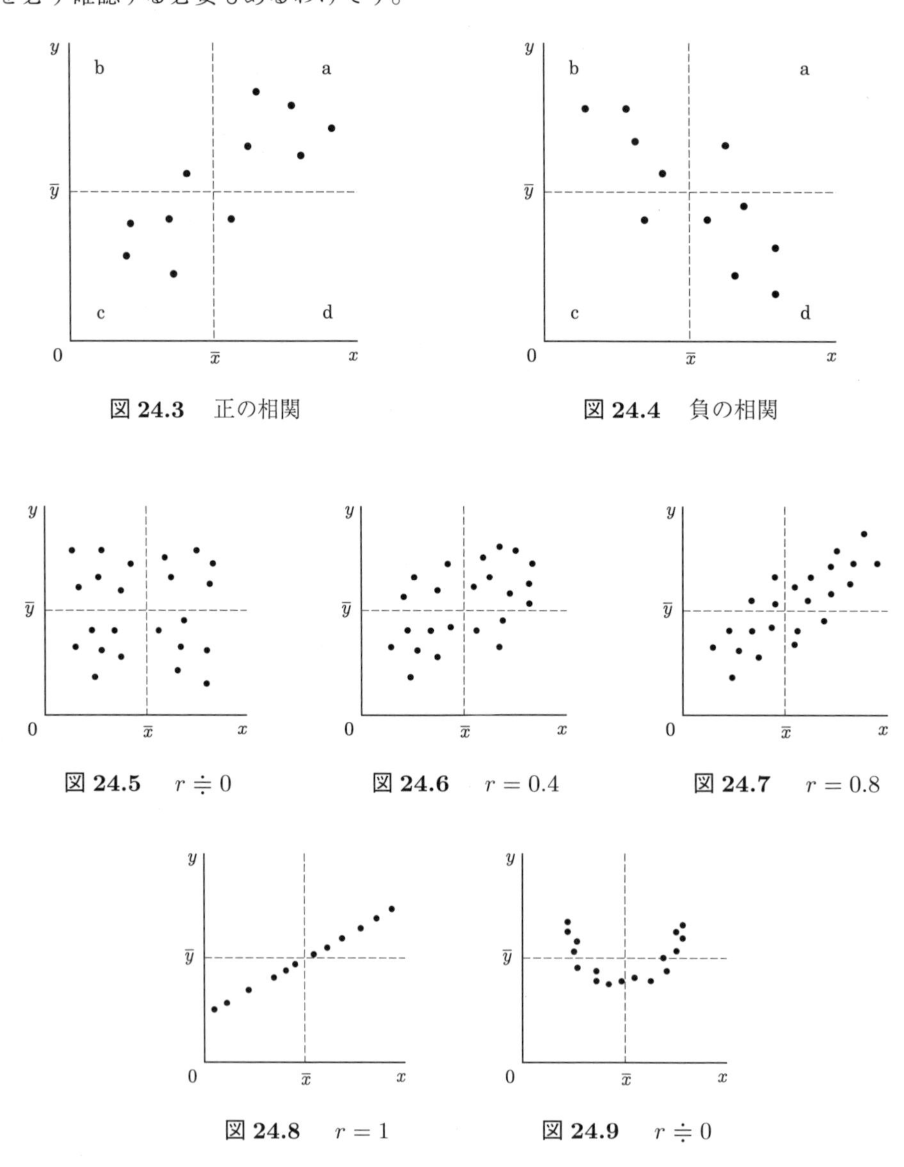

図 24.3　正の相関

図 24.4　負の相関

図 24.5　$r \fallingdotseq 0$

図 24.6　$r = 0.4$

図 24.7　$r = 0.8$

図 24.8　$r = 1$

図 24.9　$r \fallingdotseq 0$

24.4　相関係数に関する注意

相関係数については、取り扱いに注意する必要があります。相関係数は、2変数間の直線的関係の程度を示しています。しかし、これは数学的な解釈であって、2変数間に因果関係があるということではありません。因果関係とは原因と結果を表します。相関関係があることと因果関係があることは同じことではありません。たとえば、じゃがいもの価格とじゃがいもの消費量に関しては、じゃがいもの価格が下落するとじゃがいもの消費量が増えるという因果関係があります。実際、相関もある程度あるでしょう。しかし、靴下の価格と米の需要量の相関係数が -0.95 だとしても、靴下の価格下落が米の需要量を増やすわけではありません。したがって相関係数を扱う場合は、各分野の専門知識を背景とする必要があります。現代ではパソコンで簡単に相関係数を計算できますが、計算された数値を解釈するには統計学の知識だけでは解釈できません。ですから、皆さんはそれぞれの専門分野をよく勉強し、統計学の方法を適用しなければなりません。

24.5　相関係数の計算

相関係数を電卓で計算するときは、次のような表を使うと便利です。いろいろなデータについて、次の表24.2を使って計算してください。ここでは例題を計算しています。

表 24.2　相関係数の計算

標本番号	x_i	y_i	$x_i-\overline{x}$	$y_i-\overline{y}$	$(x_i-\overline{x})^2$	$(y_i-\overline{y})^2$	$(x_i-\overline{x})(y_i-\overline{y})$
1	70	178	2	2	4	4	4
2	56	165	−12	−11	144	121	132
3	70	181	2	5	4	25	10
4	65	176	−3	0	9	0	0
5	55	162	−13	−14	169	196	182
6	62	178	−6	2	36	4	−12
7	74	179	6	3	36	9	18
8	77	172	9	−4	81	16	−36
9	74	190	6	14	36	196	84
10	77	179	9	3	81	9	27
合計	680	1760	0	0	600	580	409

$$\overline{x}=\frac{680}{10}=68 \qquad \overline{y}=\frac{1760}{10}=176$$

$$s_x{}^2=\frac{600}{9}=66.67 \qquad s_y{}^2=\frac{580}{9}=64.44$$

$$s_x=\sqrt{66.67}=8.17 \qquad s_y=\sqrt{64.44}=8.03$$

$$s_{xy}=\frac{409}{9}=45.44 \qquad r=\frac{45.44}{8.17\times 8.03}=0.69$$

24.6　相関係数の検定

データから得られた相関係数 r から、2 変数の間に有意な相関関係があるかどうかを調べるために検定を行います。相関係数の検定には、t 検定を用います。2 変数の間の母相関係数を ρ（ロー）で表します。帰無仮説 H_0 は $\rho = 0$、対立仮説 H_1 は $\rho \neq 0$ として検定を行います。

例題 24.2 A 大学で塩分摂取量と最高血圧との関係を調べたところ、以下の結果が得られた。両者間に有意な相関関係があるか、有意水準 $\alpha = 0.01$ で検定せよ。

被験者番号	1	2	3	4	5	6	7	8	9	10
塩分摂取量 (g/day)	13	7	15	11	9	13	14	12	8	14
最高血圧 (mmHg)	163	128	155	125	120	143	152	147	114	141

○ 分布と検定統計量

検定統計量 t は、

$$t = \frac{r\sqrt{n-2}}{\sqrt{1-r^2}} \tag{24.7}$$

により与えられ、自由度 $\nu = n - 2$ の t 分布に従います。

例題 24.2 では、塩分摂取量と最高血圧の相関係数が $r = 0.819$ より、検定統計量 t は、

$$t = \frac{0.819\sqrt{10-2}}{\sqrt{1-0.819^2}} = 4.037 \tag{24.8}$$

となり、自由度は $\nu = 10 - 2 = 8$ になります。

よって、例題 24.2 の検定は以下のようになります。

手順 1：仮説の設定

$$\begin{aligned} \text{帰無仮説 } H_0 : \rho &= 0 \quad \text{（塩分摂取量と最高血圧に相関関係がない）} \\ \text{対立仮説 } H_1 : \rho &\neq 0 \quad \text{（塩分摂取量と最高血圧に相関関係がある）} \end{aligned}$$

手順 2：検定統計量

検定統計量は $t = 4.037$、自由度は $\nu = 8$ である。

手順 3：有意水準と有意点

有意水準は $\alpha = 0.01$ である。有意点は両側検定なので、t 分布表より $t(0.005, 8) = 3.355$ となる。

棄却域は $t < -3.355$ と $t > 3.355$ となる。

手順 4：判定

検定統計量 $t = 4.037$ は、上側有意点 $t(0.005, 8) = 3.355$ より大きいので、帰無仮説 H_0 は棄却される。

手順 5：結論

塩分摂取量と最高血圧との間に有意な相関関係がみられる。

例題 24.2 では、「有意な相関関係があるか」とあるので両側検定としたが、「正の相関関係があるか」が問題であれば、片側検定もできます。この場合、有意点は $t(0.01, 8) = 2.896$ となります。結果として帰無仮説 H_0 は棄却され、結論は「塩分摂取量と最大血圧との間に有意な正の相関関係がみられる」となります。

24.7　補論：相関係数の式の展開

ここでは相関係数の数学的展開を扱います。

1. 相関係数の式の展開

相関係数は次のように変形することができます。

$$
\begin{aligned}
r &= \frac{\dfrac{1}{n-1}\displaystyle\sum_{i=1}^{n}(x_i-\overline{x})(y_i-\overline{y})}{s_x s_y} = \frac{1}{(n-1)s_x s_y}\sum_{i=1}^{n}(x_i-\overline{x})(y_i-\overline{y}) \\
&= \frac{1}{(n-1)s_x s_y}\sum_{i=1}^{n}(x_i y_i - \overline{x}y_i - \overline{y}x_i - \overline{x}\,\overline{y}) \\
&= \frac{1}{(n-1)s_x s_y}\left(\sum_{i=1}^{n}x_i y_i - \sum_{i=1}^{n}\overline{x}y_i - \sum_{i=1}^{n}\overline{y}x_i + \sum_{i=1}^{n}\overline{x}\,\overline{y}\right) \\
&= \frac{1}{(n-1)s_x s_y}\left(\sum_{i=1}^{n}x_i y_i - \overline{x}\sum_{i=1}^{n}y_i - \overline{y}\sum_{i=1}^{n}x_i + n\,\overline{x}\,\overline{y}\right) \\
&= \frac{1}{(n-1)s_x s_y}\left\{\sum_{i=1}^{n}x_i y_i - \overline{x}\left(n\frac{1}{n}\right)\sum_{i=1}^{n}y_i - \overline{y}\left(n\frac{1}{n}\right)\sum_{i=1}^{n}x_i + n\,\overline{x}\,\overline{y}\right\} \\
&= \frac{1}{(n-1)s_x s_y}\left(\sum_{i=1}^{n}x_i y_i - n\,\overline{x}\,\overline{y} - n\,\overline{x}\,\overline{y} + n\,\overline{x}\,\overline{y}\right) \\
&= \frac{1}{(n-1)s_x s_y}\left(\sum_{i=1}^{n}x_i y_i - n\,\overline{x}\,\overline{y}\right)
\end{aligned}
$$

さらに、

$$
\begin{aligned}
&= \frac{1}{(n-1)s_x s_y}\left\{\sum_{i=1}^{n}x_i y_i - n\left(\frac{1}{n}\sum_{i=1}^{n}x_i\right)\left(\frac{1}{n}\sum_{i=1}^{n}y_i\right)\right\} \\
&= \frac{1}{(n-1)s_x s_y}\left(\sum_{i=1}^{n}x_i y_i - \frac{1}{n}\sum_{i=1}^{n}x_i\sum_{i=1}^{n}y_i\right)
\end{aligned}
$$

となります。したがって、相関係数を最後の式を使っても計算することができます。

2. 相関係数が $-1 \leqq r \leqq 1$ であることの証明

$$
\frac{1}{n-1}\sum_{i=1}^{n}\{(x_i-\overline{x}) - t(y_i-\overline{y})\}^2 = {s_x}^2 - 2t\,s_{xy} + t^2\,{s_y}^2 \geqq 0
$$

から、判別式により、

$$\frac{D}{4} = {s_{xy}}^2 - {s_x}^2 {s_y}^2 \leqq 0 \Leftrightarrow \frac{{s_{xy}}^2}{{s_x}^2 {s_y}^2} \leqq 1 \Leftrightarrow -1 \leqq \frac{s_{xy}}{s_x\, s_y} \leqq 1 \Leftrightarrow -1 \leqq r \leqq 1$$

となります。

3. x と y が完全な直線関係のとき、x と y が $(y_i - \overline{y}) = a(x_i - \overline{x})$ となります。相関係数の式に代入すると、

$$\begin{aligned} r &= \frac{s_{xy}}{s_x\, s_y} \\ &= \frac{1}{n-1} \frac{a\displaystyle\sum_{i=1}^{n}(x_i - \overline{x})^2}{\sqrt{\dfrac{\displaystyle\sum_{i=1}^{n}(x_i - \overline{x})^2}{n-1} \; \dfrac{a^2 \displaystyle\sum_{i=1}^{n}(x_i - \overline{x})^2}{n-1}}} \\ &= \frac{a}{\sqrt{a^2}} \frac{{s_x}^2}{{s_x}^2} = \frac{a}{\sqrt{a^2}} \\ &= \pm 1 \quad \begin{pmatrix} a > 0 \\ a < 0 \end{pmatrix} \end{aligned}$$

となります。

第24章のまとめ

本章では、2つの変数の関係を表す特性値である相関係数について学びました。相関係数は正の相関の程度あるいは負の相関の程度を表す特性値です。−1から1までの値をとります。

相関係数の検定

検定統計量 $t = \dfrac{r\sqrt{n-2}}{\sqrt{1-r^2}}$ は、自由度 $\nu = n - 2$ の t 分布に従います。

練習問題 24

1. 次の標本データについて、散布図を描け。また、相関係数を求めよ。

x	93	100	94	103	100
y	413	501	355	551	497

計算表 3　相関係数の計算

標本番号	x_i	y_i	$x_i - \bar{x}$	$y_i - \bar{y}$	$(x_i - \bar{x})^2$	$(y_i - \bar{y})^2$	$(x_i - \bar{x})(y_i - \bar{y})$
1							
2							
3							
4							
5							
6							
7							
8							
9							
10							
合　計							

2. いま、年間 1 人当たりの牛肉の消費量 (100g) と価格 (円/100g) との関係を調べたところ、以下の結果が得られた。両者間に有意な関係があるか。有意水準 $\alpha = 0.05$ で検定せよ。

牛肉消費量 (100g)	352	336	322	292	268	263	269	273	267	260
牛肉価格 (円/100g)	30	32	32	34	35	36	33	33	32	32

(「家計調査年報」平成 2〜11 年)

第25章　回帰分析の基本

目的

最小2乗法による直線回帰の考え方と、パラメータの求め方を理解する。

いま、ある2つの変数の関係を知りたいとします。このとき、この変数どうしの関係には、2つの場合が考えられます。1つは、相互依存関係がある場合で、もう1つは、因果関係がはっきりしている場合です。

例えば、身長と体重の関係を考えてみましょう。身長の高い人は、一般に、体重も重いです。しかしこれは、身長が高いことが原因で体重が重いという結果になったわけではないし、逆に体重が重いことが原因で身長が高いという結果になったわけでもありません。つまり身長と体重は、相互依存の関係にあるのです。

今度は、家計の収入と消費支出の関係を考えてみましょう。この場合、支出が収入を決めることはありません。明らかに収入が消費支出を決めるという、因果関係がはっきりしています。

さて、これら2つの関係を示すには、どうすればよいでしょうか。身長と体重のような、因果関係のはっきりしない場合は相関係数を用いることができるでしょう。では、家計の消費支出と収入のような、因果関係がはっきりしている場合はどうでしょうか。このような場合に用いるのが回帰分析です。

25.1　回帰分析の理論

表25.1は家計の収入と消費支出の関係を示したものです。先に述べましたように、収入は消費支出を決定します。収入のように決定する要因の変数を**独立変数**(または説明変数)、消費支

(単位：万円)

収入	支出
39.3	26.7
43.0	27.2
47.1	30.0
49.5	31.8
52.1	33.8
56.1	35.3
62.1	37.4
64.5	38.6
77.3	45.2
91.4	49.5
119.4	56.7

表25.1　収入と支出の関係

注：値は、年間収入階級別1世帯当たり年平均1ヶ月間の支出(勤労者世帯)である

資料：家計調査年報(平成15年)より作成

出のように決定される要因の変数を**従属変数**（または被説明変数）といいます。いま、独立変数を x、従属変数を y とすると、両者の関係は、次のように示されます。

$$y = F(x)$$

ここでは x が収入、y が消費支出を示します。x と y とが規則的な関係を示す場合には、1 次関数、2 次関数、指数関数といった具体的な関数形として示すことができます。このような変量 x と y の因果関係を、ある関数を当てはめることで明らかにすることを**回帰分析**といいます。

図 25.1 は、表 25.1 を用いて作成した散布図です。この散布図をみてどう考えますか。一見すると、直線に近い関係に点が並んでいます。もし、消費支出と収入が直線の関係にあるなら、

$$y = a + bx$$

と示すことができます。散布図をみるかぎり、消費支出と収入は、完全な直線の関係ではありませんが、おおむね、直線の式で表せるのではないでしょうか。このように、変数間の直線の関係、すなわちパラメータ、a、b を回帰分析で求めることを**直線回帰**といいます。

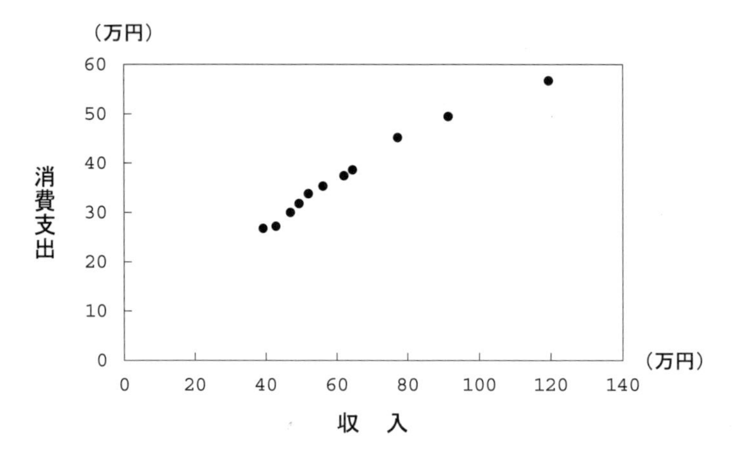

図 25.1　実収入と消費支出の関係

それでは、消費支出と収入の関係を直線の式でもっともよく表す、すなわち「もっともあてはまりのよい」直線を求めるにはどうすればよいでしょうか。実際に観察された値（実測値）が、直線上にのらず、多少のばらつきがあるわけですから、このばらつきができるだけ小さくなるような直線を求めればよいのです。このような考え方に基づいた、もっともあてはまりのよい直線を求める方法として**最小 2 乗法**があります。では、最小 2 乗法による直線のあてはめについてみてみましょう。

25.2　最小 2 乗法によるパラメータの推定

いま、あてはめようとする式、すなわち推計する直線の式は、以下のようになります。

$$\hat{y} = \hat{a} + \hat{b}x \tag{25.1}$$

$\hat{a}$、$\hat{b}$ は a、b の推定値 (量)、あるいは最小 2 乗推定値 (量) といいます。

$\hat{y}$ は x の実測値に対応した y の推定値 (量) です。すなわち回帰分析により求めた推定回帰直線上の値になります。回帰分析により求める値は、$\hat{a}$、$\hat{b}$ になります。最小 2 乗法による $\hat{a}$、$\hat{b}$ の値は、次の式で求めることができます。

$$\hat{b} = \frac{n\sum_{i=1}^{n} x_i y_i - \sum_{i=1}^{n} x_i \sum_{i=1}^{n} y_i}{n\sum_{i=1}^{n} {x_i}^2 - \left(\sum_{i=1}^{n} x_i\right)^2} \tag{25.2}$$

$$= \frac{\sum_{i=1}^{n}(x_i - \overline{x})(y_i - \overline{y})}{\sum_{i=1}^{n}(x_i - \overline{x})^2} \tag{25.3}$$

$$= \frac{x \text{ と } y \text{ の共分散}}{x \text{ の分散}} \tag{25.4}$$

$$\hat{a} = \frac{\sum_{i=1}^{n} {x_i}^2 \sum_{i=1}^{n} y_i - \sum_{i=1}^{n} x_i \sum_{i=1}^{n} x_i y_i}{n\sum_{i=1}^{n} {x_i}^2 - \left(\sum_{i=1}^{n} x_i\right)^2} \tag{25.5}$$

$$= \overline{y} - \hat{b}\,\overline{x} \tag{25.6}$$

ここで $\overline{x}$、$\overline{y}$ は、実測値 y、x の平均値を示します。

以上の式を使えば、最小 2 乗推定値 $\hat{a}$、$\hat{b}$ を求めることができます。以下で、最小 2 乗法の基本的な考え方と、以上の式の導き方を説明します。

図 25.2 は、最小 2 乗法により求めた直線、すなわち推定値と実測値の関係を示したものです。図からわかるように実測値は、必ずしもあてはめられた直線上にありません。これは実測

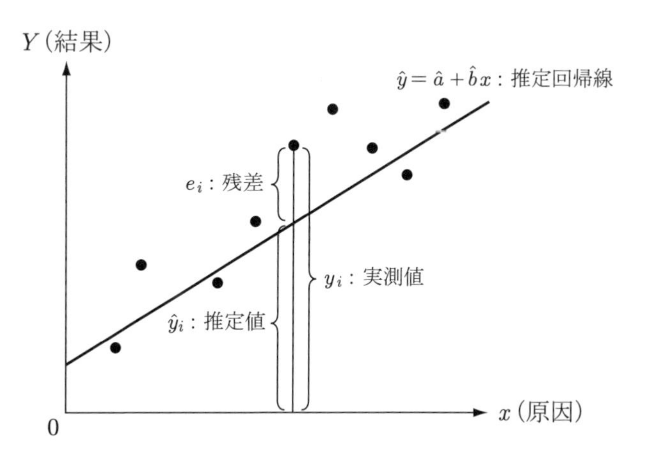

図 25.2　実測値と推定値、残差の関係

値と推定値が必ずしも一致しないことを示します。この実測値と推定値の差を**残差**とよびます。最小 2 乗法では、この残差の 2 乗の総和（「残差平方和」）

$$\sum_{i=1}^{n} e_i^2 = \sum_{i=1}^{n}(y_i - \hat{y})^2 = \sum_{i=1}^{n}(y_i - \hat{a} - \hat{b}x_i)^2 \tag{25.7}$$

が最小になる $\hat{a}$、$\hat{b}$ の値を求めます。具体的には、以下のように、$\hat{a}$ と $\hat{b}$ で偏微分して得られる偏導関数が 0 のときの $\hat{a}$、$\hat{b}$ の値となります。

$$\frac{\partial}{\partial \hat{a}} \sum_{i=1}^{n} {e_i}^2 = -2\sum_{i=1}^{n}(y_i - \hat{a} - \hat{b}x_i) = 0 \tag{25.8}$$

$$\frac{\partial}{\partial \hat{b}} \sum_{i=1}^{n} {e_i}^2 = -2\sum_{i=1}^{n} x_i(y_i - \hat{a} - \hat{b}x_i) = 0 \tag{25.9}$$

これを整理すると

$$\sum_{i=1}^{n} y_i = n\hat{a} + \hat{b}\sum_{i=1}^{n} x_i \tag{25.10}$$

$$\sum_{i=1}^{n} x_i\, y_i = \hat{a}\sum_{i=1}^{n} x_i + \hat{b}\sum_{i=1}^{n} {x_i}^2 \tag{25.11}$$

となります。この連立方程式は正規方程式とよばれ、これらを連立して $\hat{a}$、$\hat{b}$ について解くと、先の式 (25.2)、式 (25.5) を求めることができます。

例題 25.1　表 25.1 の収入を x、支出を y として、最小 2 乗法により $\hat{a}$、$\hat{b}$ を求めよ。

〔解説〕

先の式 (25.2)、式 (25.5) を用いればよいですから、必要な値を計算しておきましょう。表 25.2 にまとめてみました。

これより

$$\hat{a} = \frac{\sum_{i=1}^{n} {x_i}^2 \sum_{i=1}^{n} y_i - \sum_{i=1}^{n} x_i \sum_{i=1}^{n} x_i y_i}{n\sum_{i=1}^{n} {x_i}^2 - \left(\sum_{i=1}^{n} x_i\right)^2} = \frac{50526.0 \times 412.2 - 701.8 \times 28547.8}{11 \times 50526.0 - 701.8^2} = 12.52$$

$$\hat{b} = \frac{n\sum_{i=1}^{n} x_i y_i - \sum_{i=1}^{n} x_i \sum_{i=1}^{n} y_i}{n\sum_{i=1}^{n} {x_i}^2 - \left(\sum_{i=1}^{n} x_i\right)^2} = \frac{11 \times 28547.8 - 701.8 \times 412.2}{11 \times 50526.0 - 701.8^2} = 0.39$$

となります。

表 25.2 最小 2 乗法による直線回帰の計算

	収入 x	消費支出 y	xy	x^2	y^2
	39.3	26.7	1049.3	1544.5	712.9
	43.0	27.2	1169.6	1849.0	739.8
	47.1	30.0	1413.0	2218.4	900.0
	49.5	31.8	1574.1	2450.3	1011.2
	52.1	33.8	1761.0	2714.4	1142.4
	56.1	35.3	1980.3	3147.2	1246.1
	62.1	37.4	2322.5	3856.4	1398.8
	64.5	38.6	2489.7	4160.3	1490.0
	77.3	45.2	3494.0	5975.3	2043.0
	91.4	49.5	4524.3	8354.0	2450.3
	119.4	56.7	6770.0	14256.4	3214.9
合計	701.8	412.2	28547.8	50526.0	16349.4
平均	63.8	37.5			

25.3 回帰直線の当てはまりの指標

以上のようにして最小 2 乗法による回帰直線を求めることができました。その考え方の基本は、残差平方和を最小にするということでした。もう一度、図 25.2 をみてください。残差は $e_i = y_i - \hat{y}_i$ で示されます。このうち $\hat{y}$ は、最小 2 乗法で求めた直線により表されます。つまり、求めた回帰直線により説明することのできる部分です。このことから、実測値 y_i は、回帰直線により説明される $\hat{y}$ と残差 e_i を合わせたものにより説明されることがわかります。このような考え方をすべての実測値について用いると、次のような関係が成立します。

$$\sum_{i=1}^{n}(y_i - \overline{y})^2 = \sum_{i=1}^{n}(\hat{y}_i - \overline{y})^2 + \sum_{i=1}^{n}(y_i - \hat{y}_i)^2 \tag{25.12}$$

$$\text{ここで} \quad \sum_{i=1}^{n}{e_i}^2 = \sum_{i=1}^{n}(y_i - \hat{y}_i)^2$$

左辺を y_i の全変動、右辺の第 1 項を回帰によって説明される変動(回帰平方和)とよびます。右辺の第 2 項は残差平方和です。

最小 2 乗法により回帰直線を求める目的は、x と y の因果関係を求めることにあります。ですから、式 (25.12) でいえば、回帰によって説明される変動が大きい方がよいわけです。この大きさを示すために、y_i の全変動のうち回帰によって説明される変動がどれくらいの割合を占めるのかを指標で表します。このような指標を決定係数とよび、R^2 で表します。すなわち

$$R^2 = \frac{\text{回帰によって説明される変動 (回帰平方和)}}{y\text{ の全変動}} = \frac{\displaystyle\sum_{i=1}^{n}(\hat{y}_i - \overline{y})^2}{\displaystyle\sum_{i=1}^{n}(y_i - \overline{y})^2} \tag{25.13}$$

となります。別な表現をすると

$$R^2 = 1 - \frac{\text{回帰によって説明できない変動（残差平方和）}}{y\text{の全変動}} = 1 - \frac{\displaystyle\sum_{i=1}^{n} {e_i}^2}{\displaystyle\sum_{i=1}^{n} (y_i - \overline{y})^2} \tag{25.14}$$

となります。実際の決定係数の計算には、以下のどちらかの式を用いるのが便利です。

$$R^2 = \frac{\hat{b}^2 \displaystyle\sum_{i=1}^{n} (x_i - \overline{x})^2}{\displaystyle\sum_{i=1}^{n} (y_i - \overline{y})^2} \tag{25.15}$$

$$= \frac{\left\{\displaystyle\sum_{i=1}^{n} (x_i - \overline{x})(y_i - \overline{y})\right\}^2}{\displaystyle\sum_{i=1}^{n} (x_i - \overline{x})^2 \sum_{i=1}^{n} (y_i - \overline{y})^2} \tag{25.16}$$

決定係数はその定義からわかるように、y の全変動に対する回帰によって説明できる変動の割合です。例えば $R^2 = 0.95$ は y の変動のうち 95% が説明されることを示します。

以上のように、決定係数は、直線回帰を行った場合の直線の説明力の大きさを示します。しかし、決定係数には以下の問題点があります。

(1) 因果関係を明らかにするものではない。
決定係数は説明力の大きさを示す尺度と述べましたが、その考え方は、残差が小さい、すなわち直線のあてはまりの良し悪しを示しているにすぎません。つまり因果関係を示すものではないのです。

(2) 決定係数は、説明変数と被説明変数が線形（直線）の関係にあるかどうかを測る尺度にすぎない。
もし、説明変数と被説明変数が 2 次関数の関係にあるような場合は、決定係数による尺度を適用することはできません。例えば x と y が 2 次関数の関係にある場合、決定係数は小さくなります。しかし x と y には因果関係があるのです。つまり決定係数が低いからといって、x と y が無関係であるとはいえないのです。

(3) 説明変数の数を多くすると決定係数は大きくなる。
仮に、いま、観測値が (x_1, y_1)、(x_2, y_2) しかない場合、

$$\sum_{i=1}^{n} {e_i}^2 = \sum_{i=1}^{n} (y_i - \hat{y})^2 = 0$$

となり、式 (25.14) から $R^2 = 1$、すなわち 100% が説明されることになります。これは、自由度（サンプルの数 − 説明変数の数 −1）が小さくなることによります。自由度が小さくなるのは、説明変数の数を増やして、サンプルの数に近づけたときです。このことは、説明変数の数を増やして、サンプル数に近づけると決定係数が大きくなることを意味し

ています。しかし、本書では説明変数が2つ以上の重回帰は扱いません。

決定係数は、以上のような欠点を持つことに注意が必要です。

例題 25.2 表25.1の値を用いて決定係数を求めなさい。

式(25.15)を用いればよいですから、必要な値を計算しておきましょう。表25.3にまとめてみました。

表 25.3　決定係数の計算

	収入 x	消費支出 y	$x-\overline{x}$	$y-\overline{y}$	$(x-\overline{x})^2$	$(y-\overline{y})^2$	$(x-\overline{x})(y-\overline{y})$
	39.30	26.70	−24.50	−10.77	600.25	116.05	263.93
	43.00	27.20	−20.80	−10.27	432.64	105.53	213.67
	47.10	30.00	−16.70	−7.47	278.89	55.84	124.79
	49.50	31.80	−14.30	−5.67	204.49	32.18	81.12
	52.10	33.80	−11.70	−3.67	136.89	13.49	42.97
	56.10	35.30	−7.70	−2.17	59.29	4.72	16.73
	62.10	37.40	−1.70	−0.07	2.89	0.01	0.12
	64.50	38.60	0.70	1.13	0.49	1.27	0.79
	77.30	45.20	13.50	7.73	182.25	59.71	104.32
	91.40	49.50	27.60	12.03	761.76	144.66	331.95
	119.40	56.70	55.60	19.23	3091.36	369.69	1069.04
合計	701.80	412.20	0.00	0.00	5751.20	903.14	2249.44
平均	63.80	37.47					

これより

$$R^2 = \frac{\hat{b}^2 \sum_{i=1}^{n}(x_i-\overline{x})^2}{\sum_{i=1}^{n}(y_i-\overline{y})^2} = \frac{0.39^2 \times 5751.20}{903.14} = 0.97$$

$$= \frac{\left\{\sum_{i=1}^{n}(x_i-\overline{x})(y_i-\overline{y})\right\}^2}{\sum_{i=1}^{n}(x_i-\overline{x})^2 \sum_{i=1}^{n}(y_i-\overline{y})^2} = \frac{2249.44^2}{5751.20 \times 903.14} = 0.97$$

第25章のまとめ

本章では、回帰分析、なかでも直線回帰を行う場合に用いられる最小2乗法について、基本的な考え方を学んできました。それは、残差平方和を最小にするというものでした。また、求めた回帰直線がどのくらいあてはまりがよいかを示す指標として決定係数を示しました。

次の章では、もう少し踏み込んで、パラメータの検定について学習します。

計算表 4　回帰係数の計算

標本番号	y_i	x_i	$y_i - \overline{y}$	$x_i - \overline{x}$	$(y_i - \overline{y})^2$	$(x_i - \overline{x})^2$	$(x_i - \overline{x})(y_i - \overline{y})$	$\hat{y}_i$	$y_i - \hat{y}_i$	$(y_i - \hat{y}_i)^2$
1										
2										
3										
4										
5										
6										
7										
8										
9										
10										
合　計										

第26章　回帰分析における係数の検定

目的

最小2乗法により求めたパラメータの仮説検定について理解する。

26.1　$\hat{a}$、$\hat{b}$ の分布

前章では、最小2乗法による回帰直線の求め方と、求めた回帰直線の説明力について述べてきました。回帰直線の利用法はこれだけではありません。推計された回帰直線は、観測された標本による推計です。これに対して、標本が抽出された母集団それ自体にも一定の回帰関係があることが想定されます。すなわち、観測された標本からの回帰直線を、母集団での回帰関係の推計に用いることができるのです。また過去からのデータに基づいて回帰関係の推計を行った場合、それを用いて将来予測を行うことができます。過去の値、あるいは予測しようとする将来も観念的には母集団から抽出した観測可能な標本だからです。

いま、(x_i, Y_i) の関係は

$$Y_i = a + bx_i + u_i \tag{26.1}$$

と書くことができます。ここで、u_i は説明変数 x_i 以外に Y_i に影響を与える要因で、誤差項とよばれます。a、b は母回帰係数とよばれます。u_i は不規則に変化する確率変数です。これは、x が確定している一方、Y は誤差項の影響を受け、確率変数になることを示します。

どうして Y が確率的に変動するのでしょうか。理由は2つあります。1つは測定誤差です。例えば消費支出と収入との関係であれば、消費支出、収入の報告間違い、記入漏れなどが考えられます。もう1つは、偶然誤差です。生物現象や社会現象においては、たとえ測定誤差がなくとも誤差が生じます。これは、完全な制御実験ができないことから生じます。例えば、全く同じ作物に対して肥料を何度か与えたとすると、そのたびごとに収量に違いが生じるでしょう。さまざまな要因を制御して誤差を小さくすることはできるでしょうが、完全に制御することは不可能です。また社会現象においては、制御された実験すら通常は不可能です。このようなすべての誤差を u_i とします。Y_i は確定した x_i と確率変数 u_i とからなります。結果として Y_i は確率変数となるのです。

最小2乗法では、誤差項 u に以下のような仮定をおきます。

$E(u_i) = 0 \quad (i = 1, 2, \cdots, n)$ ：期待値 $= 0$

$E({u_i}^2) = {\sigma_u}^2 \quad (i = 1, 2, \cdots, n)$：分散一定

$E(u_i u_j) = 0 \quad i \neq j$：異なった誤差項どうしは無相関（共分散0）

$E(x_i u_i) = x_i E(u_i) = 0$：$x$ と誤差項は無相関。すなわち x は確率変数ではない

$u_i \sim N(0, {\sigma_u}^2)$ ：誤差項は平均 0、期待値 ${\sigma_u}^2$ の正規分布に従う

以上の条件のもとでは、Y_i の期待値は

$$E(Y_i|x_i) = \hat{a} + \hat{b}\,x_i \tag{26.2}$$

となります。図 26.1 は上記の仮定を図式化したものです。

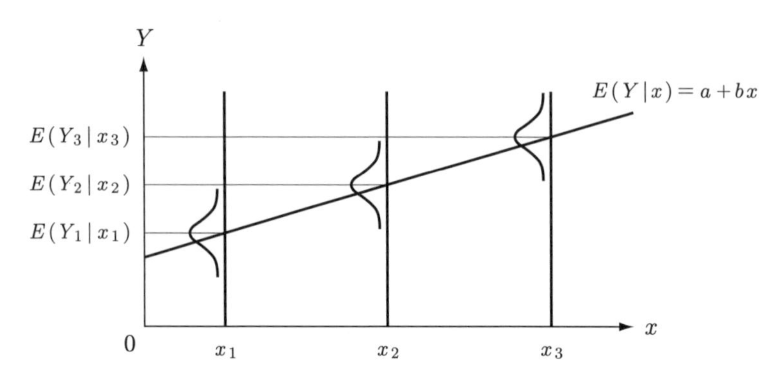

図 26.1　母集団回帰直線

$E(Y|x) = a + bx$ は、真の母集団回帰直線を示します。それぞれの x_i ごとに $E(Y_i|x_i)$ を中心として、誤差項が正規分布に従うことがわかります。また、誤差の分散が一定であることから、正規分布はすべて同一の形です。

最小 2 乗法により推計した回帰直線は、先に述べたように標本観察によるものですから、母集団の回帰直線とは必ずしも一致しません。図 26.2 にあるように、標本回帰直線は母集団回帰直線に対して標本誤差を伴うのです。母集団回帰の推定としての標本回帰の信頼度は、この標本誤差の大きさによって決まります。

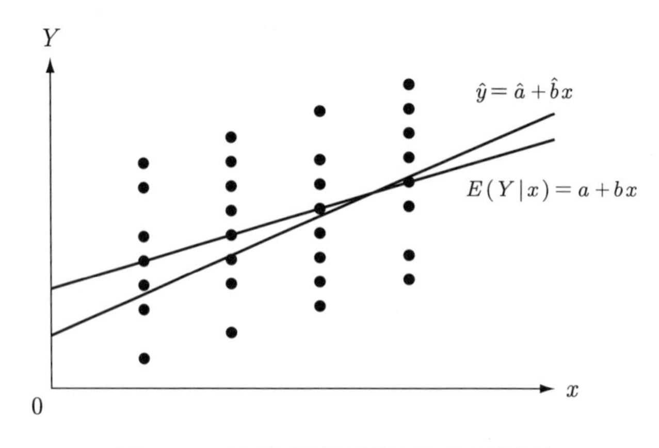

図 26.2　母集団回帰直線と標本回帰直線

まず、母分散の不偏推定値を求めます。

$$s_u{}^2 = \frac{\sum_{i=1}^{n} \hat{u}_i{}^2}{n-2} = \frac{\text{残差平方和}}{\text{サンプルの数} - \text{説明変数の数} - 1} \tag{26.3}$$
$$\hat{u}_i{}^2 = e_i{}^2 = (y_i - \hat{y}_i)^2$$

すると、$\hat{a}$、$\hat{b}$ の分散の不偏推定量は

$$s_{\hat{a}}{}^2 = \frac{s_u{}^2 \sum_{i=1}^{n} x_i{}^2}{n \sum_{i=1}^{n} (x_i - \overline{x})^2} \tag{26.4}$$

$$s_{\hat{b}}{}^2 = \frac{s_u{}^2}{\sum_{i=1}^{n} (x_i - \overline{x})^2} \tag{26.5}$$

となります。これらから $\hat{a}$、$\hat{b}$ の標準誤差（標準偏差の推定量）を求めることができます。これらを用いると式 (26.4) は、以下のように自由度 $n-2$ の t 分布に従います。

$$t_{\hat{a}} = \frac{\hat{a} - a}{s_{\hat{a}}} \tag{26.6}$$

$$t_{\hat{b}} = \frac{\hat{b} - b}{s_{\hat{b}}} \tag{26.7}$$

26.2　パラメータの仮説検定

これまで最小 2 乗法による回帰直線のパラメータを求める方法、その説明力の尺度、パラメータの性質について述べてきました。いずれにせよ Y と x の因果関係を考えてきたわけです。Y と x の因果関係が成り立つためには、$b \neq 0$ でなければなりません。しかし、これを統計的に確かめたわけではありません。では、統計的に確かめるにはどうすればよいのでしょうか。これには第 15 章から第 22 章にかけて学んだ統計的仮説検定法、なかでも t 検定が用いられます。

b を例に仮説検定の仕方を示しましょう（a の場合も同様です）。まず帰無仮説は

$$H_0 \ : \ b = 0$$

となります。これに対して対立仮説は

$$H_1 \ : \ b = 0 \text{（両側検定）、または } b > 0 \text{（右片側検定）、 または } b < 0 \text{（左片側検定）}$$

となります。どれを対立仮説とするかは、検定の目的、理論、事前の情報等により決定されます。

いま、両側検定を例とします。求めた回帰直線のパラメータが 0 と有意差があるかどうかの仮説検定を行う場合、式 (26.7) から

$$t_{\hat{b}} = \frac{\hat{b} - 0}{s_{\hat{b}}} \tag{26.8}$$

を計算します (実際は、分子の 0 は省略されますが、説明のために残します)。次に棄却域を決定する有意水準を選択します。一般的な有意水準としては 5%、1% が選択されます。

いま、仮に有意水準を α としましょう。もし推計される $t_{\hat{b}}$ 値が棄却域に入っているならば $b = 0$ という帰無仮説を有意水準 α で棄却します。もし $t_{\hat{b}}$ 値が棄却域に入っていないならば、$b = 0$ という帰無仮説を有意水準 α で棄却しません。以上の仮説検定の関係は、図 26.3 のように表されます。

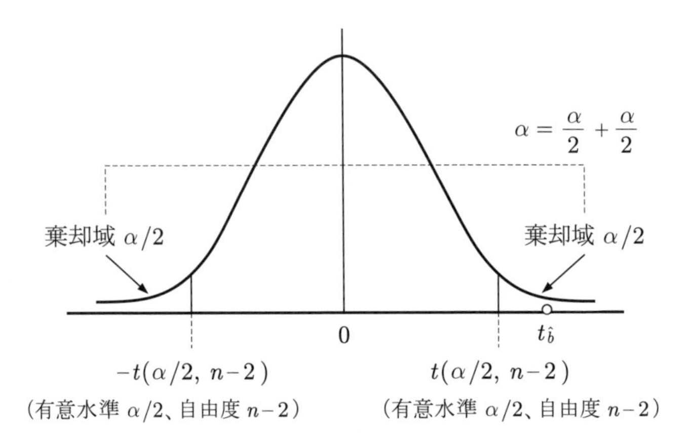

図 26.3　t 検定の例

例題を解いて、もう少し具体的に説明しましょう。

例題 26.1　第 25 章で求めたパラメータが 0 と有意差があるかどうか、5% 有意水準で両側検定しなさい。

〔解説〕

まずそれぞれの t 値を求めてみましょう。式 (26.8) の 0 を省略すると

$$t_{\hat{b}} = \frac{\hat{b}}{s_{\hat{b}}} \text{ 、すなわち } t_{\hat{b}} = \frac{\text{回帰係数の推定値}}{\text{回帰係数の標準誤差}} \tag{26.9}$$

となります。それでは t 値を求めるための値を順番に求めていきましょう。

Step1：誤差分散 ${s_u}^2$ (残差の不偏分散) の推定

$${s_u}^2 = \frac{\displaystyle\sum_{i=1}^{n} {\hat{u}_i}^2}{n-2} = \frac{\text{残差平方和}}{\text{自由度(サンプルの数 − 説明変数の数 −1)}} = \frac{23.3}{11-2} = 2.59$$

Step2：$\hat{a}$、$\hat{b}$ の分散 ${s_a}^2$、${s_b}^2$ の推定

$$
{s_{\hat{a}}}^2 = \frac{{s_u}^2 \sum_{i=1}^{n} {x_i}^2}{n \sum_{i=1}^{n} (x_i - \overline{x})^2} = \frac{{s_u}^2 \sum_{i=1}^{n} {x_i}^2}{n \left(\sum_{i=1}^{n} {x_i}^2 - n\overline{x}^2 \right)} = \frac{2.59 \times 50526.0}{11(50526.0 - 11 \times 4070.44)} = 2.0736
$$

$$
{s_{\hat{b}}}^2 = \frac{{s_u}^2}{\sum_{i=1}^{n} (x_i - \overline{x})^2} = \frac{{s_u}^2}{\sum_{i=1}^{n} {x_i}^2 - n\,\overline{x}^2} = \frac{2.59}{50526.0 - 11 \times 4070.44} = 0.0004
$$

Step3：$\hat{a}$、$\hat{b}$ の標準誤差 s_a、s_b の推定

$$
s_{\hat{a}} = \sqrt{2.0736} = 1.44
$$

$$
s_{\hat{b}} = \sqrt{0.0004} = 0.02
$$

Step4：t 値の計算

$$
t_{\hat{a}} = \frac{\hat{a}}{s_{\hat{a}}} = \frac{\text{回帰係数の推定値}}{\text{回帰係数の推定誤差}} = \frac{12.52}{1.44} = 8.70
$$

$$
t_{\hat{b}} = \frac{\hat{b}}{s_{\hat{b}}} = \frac{\text{回帰係数の推定値}}{\text{回帰係数の推定誤差}} = \frac{0.39}{0.02} = 19.50
$$

Step5：仮説検定

	帰無仮説	対立仮説
a について	$H_0 : a = 0$	$H_1 : a \neq 0$
b について	$H_0 : b = 0$	$H_1 : b \neq 0$

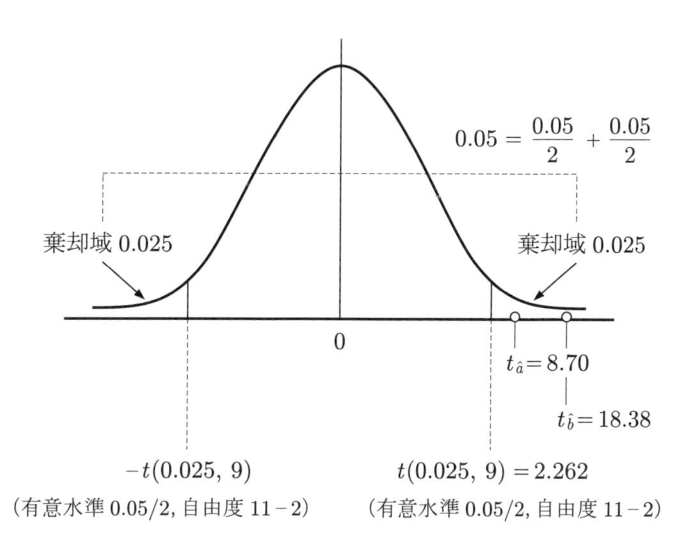

図 26.4　t 検定（両側検定）の例

このような帰無仮説にもとづき仮説検定を行います。図 26.4 に示すように、自由度 9、有意水準 5%、両側検定の場合の t 値は、t 分布表 (巻末参照) より 2.262 になります。これと Step4 で求めた値より、a、b ともに 0 であるという帰無仮説は棄却されます。

以上が、最小 2 乗法により求めた回帰直線のパラメータの仮説検定の方法になります。上記では、両側検定の方法を示しましたが、理論や経験から、明らかに正の値、もしくは負の値しか取らないことがわかる場合があります。その場合は片側検定を行えばよい、ということになります。例えば、a、b が明らかに正となる場合を考えましょう。

	帰無仮説	対立仮説
a について	$H_0 : a = 0$	$H_1 : a > 0$
b について	$H_0 : b = 0$	$H_1 : b > 0$

このような帰無仮説にもとづき片側検定を行う場合は、図 26.5 のようになります。図からわかるように、片側検定でも a、b ともに 0 となるという帰無仮説は棄却されます。

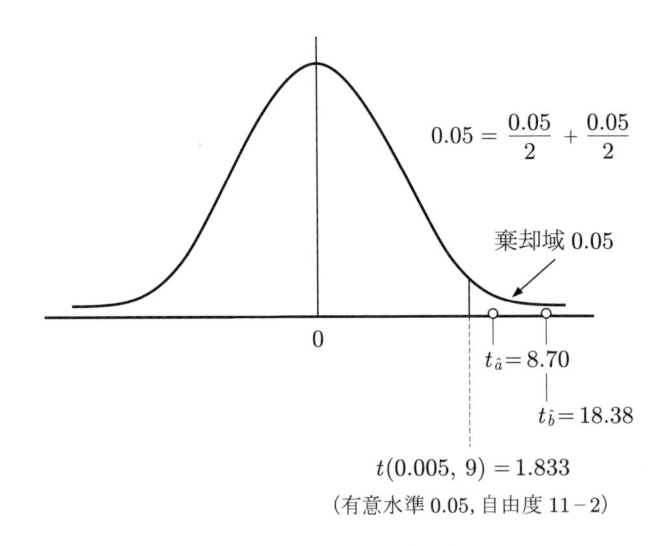

図 26.5　t 検定 (片側検定) の例

第 26 章のまとめ

本章では、回帰分析により求めたパラメータの仮説検定について学びました。回帰分析は標本回帰ですから、仮説検定の考え方は、第 15 章から第 22 章にかけて学んだ考え方が適用できます。誤差項が正規分布すると仮定する結果、パラメータも正規分布すると考えられますが、その分散は通常既知ではないので t 分布を用いた t 検定を行うことになります。これにより推計したパラメータが、0 と有意差があるかどうか検定することになります。

練習問題 25・26

1. 最小 2 乗法により求めた回帰直線が、必ず実測値の平均を通ることを確かめよ。

2. 決定係数が相関係数の 2 乗に一致することを確かめよ。

3. 表 26.1 は北海道の食料消費支出額と総支出額の関係を示したものである。これを用いて、次の問いに答えよ。

表 26.1　北海道における食料消費支出額の関係

（単位：千円）

食料消費支出	総支出
33.0	302.8
52.5	529.8
48.1	506.7
44.6	525.6
52.1	634.8
60.6	674.3
58.5	761.3
59.4	701.0
72.4	887.8
69.2	936.8
62.5	974.0
65.6	1114.4
71.3	991.4
75.5	1192.5
77.1	1284.2
93.2	1242.3
82.8	1747.3
101.1	2041.9

注：値は、年間収入階級別 1 世帯当たり年平均 1 ヶ月間の支出（勤労者世帯）である

資料：家計調査年報（平成 15 年）より作成

表 26.2　賃金変化率と失業率の関係

（単位：%）

年	賃金変化率	失業率
1977	9.6	2.0
1978	6.5	2.2
1979	5.5	2.1
1980	6.6	2.0
1981	6.4	2.2
1982	5.0	2.4
1983	3.2	2.7
1984	3.6	2.7
1985	3.5	2.6
1986	3.2	2.8
1987	2.5	2.9
1988	2.5	2.5
1989	4.3	2.3
1990	5.3	2.1
1991	4.6	2.1
1992	3.3	2.2
1993	2.1	2.5
1994	2.6	2.9
1995	1.0	3.2
1996	1.5	3.4
1997	1.1	3.4
1998	0.1	4.1
1999	0.5	4.7
2000	0.5	4.7
2001	1.2	5.0
2002	−1.0	5.4
2003	−0.2	5.3

資料：「毎月勤労統計」、「労働力調査」より作成

(1) 食料消費支出額を Y、総支出額を x として、最小 2 乗法により以下の回帰直線を求めよ。また、決定係数を求め、パラメータの検定も行え。

$$Y = a + bx$$

(2) 以下の式を、最小 2 乗法により求めよ。(1) 同様、決定係数を求め、パラメータの検定も行え。

$$Y = a\,x^{b}$$

4. 表 26.2 は、日本の賃金変化率と失業率の関係を示したものである。経済学には、フィリップス曲線とよばれる、賃金変化率と失業率に関する理論がある。フィリップス曲線に関する次の問いに答えよ。

(1) フィリップス曲線は、賃金変化率を縦軸に、失業率を横軸にとった散布図である。表の値を用いてフィリップス曲線を描け。

(2) フィリップス曲線は、一般に次のような式で表される。

$$\dot{w} = a + b\frac{1}{U} \qquad (\dot{w} : \text{賃金変化率、} U : \text{失業率})$$

フィリップス曲線を最小 2 乗法で推計せよ。問題 3 同様、決定係数を求め、パラメータの検定も行え。

練習問題の解答

練習問題 1

省略

練習問題 2

省略

練習問題 3

1. (1) 296　(2) (a) 46　(b) 1698　(3) 150　(4) 90

2. 省略

練習問題 4

1. 平均 182.1　分散 48.54　標準偏差 6.97　変動係数 0.038

2. 標本データ $\{6, 10, 17\}$　平均 11　分散 31　標準偏差 5.57　変動係数 0.51
標本データ $\{6, 10, 101\}$　平均 39　分散 2887　標準偏差 53.73　変動係数 1.38

3. 平均は 10 点増加し、分散は変化しない。

練習問題 5

1. (1) 720　(2) 3628800　(3) 30　(4) 15　(5) 15　(6) 1　(7) 1

2. (a) $\frac{{}_4P_2}{{}_5P_3} = \frac{1}{5}$　(b) $1 - \frac{1}{{}_5C_2} = \frac{9}{10}$

3. (a) と (c)

4. (a) $\frac{1}{18}$　(b) $\frac{1}{36} + \frac{2}{36} = \frac{1}{12}$　(c) $\frac{1}{6}$　(d) $1 - \frac{6}{36} = \frac{5}{6}$

5. (a) $\left(\frac{1}{2}\right)^3 = \frac{1}{8}$　(b) $\frac{1}{5} \times \frac{1}{3} = \frac{1}{15}$

6.

X	2	3	4	5	6	7	8	9	10	11	12	計
確率	$\frac{1}{36}$	$\frac{2}{36}$	$\frac{3}{36}$	$\frac{4}{36}$	$\frac{5}{36}$	$\frac{6}{36}$	$\frac{5}{36}$	$\frac{4}{36}$	$\frac{3}{36}$	$\frac{2}{36}$	$\frac{1}{36}$	1

練習問題 6

1.

X	0	1	2	3	4	計
確率	$\left(\frac{5}{6}\right)^4$	$4\left(\frac{1}{6}\right)\left(\frac{5}{6}\right)^3$	$6\left(\frac{1}{6}\right)^2\left(\frac{5}{6}\right)^2$	$4\left(\frac{1}{6}\right)^3\left(\frac{5}{6}\right)$	$\left(\frac{1}{6}\right)^4$	1

2. 省略

練習問題 7

1. (1) 150　(2) 86.6 円

2. (1) 3.5　(2) 1.71

3. (1) $E\left((X-a)^2\right) = Var(X) + (a-\mu)^2$　$\therefore\ a = \mu$ のとき最少

4. (1) $\frac{1}{10}$ (2) 3 (3) 1

5. 欠席者が $P_0(2)$ に従うとする。 $\therefore\ P(X=4)=0.09024$

練習問題 8

1. (1) $c=\frac{3}{4}$ (2) $E(X)=1$、$Var(X)=\frac{1}{5}$ (3) $F(x)=-\frac{1}{4}x^3+\frac{3}{4}x^2$

2. (1) $\frac{1}{9}$ (2) $\frac{5}{9}$

3. $$F(x)=\begin{cases} 1 & (a<x) \\ \frac{1}{2a}(x+a) & (-a \leqq x \leqq a) \\ 0 & (x<-a) \end{cases}$$

4. (1) 0.8907 (2) 0.2005 (3) 0.9808 (4) 0.2502 (5) 0.7973

5. 73 点以上

6. $Y=\frac{2}{3}X+10$

7. (1) 136 人 (2) 162.9cm

練習問題 9

1. (1) 2.776 (2) 4.604

2. (1) 0.990 (2) 0.950

練習問題 10

1. (1) 0.025 (2) 0.985

2. (1) $a=13.277$ (2) $b=0.711$ (3) $c=0.297$

3. X は自由度 7 の χ^2 分布に従う。 $\therefore$ 0.025

4. (1) $F(0.050,8,10)=3.072$ (2) $F(0.950,8,10)=\dfrac{1}{F(0.050,10,8)}=0.299$

練習問題 11

1. 標本平均 77.4 標本標準偏差 14.71

練習問題 12

1. 標本平均 29 95%信頼区間 [23.42, 34.58]

2. 99%信頼区間 [233.71, 266.29]

3. 99%信頼区間 [63.97, 66.03]

4. 標本平均 455.4 95%信頼区間 [449.2, 461.6]

5. 99%信頼区間 [112.6, 117.4]

練習問題 13

1. 95%信頼区間 [22.8, 35.2]

2. 95%信頼区間 [72.2, 88.6]

3. 95%信頼区間 [3.6, 5.4]

4. 90%信頼区間 [478.8, 517.2]

よって昨年のこの地域の単収 485kg/10a は、この区間に入るため統計的に有意な単収ではない。したがって、昨年と今年の単収には有意な変化はみられなかった。

5. 99%信頼区間 [235.3, 264.7]

6. 95%信頼区間 [−2.2, 5.6]

練習問題 14

1. 48 個以上

2. 34 個以上

3. 189 個以上

4. 97 人以上

練習問題 15

1. 手順 1：仮説の設定　$H_0{:}\mu = 6800$

$H_1{:}\mu \neq 6800$

手順 2：検定統計量　$Z = \frac{\bar{X}-\mu}{\sqrt{\frac{\sigma^2}{n}}} = \frac{6920-6800}{\sqrt{\frac{400^2}{25}}} = 1.5$

手順 3：有意水準と有意点　有意水準 5 % で両側検定なので、有意点は $Z(0.025) = 1.96$。棄却域は $Z < -1.96$ と $Z > 1.96$ となる。

手順 4：判定　検定統計量 1.5 は、有意点の値 1.96 よりも小さいので、帰無仮説は棄却できない。よって、帰無仮説を採択する。

手順 5：結論　A 農家の乳牛は地域内の乳牛と搾乳量が異なるとはいえない。

2. 手順 1：仮説の設定　帰無仮説 H_0 ：$\mu = 62.8$

対立仮説 H_1 ：$\mu \neq 62.8$

手順 2：検定統計量　$Z = \frac{\bar{X}-\mu}{\sqrt{\frac{\sigma^2}{n}}} = \frac{65.4-62.8}{\sqrt{\frac{112.36}{100}}} = 2.452$

手順 3：有意水準と有意点　有意水準 1%で両側検定なので、有意点は $Z(0.005) = 2.576$。棄却域は $Z < -2.576$ と $Z > 2.576$ となる。

手順 4：判定　検定統計量 2.452 は、有意点の値 2.576 よりも小さいので、帰無仮説は棄却できない。よって、帰無仮説を採択する。

手順 5：結論　17 歳（男子）の体重について、ある都市の体重は、日本全体の平均値と異なるとはいえない。

3. 手順 1：仮説の設定　$H_0{:}\mu = 580$

$H_1{:}\mu < 580$

手順 2：検定統計量　$Z = \frac{\bar{X}-\mu}{\sqrt{\frac{\sigma^2}{n}}} = \frac{560-580}{\sqrt{\frac{40^2}{20}}} = -2.2361$

手順 3：有意水準と有意点　有意水準 5% で下側の片側検定なので、有意点は $-Z(0.05) = -1.645$。よって、棄却域は $Z < -1.645$ となる。

手順 4：判定　検定統計量 −2.2361 は、有意点の値 −1.645 よりも小さいので、帰無仮説は棄却できる。よって、対立仮説を採択する。

手順 5：結論　B 集落は米の収量が少ないといえる。

練習問題 16

1. 手順 1：仮説の設定　H_0:$\mu = 23.5$

H_1:$\mu \neq 23.5$

手順 2：検定統計量　$Z = \frac{\bar{X}-\mu}{\sqrt{\frac{\sigma^2}{n}}} = \frac{22.8-23.5}{\sqrt{\frac{3.3^2}{80}}} = -1.8973$

手順 3：有意水準と有意点　有意水準 5% で両側検定なので、有意点は $Z(0.025) = 1.96$。よって、棄却域は $Z < -1.96$ と $Z > 1.96$ となる。

手順 4：判定　検定統計量 -1.8973 は、有意点の値 -1.96 よりも大きいので、帰無仮説は棄却できない。よって、帰無仮説を採択する。

手順 5：結論　A 地域の 30 歳代男性は他の地域と BMI の平均値が異なるといえない。

2. （略解）

手順 1：仮説の設定　H_0:$\mu = 580$ 、H_1:$\mu > 580$

手順 2：検定統計量　$t = \frac{600-580}{\sqrt{\frac{46^2}{16}}} = 1.7391$ 、$\nu = 16 - 1 = 15$

手順 3：有意水準と有意点　$\alpha = 0.05$、有意点は $t(0.05, 15) = 1.753$、棄却域は $t > 1.753$。

手順 4：判定　帰無仮説は棄却できない。

手順 5：結論　A 集落は米の収量が多いとはいえない。

3. （略解）

手順 1：仮説の設定　H_0:$\mu = 6800$、H_1:$\mu \neq 6800$

手順 2：検定統計量　$t = \frac{7100-6800}{\sqrt{\frac{500^2}{9}}} = 1.8$ 、$\nu = 9 - 1 = 8$

手順 3：有意水準と有意点　$\alpha = 0.05$、有意点は $t(0.025, 8) = 2.306$、棄却域は $t < -2.306$ と $t > 2.306$。

手順 4：判定　帰無仮説は棄却できない。

手順 5：結論　B 農家の乳牛は地域内の乳牛と搾乳量が異なるとはいえない。

4. （略解）

手順 1：仮説の設定　H_0:$\mu = 170$、H_1:$\mu \neq 170$

手順 2：検定統計量　$t = \frac{173-170}{\sqrt{\frac{6^2}{15}}} = 1.9365$ 、$\nu = 15 - 1 = 14$

手順 3：有意水準と有意点　$\alpha = 0.05$、有意点は $t(0.025, 14) = 2.145$、棄却域は $t < -2.145$ と $t > 2.145$。

手順 4：判定　帰無仮説は棄却できない。

手順 5：結論　C 地域の男子高校生は他の地域と平均身長が異なるとはいえない。

5. （略解）

手順 1：仮説の設定　H_0:$\mu = 23.5$ 、H_1:$\mu \neq 23.5$

手順 2：検定統計量　$t = \frac{22.0-23.5}{\sqrt{\frac{3.5^2}{16}}} = -1.7143$ 、$\nu = 16 - 1 = 15$

手順 3：有意水準と有意点　$\alpha = 0.1$、有意点は $t(0.05, 15) = 1.753$、棄却域は $t < -1.753$ と $t > 1.753$。

手順 4：判定　帰無仮説は棄却できない。

手順 5：結論　D 地域の 30 歳代男性は他の地域と BMI の平均値が異なるといえない。

6. （略解）

手順 1：仮説の設定　H_0:$\mu = 580$ 、H_1:$\mu > 580$

手順 2：検定統計量　$Z = \frac{585-580}{\sqrt{\frac{30^2}{100}}} = 1.6667$

手順 3：有意水準と有意点　$\alpha = 0.05$、有意点は $Z(0.05) = 1.645$、棄却域は $Z > 1.645$。

手順 4：判定　帰無仮説は棄却できる。

手順 5：結論　A 地区は米の収量が多いといえる。

7. （略解）

手順 1：仮説の設定　H_0:$\mu = 6800$ 、H_1:$\mu \neq 6800$

手順 2：検定統計量　$Z = \frac{6920-6800}{\sqrt{\frac{400^2}{80}}} = 2.6833$

手順 3：有意水準と有意点　$\alpha = 0.05$、有意点は $Z(0.025) = 1.96$、棄却域は $Z < -1.96$ と $Z > 1.96$。

手順 4：判定　帰無仮説は棄却できる。

手順 5：結論　B 農家の乳牛は地域内の乳牛と搾乳量が異なるといえる。

8. （略解）

手順 1：仮説の設定　H_0:$\mu = 170$ 、H_1:$\mu \neq 170$

手順 2：検定統計量　$Z = \frac{172-170}{\sqrt{\frac{6^2}{50}}} = 2.3570$

手順 3：有意水準と有意点　$\alpha = 0.05$、有意点は $Z(0.025) = 1.96$、棄却域は $Z < -1.96$ と $Z > 1.96$。

手順 4：判定　帰無仮説は棄却できる。

手順 5：結論　C 地域の男子高校生は他の地域と平均身長が異なるといえる。

9. （略解）

手順 1：仮説の設定　H_0:$\mu = 23.5$ 、 H_1:$\mu \neq 23.5$

手順 2：検定統計量　$Z = \frac{22.0-23.5}{\sqrt{\frac{5^2}{40}}} = -1.8974$

手順 3：有意水準と有意点　$\alpha = 0.05$、有意点は $Z(0.025) = 1.96$、棄却域は $Z < -1.96$ と $Z > 1.96$。

手順 4：判定　帰無仮説は棄却できない。

手順 5：結論　D 地域の 30 歳代男性は他の地域と BMI の平均値が異なるといえない。

練習問題 17

1. 手順 1：仮説の設定　H_0:$\mu_{(X-Y)} = 0$

H_1:$\mu_{(X-Y)} > 0$

手順 2：検定統計量　表より、$\overline{X-Y} = 5$、$s_{(X-Y)} = 6.37$ である。

$t = \frac{\overline{(X-Y)}-\mu_{(X-Y)}}{\sqrt{\frac{s^2_{(X-Y)}}{n}}} = \frac{5-0}{\sqrt{\frac{6.37^2}{8}}} = 2.2201$

自由度は、$\nu = n - 1 = 8 - 1 = 7$ である。

手順3：有意水準と有意点	有意水準1％で上側の片側検定なので、有意点は$t(0.01, 7) = 2.998$。よって、棄却域は$t > 2.998$となる。
手順4：判定	検定統計量2.2201は、有意点の値2.998よりも小さいので、帰無仮説は棄却できない。よって、帰無仮説を採択する。
手順5：結論	今年の方が昨年よりも米の収量の平均値は多いといえない。

2.

手順1：仮説の設定	帰無仮説 H_0：$\mu_A - \mu_B = 0$ 対立仮説 H_1：$\mu_A - \mu_B > 0$
手順2：検定統計量	$t = \frac{(58-52)-0}{\sqrt{\frac{8^2}{50}+\frac{12^2}{50}}} = 2.94$ $\nu = \frac{\left(\frac{8^2}{50}+\frac{12^2}{50}\right)^2}{\frac{1}{50-1}\times\left(\frac{8^2}{50}\right)^2+\frac{1}{50-1}\left(\frac{12^2}{50}\right)^2} = 85.3711$
手順3：有意水準と有意点	$\alpha = 0.01$、有意点は$t(0.01, 85) = 2.37$、棄却域は、$t > 2.37$。
手順4：判定	検定統計量2.94は、有意点の値2.37よりも大きいので、帰無仮説は棄却される。よって、対立仮説を採択する。
手順5：結論	学習法Aの方が学習法Bよりも優れていることが認められる。

3. （略解）

手順1：仮説の設定	H_0:$\mu_{(X-Y)} = 0$ 、H_1:$\mu_{(X-Y)} \neq 0$
手順2：検定統計量	$\overline{X-Y} = 100$、$s_{(X-Y)} = 138.56$ $t = \frac{100-0}{\sqrt{\frac{138.56^2}{10}}} = 2.2822$ 、$\nu = 10 - 1 = 9$
手順3：有意水準と有意点	$\alpha = 0.05$、有意点は$t(0.025, 9) = 2.262$、棄却域は$t < -2.262$と$t > 2.262$。
手順4：判定	帰無仮説は棄却できる。
手順5：結論	昨年に比べて乳牛の搾乳量の平均値が変化したといえる。

4. （略解）

手順1：仮説の設定	H_0:$\mu_X - \mu_Y = 0$ 、H_1:$\mu_X - \mu_Y > 0$
手順2：検定統計量	$t = \frac{(590-560)-0}{\sqrt{\left(\frac{(10-1)\times 40^2+(12-1)\times 36^2}{10+12-2}\right)\left(\frac{1}{10}+\frac{1}{12}\right)}} = 1.8510$ $\nu = 10 + 12 - 2 = 20$
手順3：有意水準と有意点	$\alpha = 0.05$、有意点は$t(0.05, 20) = 1.725$、棄却域は$t > 1.725$。
手順4：判定	帰無仮説は棄却できる。
手順5：結論	A地域の米の収量の平均値はB地域と比べて多いといえる。

5. （略解）

手順1：仮説の設定	H_0:$\mu_X - \mu_Y = 0$ 、H_1:$\mu_X - \mu_Y \neq 0$
手順2：検定統計量	$t = \frac{(7000-6800)-0}{\sqrt{\left(\frac{(15-1)\times 330^2+(12-1)\times 250^2}{15+12-2}\right)\left(\frac{1}{15}+\frac{1}{12}\right)}} = 1.7360$ $\nu = 15 + 12 - 2 = 25$
手順3：有意水準と有意点	$\alpha = 0.05$、有意点は$t(0.025, 25) = 2.060$、棄却域は$t < -2.06$と$t > 2.06$。
手順4：判定	帰無仮説は棄却できない。

手順 5：結論　A 地域と B 地域で、乳牛の搾乳量の平均値が異なるといえない。

6. （略解）

手順 1：仮説の設定　H_0:$\mu_X - \mu_Y = 0$ 、H_1:$\mu_X - \mu_Y > 0$

手順 2：検定統計量　$t = \frac{(590-560)-0}{\sqrt{\frac{46^2}{8}+\frac{26^2}{12}}} = 1.6749$

$\nu = \frac{(\frac{46^2}{8}+\frac{26^2}{12})^2}{\frac{1}{8-1}\times(\frac{46^2}{8})^2+\frac{1}{12-1}\times(\frac{26^2}{12})^2} = 10.01$

手順 3：有意水準と有意点　$\alpha = 0.05$、有意点は $t(0.05, 10) = 1.812$、棄却域は $t > 1.812$。

手順 4：判定　帰無仮説は棄却できない。

手順 5：結論　A 地域の米の収量の平均値は B 地域と比べて多いといえない。

7. （略解）

手順 1：仮説の設定　H_0:$\mu_X - \mu_Y = 0$ 、H_1:$\mu_X - \mu_Y \neq 0$

手順 2：検定統計量　$t = \frac{(7000-6700)-0}{\sqrt{\frac{400^2}{12}+\frac{250^2}{16}}} = 2.2849$

$\nu = \frac{(\frac{400^2}{12}+\frac{250^2}{16})^2}{\frac{1}{12-1}\times(\frac{400^2}{12})^2+\frac{1}{16-1}\times(\frac{250^2}{16})^2} = 17.30$

手順 3：有意水準と有意点　$\alpha = 0.10$、有意点は $t(0.05, 17) = 1.740$、棄却域は $t < -1.74$ と $t > 1.74$。

手順 4：判定　帰無仮説は棄却できる。

手順 5：結論　A 地域と B 地域で、乳牛の搾乳量の平均値が異なるといえる。

練習問題 18

1. 手順 1：仮説の設定　H_0:$\sigma^2 = 1600$

H_1:$\sigma^2 \neq 1600$

手順 2：検定統計量　$\chi^2 = \frac{(n-1)s^2}{\sigma^2} = \frac{(16-1)\times 46^2}{1600} = 19.8375$

自由度は、$\nu = n - 1 = 16 - 1 = 15$ である。

手順 3：有意水準と有意点　有意水準 10 % で両側検定なので、下側有意点および上側有意点は、$\chi^2(0.95, 15) = 7.261$、$\chi^2(0.05, 15) = 24.996$。よって、棄却域は $\chi^2 < 7.261$ と $\chi^2 > 24.996$ となる。

手順 4：判定　検定統計量 19.8375 は、下側有意点 7.261 と上側有意点 24.996 の間にあるので、帰無仮説は棄却できない。よって、帰無仮説を採択する。

手順 5：結論　A 集落の米の 10a あたり収量の母分散は、1600 と異なるといえない。

2. （略解）

手順 1：仮説の設定　H_0:$\sigma^2 = 10^2$ 、H_1:$\sigma^2 > 10^2$

手順 2：検定統計量　$\chi^2 = \frac{(41-1)\times 15^2}{10^2} = 90$ 、$\nu = 41 - 1 = 40$

手順 3：有意水準と有意点　$\alpha = 0.05$、有意点は $\chi^2(0.05, 40) = 55.758$、棄却域は $\chi^2 > 55.758$。

手順 4：判定　帰無仮説は棄却できる。

手順 5：結論　過去の試験点数のばらつきと比べて、今回のばらつきは、有意に大きいといえる。

3. (略解)

手順 1：仮説の設定　H_0:$\frac{\sigma_X^2}{\sigma_Y^2}=1$ 、H_1:$\frac{\sigma_X^2}{\sigma_Y^2}\neq 1$

手順 2：検定統計量　$F=\frac{400^2}{250^2}=2.56$ 、$\nu_1=12-1=11$ 、$\nu_2=16-1=15$

手順 3：有意水準と有意点　$\alpha=0.1$、有意点は $F(0.05,11,15)=2.507$ と $F(0.95,11,15)=\dfrac{1}{F(0.05,15,11)}=\dfrac{1}{2.719}=0.368$、棄却域は $F<0.368$ と $F>2.507$。

手順 4：判定　帰無仮説は棄却できる。

手順 5：結論　A 地域と B 地域で、乳牛の搾乳量の分散が異なるといえる。

4. 平均値の差の検定を行う前に、分散比の検定により分散が等しいかどうかを検討する。

手順 1：仮説の設定　H_0:$\frac{\sigma_X^2}{\sigma_Y^2}=1$

H_1:$\frac{\sigma_X^2}{\sigma_Y^2}\neq 1$

手順 2：検定統計量　$F=\frac{s_X^2}{s_Y^2}=\frac{5^2}{4^2}=1.5625$

自由度は、$\nu_1=m-1=10-1=9$ 、

$\nu_2=n-1=15-1=14$ である。

手順 3：有意水準と有意点　有意水準 10 % で両側検定なので、上側有意点は $F(0.05,9,14)=2.646$、下側有意点 $F(0.95,9,14)=\dfrac{1}{F(0.05,14,9)}=\dfrac{1}{3.025}=0.331$。よって、棄却域は $F<0.331$ と $F>2.646$ となる。

手順 4：判定　検定統計量 1.5625 は、下側有意点 0.331 と上側有意点 2.646 の間にあるので、帰無仮説は棄却できない。よって、帰無仮説を採択する。

手順 5：結論　ハンバーガー A とハンバーガー B で、含まれているカロリーの量の分散が異なるとはいえない。

分散比の結果より、分散が等しいものとして平均値の差の検定を行う。

手順 1：仮説の設定　H_0:$\mu_X-\mu_Y=0$

H_1:$\mu_X-\mu_Y\neq 0$

手順 2：検定統計量

$$t=\frac{(\bar{X}-\bar{Y})-(\mu_X-\mu_Y)}{\sqrt{(\frac{(m-1)s_X^2+(n-1)s_Y^2}{m+n-2})(\frac{1}{m}+\frac{1}{n})}}$$

$$=\frac{(250-253)-0}{\sqrt{(\frac{(10-1)\times 5^2+(15-1)\times 4^2}{10+15-2})(\frac{1}{10}+\frac{1}{15})}}=-1.6632$$

自由度は、$\nu=m+n-2=10+15-2=23$ である。

手順 3：有意水準と有意点　有意水準 10 % で両側検定なので、有意点は $t(0.05,23)=1.714$。よって、棄却域は $t<-1.714$ と $t>1.714$ となる。

手順 4：判定　検定統計量 -1.6632 は、有意点の値 -1.714 よりも大きいので、帰無仮説は棄却できない。よって、帰無仮説を採択する。

手順 5：結論　ハンバーガー A とハンバーガー B で、含まれているカロリーの量が異なるといえない。

5. (略解)

平均値の差の検定を行う前に、分散比の検定により分散が等しいかどうかを検討する。

手順 1：仮説の設定　H_0:$\frac{\sigma_X^2}{\sigma_Y^2}=1$ 、H_1:$\frac{\sigma_X^2}{\sigma_Y^2}\neq 1$

手順 2：検定統計量　$F=\frac{3^2}{3.3^2}=0.8264$ 、$\nu_1=41-1=40$ 、$\nu_2=51-1=50$

手順 3：有意水準と有意点　$\alpha=0.05$、上側有意点は $F(0.025,40,50)=1.796$、下側有意点 $F(0.975,40,50)=\dfrac{1}{F(0.05,50,40)}=\dfrac{1}{1.832}=0.546$、棄却域は $F<0.546$ と $F>1.796$。

手順 4：判定　帰無仮説は棄却できない。

手順 5：結論　30 歳代男性の BMI の分散は、5 年前と異なるとはいえない。

分散比の結果より、分散が等しいものとして平均値の差の検定を行う。

手順 1：仮説の設定　H_0:$\mu_X-\mu_Y=0$ 、H_1:$\mu_X-\mu_Y\neq 0$

手順 2：検定統計量　$t=\frac{(22.5-23.5)-0}{\sqrt{(\frac{(41-1)\times 3^2+(51-1)\times 3.3^2}{41+51-2})(\frac{1}{41}+\frac{1}{51})}}=-1.5038$

$\nu=m+n-2=41+51-2=90$

手順 3：有意水準と有意点　$\alpha=0.05$、有意点は $Z(0.025)=1.96$、棄却域は $t<-1.96$ と $t>1.96$。

†† 有意点は $t(0.025,90)=1.987$ であるが表になく自由度が大きいので、ここでは $Z(0.025)$ とする。

手順 4：判定　帰無仮説は棄却できない。

手順 5：結論　30 歳代男性の BMI の平均値は、5 年前と異なるといえない。

6. （略解）

平均値の差の検定を行う前に、分散比の検定により分散が等しいかどうかを検討する。

手順 1：仮説の設定　H_0:$\frac{\sigma_X^2}{\sigma_Y^2}=1$ 、H_1:$\frac{\sigma_X^2}{\sigma_Y^2}\neq 1$

手順 2：検定統計量　$F=\frac{0.43^2}{0.46^2}=0.8738$ 、$\nu_1=4611$ 、$\nu_2=116$

手順 3：有意水準と有意点　$\alpha=0.01$、有意点は $F(0.005,4611,116)=1.446$ と $F(0.995,4611,116)=0.726$、棄却域は $F<0.726$ と $F>1.446$。

手順 4：判定　帰無仮説は棄却できない。

手順 5：結論　乳児の出生時（男児）の体重の分散は、異なるとはいえない。

分散比の結果より、分散が等しいものとして平均値の差の検定を行う。

手順 1：仮説の設定　H_0:$\mu_X-\mu_Y=0$、H_1:$\mu_X-\mu_Y\neq 0$

手順 2：検定統計量　$t=\frac{(3.1-2.97)-0}{\sqrt{(\frac{(4612-1)\times 0.43^2+(117-1)\times 0.46^2}{4612+117-2})(\frac{1}{4612}+\frac{1}{117})}}=3.2237$

$\nu=m+n-2=4612+117-2=4727$

手順 3：有意水準と有意点　$\alpha=0.01$、有意点は $Z(0.005)=2.576$、棄却域は $t<-2.576$ と $t>2.576$。

†† 有意点は $t(0.005,4727)=2.577$ であるが表になく自由度が大きいので、ここでは $Z(0.005)$ とする。

手順 4：判定　帰無仮説は棄却できる。

手順 5：結論　喫煙していない場合と 1 日 11 本以上の喫煙の場合を比べて、乳児の出生時（男児）の体重の平均値は異なるといえる。

7. （略解）

平均値の差の検定を行う前に、分散比の検定により分散が等しいかどうかを検討する。

手順 1：仮説の設定　H_0:$\frac{\sigma_X^2}{\sigma_Y^2}=1$ 、H_1:$\frac{\sigma_X^2}{\sigma_Y^2}\neq 1$

手順 2：検定統計量　$F=\frac{6.69^2}{6.42^2}=1.0859$ 、$\nu_1=442$ 、$\nu_2=442$

手順 3：有意水準と有意点　$\alpha = 0.01$、有意点は $F(0.005, 442, 442) = 1.278$ と $F(0.995, 442, 442) = \frac{1}{1.278} = 0.782$、棄却域は $F < 0.782$ と $F > 1.278$。

手順 4：判定　帰無仮説は棄却できない。

手順 5：結論　A 県と B 県の 10 歳男性において身長の分散が異なるとはいえない。

分散比の結果より、分散が等しいものとして平均値の差の検定を行う。

手順 1：仮説の設定　$H_0{:}\mu_X - \mu_Y = 0$、$H_1{:}\mu_X - \mu_Y \neq 0$

手順 2：検定統計量　$t = \frac{(139.7-140.2)-0}{\sqrt{(\frac{(443-1)\times 6.69^2+(443-1)\times 6.42^2}{443+443-2})(\frac{1}{443}+\frac{1}{443})}} = -1.1350$

$\nu = m + n - 2 = 443 + 443 - 2 = 884$

手順 3：有意水準と有意点　$\alpha = 0.01$、有意点は $Z(0.005) = 2.576$、棄却域は $t < -2.576$ と $t > 2.576$。

†† 有意点は $t(0.005, 884) = 2.581$ であるが表になく自由度が大きいので、ここでは $Z(0.005)$ とする。

手順 4：判定　帰無仮説は棄却できない。

手順 5：結論　A 県と B 県の 10 歳男性において身長の平均値が異なるとはいえない。

練習問題 19

1.　［ヒント］　順序としては期待値の計算から始める。各血液型の期待値は次のとおりである。A 型：$150 \times 0.38 = 57$、B 型：$150 \times 0.22 = 33$、O 型：$150 \times 0.31 = 46.5$、AB 型：$150 \times 0.09 = 13.5$。あとは適合度検定の手順に従って解く。

［略解］　$\chi^2 = 8.867$、$\chi^2(0.05, 3) = 7.815$

2.　［ヒント］　「帰無仮説 H_0：各銘柄の売り上げに有意差無し」に対する各銘柄の売り上げ数の期待値は、$\frac{800}{4} = 200$ である。

［略解］　$\chi^2 = 13$、$\chi^2(0.01, 3) = 11.345$

3.　［ヒント］　各観測値に対する期待値（計算式を含む）を次の表に示す。

	無効	やや有効	有効
A 薬投与群	$60 \times 60 \div 180 = 20$	$60 \times 45 \div 180 = 15$	$60 \times 75 \div 180 = 25$
B 薬投与群	$120 \times 60 \div 180 = 40$	$120 \times 45 \div 180 = 30$	$120 \times 75 \div 180 = 50$

［略解］　$\chi^2 = 23.5$、$\chi^2(0.01, 2) = 9.210$

練習問題 20

1. ［略解］ $\chi^2 = 7.619$、$\chi^2(0.05, 1) = 3.841$
2. 省略
3. 手順 1：仮説の設定 H_0: $p = 0.25$
   H_1: $p \neq 0.25$
   手順 2：検定統計量 $z = \frac{0.125-0.25}{\sqrt{\frac{0.25(1-0.25)}{40}}} = -1.826$
   手順 3：有意水準と有意点 有意水準は $\alpha = 0.01$、有意点は両側検定なので、$Z(0.005) = 2.576$ となる。棄却域は、$Z < -2.576$ と $Z > 2.576$ となる。
   手順 4：判定 検定統計量は –2.390、有意点の値 –2.576 よりも大きいので、帰無仮説は棄却されない。
   手順 5：結論 このさいころは歪んでいるとはいえない。
4. 手順 1：仮説の設定 男性を A、女性を B とし、男性における好きの母比率を P_A、女性における好きの母比率を P_B とする。
   帰無仮説 H_0: $P_A = P_B$（性別による差がない）
   対立仮説 H_1: $P_A \neq P_B$（性別による差がある）
   手順 2：検定統計量 $Z = \frac{0.1-0.2}{\sqrt{0.136(1-0.136)\left(\frac{1}{320}+\frac{1}{180}\right)}} = -3.131$
   手順 3：有意水準と有意点 有意水準は $\alpha = 0.05$、有意点は両側検定なので、$Z(0.025) = 1.96$ となる。棄却域は、$Z < -1.96$ と $Z > 1.96$ となる。
   手順 4：判定 検定統計量 –3.131 は、有意点の値 –1.96 よりも小さいので、帰無仮説は棄却される。よって、対立仮説を採択する。
   手順 5：結論 性別による差があるといえる。

練習問題 21

1. 手順 1：各区画ペアについて符号をつける。

区画ペア	肥料なし	肥料あり	符号
1	21.3	21.4	+
2	20.0	20.2	+
3	16.9	24.8	+
4	19.1	23.4	+
5	17.9	17.9	±
6	19.8	18.9	−
7	16.7	24.4	+

手順 2：結果が同一だった 5 番を除いて、6 件中 5 件がプラスになる場合の確率を二項定理で算出する。

$${}_6C_5 \left(\frac{1}{2}\right)^5 \left(\frac{1}{2}\right)^{6-5} = 6 \times \left(\frac{1}{2}\right)^6 = 0.09375$$

判定　手順 2 の結果が 0.05 を越えるため、有意な差があるとは言えない。

2. 手順 1：すべてのペアの区画を個別の区画とみなして収穫高の低い順に並べ、順位をつける。同一収穫高については順位の平均値を修正順位とする。

実験区	収穫高	順位	修正順位
肥料なし	16.7	1	1
肥料なし	16.9	2	2
肥料なし	17.9	3	3.5
肥料あり	17.9	4	3.5
肥料あり	18.9	5	5
肥料なし	19.1	6	6
肥料なし	19.8	7	7
肥料なし	20.0	8	8
肥料あり	20.2	9	9
肥料なし	21.3	10	10
肥料あり	21.4	11	11
肥料あり	23.4	12	12
肥料あり	24.4	13	13
肥料あり	24.8	14	14

手順 2：肥料あり、肥料なしの両群について、修正順位を累積する (R)。大きい方の $R = 67.5$ を検定のための指標として用い、U を算出する。

実験区	修正順位	R
肥料なし	1	
肥料なし	2	
肥料なし	3.5	
肥料なし	6	
肥料なし	7	
肥料なし	8	
肥料なし	10	37.5
肥料あり	3.5	
肥料あり	5	
肥料あり	9	
肥料あり	11	
肥料あり	12	
肥料あり	13	
肥料あり	14	67.5

$$U_1 = n_1 \times n_2 + \frac{n_1 \times (n_2 + 1)}{2} - R_1 = 7 \times 7 + \frac{7 \times 8}{2} - 67.5 = 9.5$$

判定　マン・ホイットニー検定表と比較する。5% 有意水準で、$n_1 = n_2 = 7$ のとき表の値は 8 であり、9.5 はそれよりも大きな値を取るため、有意に中央値が異なることは予測できない。

練習問題 23

1.　［略解］　はじめに変動（偏差平方和）計算表を作成し、全変動 s_T、誤差変動（級内変動）s_E、級間変動 s_A を求める。

（糖度：%）

品種	1	2	3	4	5	6	平均	各級内変動	級内変動：s_E
A	13	12	11	11	10	12	11.5	5.5	
B	11	10	11	10	9		10.2	2.8	$s_E = 5.5 + 2.8 + 2.8 = 11.1$
C	9	10	8	8	9		8.8	2.8	
全変動：$s_T = 31$							級内変動：$s_A = s_T - s_T = 31 - 11.1 = 19.9$		

	全体	級内(誤差)	級間
自由度	$16-1=15$	$(6-1)+(5-1)+(5-1)=13$	$15-13=2$
不偏分散		$V_E=11.1\div 13=0.8538$	$V_A=19.9\div 2=9.95$
分散比	$F_0=V_A\div V_E=11.6532$		
α 点	$\alpha=0.05$ のとき $F(0.05,2,13)=3.806$、$\alpha=0.01$ のとき $F(0.01,2,13)=6.701$		

［検定］ 結果：$F_0=11.6532>F(0.01,2,13)=6.701$ であるから 1% で有意。
結論：3 品種の糖度に明らかな違いがみられる。($p<0.01$)

分散分析の後の品種間の有意差検定については、下に結果だけを記しておきます。

品種別糖度の有意差判定表(t_0 値)

	A	B	C
A		2.323 (5% で有意)	4.826 (1% で有意)
B			2.396 (5% で有意)
C			

平均値、不偏分散等は問題 1 と同じ。
$|A-B|=1.3$、$|A-C|=2.7$
自由度：$(6-1)+(5-1)+(5-1)=13$、群数：3 のため $d=2.48$
信頼区間の算定

比較群	$\|\overline{X_t}-\overline{X_c}\|$	$d\sqrt{s_E^2}\sqrt{\dfrac{1}{n_t}+\dfrac{1}{n_c}}$	信頼区間	有意差
A と B について	1.3	1.39	[−0.09, 2.69]	なし
A と C について	2.7	1.39	[1.31, 4.09]	あり

練習問題 24

1. 散布図省略　相関係数 0.94

2. ［略解］　$r=-0.632$、$t=-2.309$

練習問題 25・26

1. 省略

2. 省略

3. (1) $\hat{a}=32.21$、$\hat{b}=0.04$、$R^2=0.84$、$t_{\hat{a}}=8.19$、$t_{\hat{b}}=9.32$

(2) $\hat{a}=1.57$、$\hat{b}=0.55$、$R^2=0.91$、$t_{\hat{a}}=1.54$、$t_{\hat{b}}=12.66$

4. $\hat{a}=-4.75$、$\hat{b}=21.84$、$R^2=0.80$、$t_{\hat{a}}=-5.86$、$t_{\hat{b}}=10.11$

付　　表

[記号表]

記号	意味
$A, A_1, \cdots, A_i$	事象
$\overline{A}, \overline{A}_1, \cdots, \overline{A}_i$	事象 A_i の余事象
事象 1∩ 事象 2	事象 1 と事象 2 の積事象（ともに起こる事象）
事象 1∪ 事象 2	事象 1 と事象 2 の和事象（どちらかが起こる事象）
a	第 23 章と第 25 章では、回帰係数（切片）
$B(n, p)$	二項分布
b	第 23 章と第 25 章では、回帰係数（傾き）
${}_nC_r$	組み合わせの人数（n 人のうち r 人を選ぶ組み合わせ）
CV	変動係数
E(変数)	( ) 内の確率変数の期待値
e_i	残差
F(変数)	( ) 内の変数の累積分布関数
F	F 分布に従う量
$F(\nu_1, \nu_2)$	自由度 ν_1, ν_2 の F 分布
$F(p, \nu_1, \nu_2)$	自由度 ν_1, ν_2 の F 分布における上側確率 p 点の値
f_i	度数
H_0	帰無仮説
H_1	対立仮説
i	標本番号、あるいは階級番号
l	階級の数
N(平均, 分散)	正規分布
$N(0, 1^2)$	標準正規分布
N	母集団の大きさ
n, m	標本の大きさ、または試行の回数
$n!$	n 階乗
${}_nP_r$	順列の数（n 人のうち r 人並べる数）
P(変数)	( ) 内の変数あるいは事象の確率
P(変数 | 条件)	条件付き確率（条件の下での変数の確率）
$P_O(\lambda)$	成功回数の期待値 λ ($\lambda=np$) のポアソン分布
p	成功の確率の値、分布表の上側確率
q	失敗の確率の値 $(1-p)$
R^2	決定係数
r	相関係数（標本の）
s	標本標準偏差
s^2	標本分散（不偏分散）
s_{xy}	共分散（標本の）
s_u^2	誤差分散の推定値
$s_{\hat{a}}^2, s_{\hat{b}}^2$	$\hat{a}, \hat{b}$ の分散の推定値
$s_{\hat{a}}, s_{\hat{b}}$	$\hat{a}, \hat{b}$ の標準偏差の推定値
t	t 分布に従う量
$t(\nu)$	自由度 ν の t 分布
$t(p, \nu)$	自由度 ν の t 分布における上側確率 p 点の値
$U(a, b)$	一様分布 (a から b)
u, u_i	誤差
Var(変数)	( ) 内の確率変数の分散
v_i	階級値
X, Y	確率変数
x, x_i, y, y_i	変数、変量、実現値
$\overline{x}, \overline{y}$	標本平均
Z	標準正規分布に従う量
$Z(p)$	標準正規分布における上側確率 p 点の値
$\emptyset$	空事象
∞	無限大
$\hat{a}, \hat{b}$ など ˆ 付きの変数	変数の推定量（値）
[数値 1, 数値 2]	信頼区間
α	有意水準、第 1 種の誤りの確率
$1-\alpha$	信頼係数
ε	母平均の推定値の誤差
θ	母数
λ	二項分布における成功回数の期待値 λ ($\lambda=np$)
μ	母平均、母集団における期待値

μ_U	母平均の上方信頼限界	σ_u^2	誤差分散
μ_L	母平均の下方信頼限界	χ^2	χ^2 分布に従う量
ν, ν_1, ν_2	自由度	$\chi^2(\nu)$	自由度 ν の χ^2 分布
ρ	母相関係数	$\chi^2(p, \nu)$	自由度 ν の χ^2 分布における上側確率 p 点の値
σ	母標準偏差		
σ^2	母分散	Ω	全事象
σ_{xy}	共分散（母集団の）	ω	根元事象

[本書の記号に使用されているギリシャ文字の読み方]

α	（アルファ）	ρ	（ロー）
ε	（イプシロン）	σ	（シグマ）
θ	（シータ）	χ	（カイ）
λ	（ラムダ）	Ω	（オメガ　大文字）
μ	（ミュー）	ω	（オメガ　小文字）
ν	（ニュー）	ϕ	（ファイ）

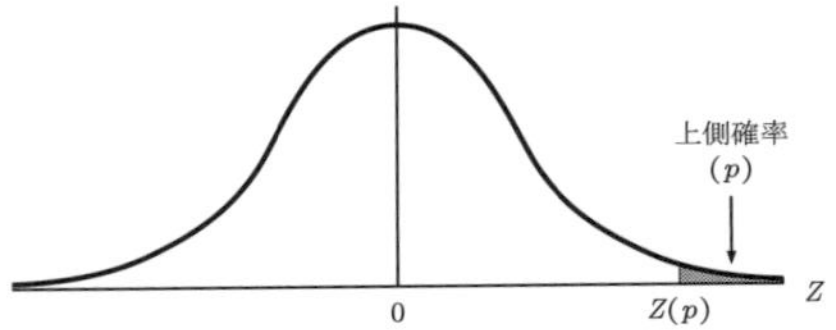

付表 1 標準正規分布表

無限大からの $Z(p)$ までの上側の確率

$Z(p)$	小数第 2 位									
1の位と小数第1位	0.00	0.01	0.02	0.03	0.04	0.05	0.06	0.07	0.08	0.09
0.0	0.5000	0.4960	0.4920	0.4880	0.4840	0.4801	0.4761	0.4721	0.4681	0.4641
0.1	0.4602	0.4562	0.4522	0.4483	0.4443	0.4404	0.4364	0.4325	0.4286	0.4247
0.2	0.4207	0.4168	0.4129	0.4090	0.4052	0.4013	0.3974	0.3936	0.3897	0.3859
0.3	0.3821	0.3783	0.3745	0.3707	0.3669	0.3632	0.3594	0.3557	0.3520	0.3483
0.4	0.3446	0.3409	0.3372	0.3336	0.3300	0.3264	0.3228	0.3192	0.3156	0.3121
0.5	0.3085	0.3050	0.3015	0.2981	0.2946	0.2912	0.2877	0.2843	0.2810	0.2776
0.6	0.2743	0.2709	0.2676	0.2643	0.2611	0.2578	0.2546	0.2514	0.2483	0.2451
0.7	0.2420	0.2389	0.2358	0.2327	0.2296	0.2266	0.2236	0.2206	0.2177	0.2148
0.8	0.2119	0.2090	0.2061	0.2033	0.2005	0.1977	0.1949	0.1922	0.1894	0.1867
0.9	0.1841	0.1814	0.1788	0.1762	0.1736	0.1711	0.1685	0.1660	0.1635	0.1611
1.0	0.1587	0.1562	0.1539	0.1515	0.1492	0.1469	0.1446	0.1423	0.1401	0.1379
1.1	0.1357	0.1335	0.1314	0.1292	0.1271	0.1251	0.1230	0.1210	0.1190	0.1170
1.2	0.1151	0.1131	0.1112	0.1093	0.1075	0.1056	0.1038	0.1020	0.1003	0.0985
1.3	0.0968	0.0951	0.0934	0.0918	0.0901	0.0885	0.0869	0.0853	0.0838	0.0823
1.4	0.0808	0.0793	0.0778	0.0764	0.0749	0.0735	0.0721	0.0708	0.0694	0.0681
1.5	0.0668	0.0655	0.0643	0.0630	0.0618	0.0606	0.0594	0.0582	0.0571	0.0559
1.6	0.0548	0.0537	0.0526	0.0516	0.0505	0.0495	0.0485	0.0475	0.0465	0.0455
1.7	0.0446	0.0436	0.0427	0.0418	0.0409	0.0401	0.0392	0.0384	0.0375	0.0367
1.8	0.0359	0.0351	0.0344	0.0336	0.0329	0.0322	0.0314	0.0307	0.0301	0.0294
1.9	0.0287	0.0281	0.0274	0.0268	0.0262	0.0256	0.0250	0.0244	0.0239	0.0233
2.0	0.0228	0.0222	0.0217	0.0212	0.0207	0.0202	0.0197	0.0192	0.0188	0.0183
2.1	0.0179	0.0174	0.0170	0.0166	0.0162	0.0158	0.0154	0.0150	0.0146	0.0143
2.2	0.0139	0.0136	0.0132	0.0129	0.0125	0.0122	0.0119	0.0116	0.0113	0.0110
2.3	0.0107	0.0104	0.0102	0.0099	0.0096	0.0094	0.0091	0.0089	0.0087	0.0084
2.4	0.0082	0.0080	0.0078	0.0075	0.0073	0.0071	0.0069	0.0068	0.0066	0.0064
2.5	0.0062	0.0060	0.0059	0.0057	0.0055	0.0054	0.0052	0.0051	0.0049	0.0048
2.6	0.0047	0.0045	0.0044	0.0043	0.0041	0.0040	0.0039	0.0038	0.0037	0.0036
2.7	0.0035	0.0034	0.0033	0.0032	0.0031	0.0030	0.0029	0.0028	0.0027	0.0026
2.8	0.0026	0.0025	0.0024	0.0023	0.0023	0.0022	0.0021	0.0021	0.0020	0.0019
2.9	0.0019	0.0018	0.0018	0.0017	0.0016	0.0016	0.0015	0.0015	0.0014	0.0014
3.0	0.0013	0.0013	0.0013	0.0012	0.0012	0.0011	0.0011	0.0011	0.0010	0.0010

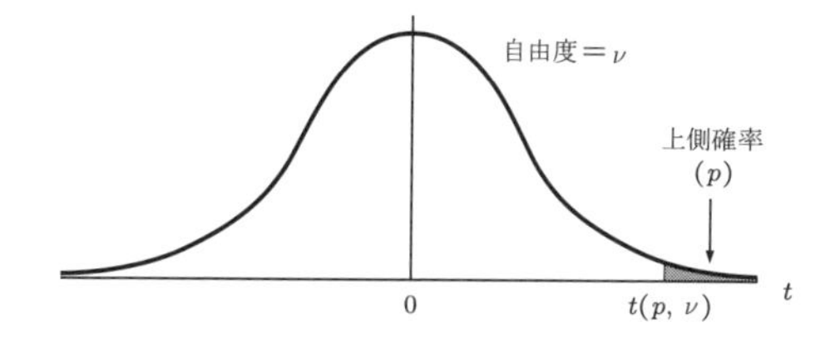

付表 2　t 分布表

自由度 ν 確率 p の値

ν \ p	0.300	0.250	0.100	0.050	0.025	0.010	0.005
1	0.727	1.000	3.078	6.314	12.706	31.821	63.656
2	0.617	0.816	1.886	2.920	4.303	6.965	9.925
3	0.584	0.765	1.638	2.353	3.182	4.541	5.841
4	0.569	0.741	1.533	2.132	2.776	3.747	4.604
5	0.559	0.727	1.476	2.015	2.571	3.365	4.032
6	0.553	0.718	1.440	1.943	2.447	3.143	3.707
7	0.549	0.711	1.415	1.895	2.365	2.998	3.499
8	0.546	0.706	1.397	1.860	2.306	2.896	3.355
9	0.543	0.703	1.383	1.833	2.262	2.821	3.250
10	0.542	0.700	1.372	1.812	2.228	2.764	3.169
11	0.540	0.697	1.363	1.796	2.201	2.718	3.106
12	0.539	0.695	1.356	1.782	2.179	2.681	3.055
13	0.538	0.694	1.350	1.771	2.160	2.650	3.012
14	0.537	0.692	1.345	1.761	2.145	2.624	2.977
15	0.536	0.691	1.341	1.753	2.131	2.602	2.947
16	0.535	0.690	1.337	1.746	2.120	2.583	2.921
17	0.534	0.689	1.333	1.740	2.110	2.567	2.898
18	0.534	0.688	1.330	1.734	2.101	2.552	2.878
19	0.533	0.688	1.328	1.729	2.093	2.539	2.861
20	0.533	0.687	1.325	1.725	2.086	2.528	2.845
21	0.532	0.686	1.323	1.721	2.080	2.518	2.831
22	0.532	0.686	1.321	1.717	2.074	2.508	2.819
23	0.532	0.685	1.319	1.714	2.069	2.500	2.807
24	0.531	0.685	1.318	1.711	2.064	2.492	2.797
25	0.531	0.684	1.316	1.708	2.060	2.485	2.787
26	0.531	0.684	1.315	1.706	2.056	2.479	2.779
27	0.531	0.684	1.314	1.703	2.052	2.473	2.771
28	0.530	0.683	1.313	1.701	2.048	2.467	2.763
29	0.530	0.683	1.311	1.699	2.045	2.462	2.756
30	0.530	0.683	1.310	1.697	2.042	2.457	2.750
40	0.529	0.681	1.303	1.684	2.021	2.423	2.704
60	0.527	0.679	1.296	1.671	2.000	2.390	2.660
120	0.526	0.677	1.289	1.658	1.980	2.358	2.617
∞	0.524	0.674	1.282	1.645	1.960	2.326	2.576

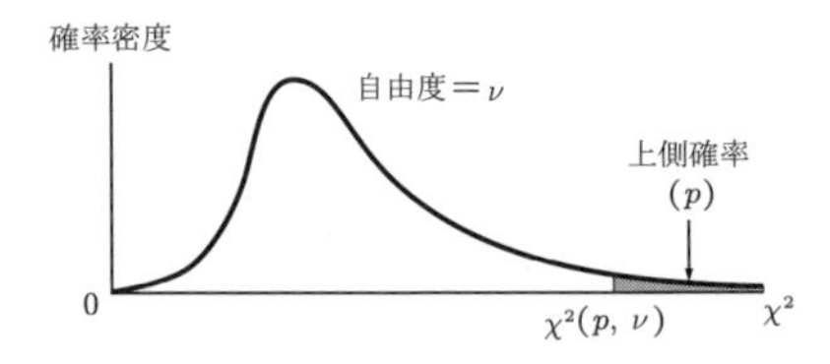

付表 3　χ^2 分布表

自由度 ν　確率 p　の値

ν \ p	0.995	0.990	0.975	0.950	0.900	0.750	0.500	0.250	0.100	0.050	0.025	0.010	0.005
1	0.000	0.000	0.001	0.004	0.016	0.102	0.455	1.323	2.706	3.841	5.024	6.635	7.879
2	0.010	0.020	0.051	0.103	0.211	0.575	1.386	2.773	4.605	5.991	7.378	9.210	10.597
3	0.072	0.115	0.216	0.352	0.584	1.213	2.366	4.108	6.251	7.815	9.348	11.345	12.838
4	0.207	0.297	0.484	0.711	1.064	1.923	3.357	5.385	7.779	9.488	11.143	13.277	14.860
5	0.412	0.554	0.831	1.145	1.610	2.675	4.351	6.626	9.236	11.070	12.833	15.086	16.750
6	0.676	0.872	1.237	1.635	2.204	3.455	5.348	7.841	10.645	12.592	14.449	16.812	18.548
7	0.989	1.239	1.690	2.167	2.833	4.255	6.346	9.037	12.017	14.067	16.013	18.475	20.278
8	1.344	1.646	2.180	2.733	3.490	5.071	7.344	10.219	13.362	15.507	17.535	20.090	21.955
9	1.735	2.088	2.700	3.325	4.168	5.899	8.343	11.389	14.684	16.919	19.023	21.666	23.589
10	2.156	2.558	3.247	3.940	4.865	6.737	9.342	12.549	15.987	18.307	20.483	23.209	25.188
11	2.603	3.053	3.816	4.575	5.578	7.584	10.341	13.701	17.275	19.675	21.920	24.725	26.757
12	3.074	3.571	4.404	5.226	6.304	8.438	11.340	14.845	18.549	21.026	23.337	26.217	28.300
13	3.565	4.107	5.009	5.892	7.042	9.299	12.340	15.984	19.812	22.362	24.736	27.688	29.819
14	4.075	4.660	5.629	6.571	7.790	10.165	13.339	17.117	21.064	23.685	26.119	29.141	31.319
15	4.601	5.229	6.262	7.261	8.547	11.037	14.339	18.245	22.307	24.996	27.488	30.578	32.801
16	5.142	5.812	6.908	7.962	9.312	11.912	15.338	19.369	23.542	26.296	28.845	32.000	34.267
17	5.697	6.408	7.564	8.672	10.085	12.792	16.338	20.489	24.769	27.587	30.191	33.409	35.718
18	6.265	7.015	8.231	9.390	10.865	13.675	17.338	21.605	25.989	28.869	31.526	34.805	37.156
19	6.844	7.633	8.907	10.117	11.651	14.562	18.338	22.718	27.204	30.144	32.852	36.191	38.582
20	7.434	8.260	9.591	10.851	12.443	15.452	19.337	23.828	28.412	31.410	34.170	37.566	39.997
21	8.034	8.897	10.283	11.591	13.240	16.344	20.337	24.935	29.615	32.671	35.479	38.932	41.401
22	8.643	9.542	10.982	12.338	14.041	17.240	21.337	26.039	30.813	33.924	36.781	40.289	42.796
23	9.260	10.196	11.689	13.091	14.848	18.137	22.337	27.141	32.007	35.172	38.076	41.638	44.181
24	9.886	10.856	12.401	13.848	15.659	19.037	23.337	28.241	33.196	36.415	39.364	42.980	45.559
25	10.520	11.524	13.120	14.611	16.473	19.939	24.337	29.339	34.382	37.652	40.646	44.314	46.928
26	11.160	12.198	13.844	15.379	17.292	20.843	25.336	30.435	35.563	38.885	41.923	45.642	48.290
27	11.808	12.879	14.573	16.151	18.114	21.749	26.336	31.528	36.741	40.113	43.195	46.963	49.645
28	12.461	13.565	15.308	16.928	18.939	22.657	27.336	32.620	37.916	41.337	44.461	48.278	50.993
29	13.121	14.256	16.047	17.708	19.768	23.567	28.336	33.711	39.087	42.557	45.722	49.588	52.336
30	13.787	14.953	16.791	18.493	20.599	24.478	29.336	34.800	40.256	43.773	46.979	50.892	53.672
40	20.707	22.164	24.433	26.509	29.051	33.660	39.335	45.616	51.805	55.758	59.342	63.691	66.766
50	27.991	29.707	32.357	34.764	37.689	42.942	49.335	56.334	63.167	67.505	71.420	76.154	79.490
60	35.534	37.485	40.482	43.188	46.459	52.294	59.335	66.981	74.397	79.082	83.298	88.379	91.952
70	43.275	45.442	48.758	51.739	55.329	61.698	69.334	77.577	85.527	90.531	95.023	100.425	104.215
80	51.172	53.540	57.153	60.391	64.278	71.145	79.334	88.130	96.578	101.879	106.629	112.329	116.321
90	59.196	61.754	65.647	69.126	73.291	80.625	89.334	98.650	107.565	113.145	118.136	124.116	128.299
100	67.328	70.065	74.222	77.929	82.358	90.133	99.334	109.141	118.498	124.342	129.561	135.807	140.169

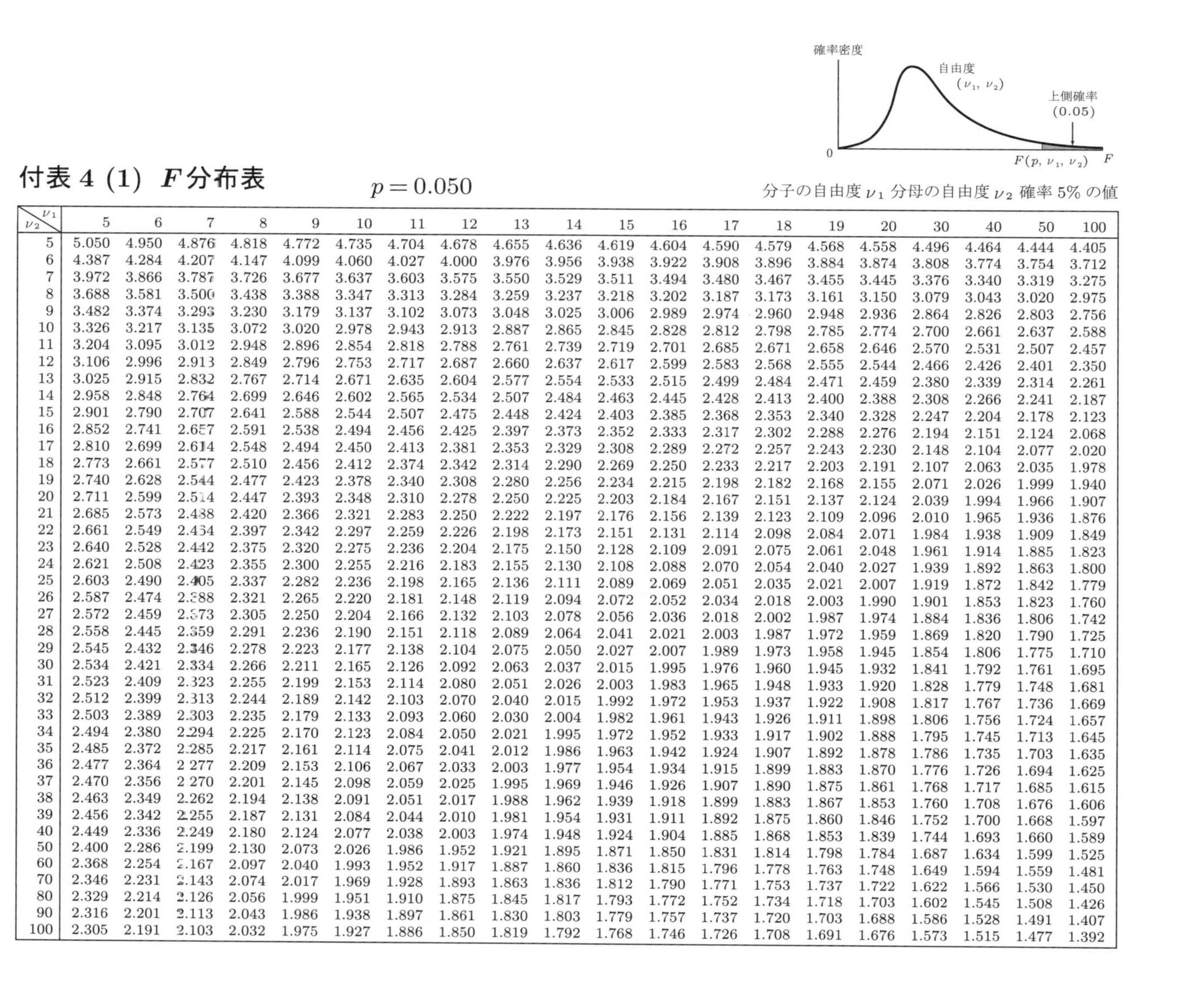

付表 4 (1) *F* 分布表

$p = 0.050$

分子の自由度 ν_1 分母の自由度 ν_2 確率 5% の値

ν_2 \ ν_1	5	6	7	8	9	10	11	12	13	14	15	16	17	18	19	20	30	40	50	100
5	5.050	4.950	4.876	4.818	4.772	4.735	4.704	4.678	4.655	4.636	4.619	4.604	4.590	4.579	4.568	4.558	4.496	4.464	4.444	4.405
6	4.387	4.284	4.207	4.147	4.099	4.060	4.027	4.000	3.976	3.956	3.938	3.922	3.908	3.896	3.884	3.874	3.808	3.774	3.754	3.712
7	3.972	3.866	3.787	3.726	3.677	3.637	3.603	3.575	3.550	3.529	3.511	3.494	3.480	3.467	3.455	3.445	3.376	3.340	3.319	3.275
8	3.688	3.581	3.500	3.438	3.388	3.347	3.313	3.284	3.259	3.237	3.218	3.202	3.187	3.173	3.161	3.150	3.079	3.043	3.020	2.975
9	3.482	3.374	3.293	3.230	3.179	3.137	3.102	3.073	3.048	3.025	3.006	2.989	2.974	2.960	2.948	2.936	2.864	2.826	2.803	2.756
10	3.326	3.217	3.135	3.072	3.020	2.978	2.943	2.913	2.887	2.865	2.845	2.828	2.812	2.798	2.785	2.774	2.700	2.661	2.637	2.588
11	3.204	3.095	3.012	2.948	2.896	2.854	2.818	2.788	2.761	2.739	2.719	2.701	2.685	2.671	2.658	2.646	2.570	2.531	2.507	2.457
12	3.106	2.996	2.913	2.849	2.796	2.753	2.717	2.687	2.660	2.637	2.617	2.599	2.583	2.568	2.555	2.544	2.466	2.426	2.401	2.350
13	3.025	2.915	2.832	2.767	2.714	2.671	2.635	2.604	2.577	2.554	2.533	2.515	2.499	2.484	2.471	2.459	2.380	2.339	2.314	2.261
14	2.958	2.848	2.764	2.699	2.646	2.602	2.565	2.534	2.507	2.484	2.463	2.445	2.428	2.413	2.400	2.388	2.308	2.266	2.241	2.187
15	2.901	2.790	2.707	2.641	2.588	2.544	2.507	2.475	2.448	2.424	2.403	2.385	2.368	2.353	2.340	2.328	2.247	2.204	2.178	2.123
16	2.852	2.741	2.657	2.591	2.538	2.494	2.456	2.425	2.397	2.373	2.352	2.333	2.317	2.302	2.288	2.276	2.194	2.151	2.124	2.068
17	2.810	2.699	2.614	2.548	2.494	2.450	2.413	2.381	2.353	2.329	2.308	2.289	2.272	2.257	2.243	2.230	2.148	2.104	2.077	2.020
18	2.773	2.661	2.577	2.510	2.456	2.412	2.374	2.342	2.314	2.290	2.269	2.250	2.233	2.217	2.203	2.191	2.107	2.063	2.035	1.978
19	2.740	2.628	2.544	2.477	2.423	2.378	2.340	2.308	2.280	2.256	2.234	2.215	2.198	2.182	2.168	2.155	2.071	2.026	1.999	1.940
20	2.711	2.599	2.514	2.447	2.393	2.348	2.310	2.278	2.250	2.225	2.203	2.184	2.167	2.151	2.137	2.124	2.039	1.994	1.966	1.907
21	2.685	2.573	2.488	2.420	2.366	2.321	2.283	2.250	2.222	2.197	2.176	2.156	2.139	2.123	2.109	2.096	2.010	1.965	1.936	1.876
22	2.661	2.549	2.464	2.397	2.342	2.297	2.259	2.226	2.198	2.173	2.151	2.131	2.114	2.098	2.084	2.071	1.984	1.938	1.909	1.849
23	2.640	2.528	2.442	2.375	2.320	2.275	2.236	2.204	2.175	2.150	2.128	2.109	2.091	2.075	2.061	2.048	1.961	1.914	1.885	1.823
24	2.621	2.508	2.423	2.355	2.300	2.255	2.216	2.183	2.155	2.130	2.108	2.088	2.070	2.054	2.040	2.027	1.939	1.892	1.863	1.800
25	2.603	2.490	2.405	2.337	2.282	2.236	2.198	2.165	2.136	2.111	2.089	2.069	2.051	2.035	2.021	2.007	1.919	1.872	1.842	1.779
26	2.587	2.474	2.388	2.321	2.265	2.220	2.181	2.148	2.119	2.094	2.072	2.052	2.034	2.018	2.003	1.990	1.901	1.853	1.823	1.760
27	2.572	2.459	2.373	2.305	2.250	2.204	2.166	2.132	2.103	2.078	2.056	2.036	2.018	2.002	1.987	1.974	1.884	1.836	1.806	1.742
28	2.558	2.445	2.359	2.291	2.236	2.190	2.151	2.118	2.089	2.064	2.041	2.021	2.003	1.987	1.972	1.959	1.869	1.820	1.790	1.725
29	2.545	2.432	2.346	2.278	2.223	2.177	2.138	2.104	2.075	2.050	2.027	2.007	1.989	1.973	1.958	1.945	1.854	1.806	1.775	1.710
30	2.534	2.421	2.334	2.266	2.211	2.165	2.126	2.092	2.063	2.037	2.015	1.995	1.976	1.960	1.945	1.932	1.841	1.792	1.761	1.695
31	2.523	2.409	2.323	2.255	2.199	2.153	2.114	2.080	2.051	2.026	2.003	1.983	1.965	1.948	1.933	1.920	1.828	1.779	1.748	1.681
32	2.512	2.399	2.313	2.244	2.189	2.142	2.103	2.070	2.040	2.015	1.992	1.972	1.953	1.937	1.922	1.908	1.817	1.767	1.736	1.669
33	2.503	2.389	2.303	2.235	2.179	2.133	2.093	2.060	2.030	2.004	1.982	1.961	1.943	1.926	1.911	1.898	1.806	1.756	1.724	1.657
34	2.494	2.380	2.294	2.225	2.170	2.123	2.084	2.050	2.021	1.995	1.972	1.952	1.933	1.917	1.902	1.888	1.795	1.745	1.713	1.645
35	2.485	2.372	2.285	2.217	2.161	2.114	2.075	2.041	2.012	1.986	1.963	1.942	1.924	1.907	1.892	1.878	1.786	1.735	1.703	1.635
36	2.477	2.364	2.277	2.209	2.153	2.106	2.067	2.033	2.003	1.977	1.954	1.934	1.915	1.899	1.883	1.870	1.776	1.726	1.694	1.625
37	2.470	2.356	2.270	2.201	2.145	2.098	2.059	2.025	1.995	1.969	1.946	1.926	1.907	1.890	1.875	1.861	1.768	1.717	1.685	1.615
38	2.463	2.349	2.262	2.194	2.138	2.091	2.051	2.017	1.988	1.962	1.939	1.918	1.899	1.883	1.867	1.853	1.760	1.708	1.676	1.606
39	2.456	2.342	2.255	2.187	2.131	2.084	2.044	2.010	1.981	1.954	1.931	1.911	1.892	1.875	1.860	1.846	1.752	1.700	1.668	1.597
40	2.449	2.336	2.249	2.180	2.124	2.077	2.038	2.003	1.974	1.948	1.924	1.904	1.885	1.868	1.853	1.839	1.744	1.693	1.660	1.589
50	2.400	2.286	2.199	2.130	2.073	2.026	1.986	1.952	1.921	1.895	1.871	1.850	1.831	1.814	1.798	1.784	1.687	1.634	1.599	1.525
60	2.368	2.254	2.167	2.097	2.040	1.993	1.952	1.917	1.887	1.860	1.836	1.815	1.796	1.778	1.763	1.748	1.649	1.594	1.559	1.481
70	2.346	2.231	2.143	2.074	2.017	1.969	1.928	1.893	1.863	1.836	1.812	1.790	1.771	1.753	1.737	1.722	1.622	1.566	1.530	1.450
80	2.329	2.214	2.126	2.056	1.999	1.951	1.910	1.875	1.845	1.817	1.793	1.772	1.752	1.734	1.718	1.703	1.602	1.545	1.508	1.426
90	2.316	2.201	2.113	2.043	1.986	1.938	1.897	1.861	1.830	1.803	1.779	1.757	1.737	1.720	1.703	1.688	1.586	1.528	1.491	1.407
100	2.305	2.191	2.103	2.032	1.975	1.927	1.886	1.850	1.819	1.792	1.768	1.746	1.726	1.708	1.691	1.676	1.573	1.515	1.477	1.392

確率密度

自由度 (ν_1, ν_2)

上側確率 (0.025)

0 $F(p, \nu_1, \nu_2)$ F

付表 4 (2) F 分布表

$p = 0.025$

分子の自由度 ν_1 分母の自由度 ν_2 確率 2.5% の値

ν_2 \ ν_1	5	6	7	8	9	10	11	12	13	14	15	16	17	18	19	20	30	40	50	100
5	7.146	6.978	6.853	6.757	6.681	6.619	6.568	6.525	6.488	6.456	6.428	6.403	6.381	6.362	6.344	6.329	6.227	6.175	6.144	6.080
6	5.988	5.820	5.695	5.600	5.523	5.461	5.410	5.366	5.329	5.297	5.269	5.244	5.222	5.202	5.184	5.168	5.065	5.012	4.980	4.915
7	5.285	5.119	4.995	4.899	4.823	4.761	4.709	4.666	4.628	4.596	4.568	4.543	4.521	4.501	4.483	4.467	4.362	4.309	4.276	4.210
8	4.817	4.652	4.529	4.433	4.357	4.295	4.243	4.200	4.162	4.130	4.101	4.076	4.054	4.034	4.016	3.999	3.894	3.840	3.807	3.739
9	4.484	4.320	4.197	4.102	4.026	3.964	3.912	3.868	3.831	3.798	3.769	3.744	3.722	3.701	3.683	3.667	3.560	3.505	3.472	3.403
10	4.236	4.072	3.950	3.855	3.779	3.717	3.665	3.621	3.583	3.550	3.522	3.496	3.474	3.453	3.435	3.419	3.311	3.255	3.221	3.152
11	4.044	3.881	3.759	3.664	3.588	3.526	3.474	3.430	3.392	3.359	3.330	3.304	3.282	3.261	3.243	3.226	3.118	3.061	3.027	2.956
12	3.891	3.728	3.607	3.512	3.436	3.374	3.321	3.277	3.239	3.206	3.177	3.152	3.129	3.108	3.090	3.073	2.963	2.906	2.871	2.800
13	3.767	3.604	3.483	3.388	3.312	3.250	3.197	3.153	3.115	3.082	3.053	3.027	3.004	2.983	2.965	2.948	2.837	2.780	2.744	2.671
14	3.663	3.501	3.380	3.285	3.209	3.147	3.095	3.050	3.012	2.979	2.949	2.923	2.900	2.879	2.861	2.844	2.732	2.674	2.638	2.565
15	3.576	3.415	3.293	3.199	3.123	3.060	3.008	2.963	2.925	2.891	2.862	2.836	2.813	2.792	2.773	2.756	2.644	2.585	2.549	2.474
16	3.502	3.341	3.219	3.125	3.049	2.986	2.934	2.889	2.851	2.817	2.788	2.761	2.738	2.717	2.698	2.681	2.568	2.509	2.472	2.396
17	3.438	3.277	3.156	3.061	2.985	2.922	2.870	2.825	2.786	2.753	2.723	2.697	2.673	2.652	2.633	2.616	2.502	2.442	2.405	2.329
18	3.382	3.221	3.100	3.005	2.929	2.866	2.814	2.769	2.730	2.696	2.667	2.640	2.617	2.596	2.576	2.559	2.445	2.384	2.347	2.269
19	3.333	3.172	3.051	2.956	2.880	2.817	2.765	2.720	2.681	2.647	2.617	2.591	2.567	2.546	2.526	2.509	2.394	2.333	2.295	2.217
20	3.289	3.128	3.007	2.913	2.837	2.774	2.721	2.676	2.637	2.603	2.573	2.547	2.523	2.501	2.482	2.464	2.349	2.287	2.249	2.170
21	3.250	3.090	2.969	2.874	2.798	2.735	2.682	2.637	2.598	2.564	2.534	2.507	2.483	2.462	2.442	2.425	2.308	2.246	2.208	2.128
22	3.215	3.055	2.934	2.839	2.763	2.700	2.647	2.602	2.563	2.528	2.498	2.472	2.448	2.426	2.407	2.389	2.272	2.210	2.171	2.090
23	3.183	3.023	2.902	2.808	2.731	2.668	2.615	2.570	2.531	2.497	2.466	2.440	2.416	2.394	2.374	2.357	2.239	2.176	2.137	2.056
24	3.155	2.995	2.874	2.779	2.703	2.640	2.586	2.541	2.502	2.468	2.437	2.411	2.386	2.365	2.345	2.327	2.209	2.146	2.107	2.024
25	3.129	2.969	2.848	2.753	2.677	2.613	2.560	2.515	2.476	2.441	2.411	2.384	2.360	2.338	2.318	2.300	2.182	2.118	2.079	1.996
26	3.105	2.945	2.824	2.729	2.653	2.590	2.536	2.491	2.452	2.417	2.387	2.360	2.335	2.314	2.294	2.276	2.157	2.093	2.053	1.969
27	3.083	2.923	2.802	2.707	2.631	2.568	2.514	2.469	2.429	2.395	2.364	2.337	2.313	2.291	2.271	2.253	2.133	2.069	2.029	1.945
28	3.063	2.903	2.782	2.687	2.611	2.547	2.494	2.448	2.409	2.374	2.344	2.317	2.292	2.270	2.251	2.232	2.112	2.048	2.007	1.922
29	3.044	2.884	2.763	2.669	2.592	2.529	2.475	2.430	2.390	2.355	2.325	2.298	2.273	2.251	2.231	2.213	2.092	2.028	1.987	1.901
30	3.026	2.867	2.746	2.651	2.575	2.511	2.458	2.412	2.372	2.338	2.307	2.280	2.255	2.233	2.213	2.195	2.074	2.009	1.968	1.882
31	3.010	2.851	2.730	2.635	2.558	2.495	2.442	2.396	2.356	2.321	2.291	2.263	2.239	2.217	2.197	2.178	2.057	1.991	1.950	1.863
32	2.995	2.836	2.715	2.620	2.543	2.480	2.426	2.381	2.341	2.306	2.275	2.248	2.223	2.201	2.181	2.163	2.041	1.975	1.934	1.846
33	2.981	2.822	2.701	2.606	2.529	2.466	2.412	2.366	2.327	2.292	2.261	2.234	2.209	2.187	2.167	2.148	2.026	1.960	1.918	1.830
34	2.968	2.808	2.688	2.593	2.516	2.453	2.399	2.353	2.313	2.278	2.248	2.220	2.195	2.173	2.153	2.135	2.012	1.946	1.904	1.815
35	2.956	2.796	2.676	2.581	2.504	2.440	2.387	2.341	2.301	2.266	2.235	2.207	2.183	2.160	2.140	2.122	1.999	1.932	1.890	1.801
36	2.944	2.785	2.664	2.569	2.492	2.429	2.375	2.329	2.289	2.254	2.223	2.196	2.171	2.148	2.128	2.110	1.986	1.919	1.877	1.787
37	2.933	2.774	2.653	2.558	2.481	2.418	2.364	2.318	2.278	2.243	2.212	2.184	2.160	2.137	2.117	2.098	1.974	1.907	1.865	1.775
38	2.923	2.763	2.643	2.548	2.471	2.407	2.353	2.307	2.267	2.232	2.201	2.174	2.149	2.126	2.106	2.088	1.963	1.896	1.854	1.763
39	2.913	2.754	2.633	2.538	2.461	2.397	2.344	2.298	2.257	2.222	2.191	2.164	2.139	2.116	2.096	2.077	1.953	1.885	1.843	1.751
40	2.904	2.744	2.624	2.529	2.452	2.388	2.334	2.288	2.248	2.213	2.182	2.154	2.129	2.107	2.086	2.068	1.943	1.875	1.832	1.741
50	2.833	2.674	2.553	2.458	2.381	2.317	2.263	2.216	2.176	2.140	2.109	2.081	2.056	2.033	2.012	1.993	1.866	1.796	1.752	1.656
60	2.786	2.627	2.507	2.412	2.334	2.270	2.216	2.169	2.129	2.093	2.061	2.033	2.008	1.985	1.964	1.944	1.815	1.744	1.699	1.599
70	2.754	2.595	2.474	2.379	2.302	2.237	2.183	2.136	2.095	2.059	2.028	1.999	1.974	1.950	1.929	1.910	1.779	1.707	1.660	1.558
80	2.730	2.571	2.450	2.355	2.277	2.213	2.158	2.111	2.071	2.035	2.003	1.974	1.948	1.925	1.904	1.884	1.752	1.679	1.632	1.527
90	2.711	2.552	2.432	2.336	2.259	2.194	2.140	2.092	2.051	2.015	1.983	1.955	1.929	1.905	1.884	1.864	1.731	1.657	1.610	1.503
100	2.696	2.537	2.417	2.321	2.244	2.179	2.124	2.077	2.036	2.000	1.968	1.939	1.913	1.890	1.868	1.849	1.715	1.640	1.592	1.483

確率密度
自由度 (ν_1, ν_2)
上側確率 (0.01)
0
$F(p, \nu_1, \nu_2)$ F

付表 4 (3) F分布表

$p = 0.010$

分子の自由度 ν_1 分母の自由度 ν_2 確率 1% の値

ν_2 \ ν_1	5	6	7	8	9	10	11	12	13	14	15	16	17	18	19	20	30	40	50	100
5	10.967	10.672	10.456	10.289	10.158	10.051	9.963	9.888	9.825	9.770	9.722	9.680	9.643	9.609	9.580	9.553	9.379	9.291	9.238	9.130
6	8.746	8.466	8.260	8.102	7.976	7.874	7.790	7.718	7.657	7.605	7.559	7.519	7.483	7.451	7.422	7.396	7.229	7.143	7.091	6.987
7	7.460	7.191	6.993	6.840	6.719	6.620	6.538	6.469	6.410	6.359	6.314	6.275	6.240	6.209	6.181	6.155	5.992	5.908	5.858	5.755
8	6.632	6.371	6.178	6.029	5.911	5.814	5.734	5.667	5.609	5.559	5.515	5.477	5.442	5.412	5.384	5.359	5.198	5.116	5.065	4.963
9	6.057	5.802	5.613	5.467	5.351	5.257	5.178	5.111	5.055	5.005	4.962	4.924	4.890	4.860	4.833	4.808	4.649	4.567	4.517	4.415
10	5.636	5.386	5.200	5.057	4.942	4.849	4.772	4.706	4.650	4.601	4.558	4.520	4.487	4.457	4.430	4.405	4.247	4.165	4.115	4.014
11	5.316	5.069	4.886	4.744	4.632	4.539	4.462	4.397	4.342	4.293	4.251	4.213	4.180	4.150	4.123	4.099	3.941	3.860	3.810	3.708
12	5.064	4.821	4.640	4.499	4.388	4.296	4.220	4.155	4.100	4.052	4.010	3.972	3.939	3.910	3.883	3.858	3.701	3.619	3.569	3.467
13	4.862	4.620	4.441	4.302	4.191	4.100	4.025	3.960	3.905	3.857	3.815	3.778	3.745	3.716	3.689	3.665	3.507	3.425	3.375	3.272
14	4.695	4.456	4.278	4.140	4.030	3.939	3.864	3.800	3.745	3.698	3.656	3.619	3.586	3.556	3.529	3.505	3.348	3.266	3.215	3.112
15	4.556	4.318	4.142	4.004	3.895	3.805	3.730	3.666	3.612	3.564	3.522	3.485	3.452	3.423	3.396	3.372	3.214	3.132	3.081	2.977
16	4.437	4.202	4.026	3.890	3.780	3.691	3.616	3.553	3.498	3.451	3.409	3.372	3.339	3.310	3.283	3.259	3.101	3.018	2.967	2.863
17	4.336	4.101	3.927	3.791	3.682	3.593	3.518	3.455	3.401	3.353	3.312	3.275	3.242	3.212	3.186	3.162	3.003	2.920	2.869	2.764
18	4.248	4.015	3.841	3.705	3.597	3.508	3.434	3.371	3.316	3.269	3.227	3.190	3.158	3.128	3.101	3.077	2.919	2.835	2.784	2.678
19	4.171	3.939	3.765	3.631	3.523	3.434	3.360	3.297	3.242	3.195	3.153	3.116	3.084	3.054	3.027	3.003	2.844	2.761	2.709	2.602
20	4.103	3.871	3.699	3.564	3.457	3.368	3.294	3.231	3.177	3.130	3.088	3.051	3.018	2.989	2.962	2.938	2.778	2.695	2.643	2.535
21	4.042	3.812	3.640	3.506	3.398	3.310	3.236	3.173	3.119	3.072	3.030	2.993	2.960	2.931	2.904	2.880	2.720	2.636	2.584	2.476
22	3.988	3.758	3.587	3.453	3.346	3.258	3.184	3.121	3.067	3.019	2.978	2.941	2.908	2.879	2.852	2.827	2.667	2.583	2.531	2.422
23	3.939	3.710	3.539	3.406	3.299	3.211	3.137	3.074	3.020	2.973	2.931	2.894	2.861	2.832	2.805	2.780	2.620	2.536	2.483	2.373
24	3.895	3.667	3.496	3.363	3.256	3.168	3.094	3.032	2.977	2.930	2.889	2.852	2.819	2.789	2.762	2.738	2.577	2.492	2.440	2.329
25	3.855	3.627	3.457	3.324	3.217	3.129	3.056	2.993	2.939	2.892	2.850	2.813	2.780	2.751	2.724	2.699	2.538	2.453	2.400	2.289
26	3.818	3.591	3.421	3.288	3.182	3.094	3.021	2.958	2.904	2.857	2.815	2.778	2.745	2.715	2.688	2.664	2.503	2.417	2.364	2.252
27	3.785	3.558	3.388	3.256	3.149	3.062	2.988	2.926	2.872	2.824	2.783	2.746	2.713	2.683	2.656	2.632	2.470	2.384	2.330	2.218
28	3.754	3.528	3.358	3.226	3.120	3.032	2.959	2.896	2.842	2.795	2.753	2.716	2.683	2.653	2.626	2.602	2.440	2.354	2.300	2.187
29	3.725	3.499	3.330	3.198	3.092	3.005	2.931	2.868	2.814	2.767	2.726	2.689	2.656	2.626	2.599	2.574	2.412	2.325	2.271	2.158
30	3.699	3.473	3.305	3.173	3.067	2.979	2.906	2.843	2.789	2.742	2.700	2.663	2.630	2.600	2.573	2.549	2.386	2.299	2.245	2.131
31	3.675	3.449	3.281	3.149	3.043	2.955	2.882	2.820	2.765	2.718	2.677	2.640	2.606	2.577	2.550	2.525	2.362	2.275	2.221	2.106
32	3.652	3.427	3.258	3.127	3.021	2.934	2.860	2.798	2.744	2.696	2.655	2.618	2.584	2.555	2.527	2.503	2.340	2.252	2.198	2.082
33	3.630	3.406	3.238	3.106	3.000	2.913	2.840	2.777	2.723	2.676	2.634	2.597	2.564	2.534	2.507	2.482	2.319	2.231	2.176	2.060
34	3.611	3.386	3.218	3.087	2.981	2.894	2.821	2.758	2.704	2.657	2.615	2.578	2.545	2.515	2.488	2.463	2.299	2.211	2.156	2.040
35	3.592	3.368	3.200	3.069	2.963	2.876	2.803	2.740	2.686	2.639	2.597	2.560	2.527	2.497	2.470	2.445	2.281	2.193	2.137	2.020
36	3.574	3.351	3.183	3.052	2.946	2.859	2.786	2.723	2.669	2.622	2.580	2.543	2.510	2.480	2.453	2.428	2.263	2.175	2.120	2.002
37	3.558	3.334	3.167	3.036	2.930	2.843	2.770	2.707	2.653	2.606	2.564	2.527	2.494	2.464	2.437	2.412	2.247	2.159	2.103	1.985
38	3.542	3.319	3.152	3.021	2.915	2.828	2.755	2.692	2.638	2.591	2.549	2.512	2.479	2.449	2.421	2.397	2.232	2.143	2.087	1.968
39	3.528	3.305	3.137	3.006	2.901	2.814	2.741	2.678	2.624	2.577	2.535	2.498	2.465	2.434	2.407	2.382	2.217	2.128	2.072	1.953
40	3.514	3.291	3.124	2.993	2.888	2.801	2.727	2.665	2.611	2.563	2.522	2.484	2.451	2.421	2.394	2.369	2.203	2.114	2.058	1.938
50	3.408	3.186	3.020	2.890	2.785	2.698	2.625	2.563	2.508	2.461	2.419	2.382	2.348	2.318	2.290	2.265	2.098	2.007	1.949	1.825
60	3.339	3.119	2.953	2.823	2.718	2.632	2.559	2.496	2.442	2.394	2.352	2.315	2.281	2.251	2.223	2.198	2.028	1.936	1.877	1.749
70	3.291	3.071	2.906	2.777	2.672	2.585	2.512	2.450	2.395	2.348	2.306	2.268	2.234	2.204	2.176	2.150	1.980	1.886	1.826	1.695
80	3.255	3.036	2.871	2.742	2.637	2.551	2.478	2.415	2.361	2.313	2.271	2.233	2.199	2.169	2.141	2.115	1.944	1.849	1.788	1.655
90	3.228	3.009	2.845	2.715	2.611	2.524	2.451	2.389	2.334	2.286	2.244	2.206	2.172	2.142	2.114	2.088	1.916	1.820	1.759	1.623
100	3.206	2.988	2.823	2.694	2.590	2.503	2.430	2.368	2.313	2.265	2.223	2.185	2.151	2.120	2.092	2.067	1.893	1.797	1.735	1.598

付表 4 (4) F 分布表

$p = 0.005$

分子の自由度 ν_1 分母の自由度 ν_2 確率 0.5% の値

$\nu_2 \backslash \nu_1$	5	6	7	8	9	10	11	12	13	14	15	16	17	18	19	20	30	40	50	100
5	14.939	14.513	14.200	13.961	13.772	13.618	13.491	13.385	13.293	13.215	13.146	13.086	13.033	12.985	12.942	12.903	12.656	12.530	12.454	12.300
6	11.464	11.073	10.786	10.566	10.391	10.250	10.133	10.034	9.950	9.878	9.814	9.758	9.709	9.664	9.625	9.589	9.358	9.241	9.170	9.026
7	9.522	9.155	8.885	8.678	8.514	8.380	8.270	8.176	8.097	8.028	7.968	7.915	7.868	7.826	7.788	7.754	7.534	7.422	7.354	7.217
8	8.302	7.952	7.694	7.496	7.339	7.211	7.105	7.015	6.938	6.872	6.814	6.763	6.718	6.678	6.641	6.608	6.396	6.288	6.222	6.087
9	7.471	7.134	6.885	6.693	6.541	6.417	6.314	6.227	6.153	6.089	6.032	5.983	5.939	5.899	5.864	5.832	5.625	5.519	5.454	5.322
10	6.872	6.545	6.303	6.116	5.968	5.847	5.746	5.661	5.589	5.526	5.471	5.422	5.379	5.340	5.306	5.274	5.071	4.966	4.902	4.772
11	6.422	6.102	5.865	5.682	5.537	5.418	5.320	5.236	5.165	5.103	5.049	5.001	4.959	4.921	4.886	4.855	4.654	4.551	4.488	4.359
12	6.071	5.757	5.524	5.345	5.202	5.085	4.988	4.906	4.836	4.775	4.721	4.674	4.632	4.595	4.561	4.530	4.331	4.228	4.165	4.037
13	5.791	5.482	5.253	5.076	4.935	4.820	4.724	4.643	4.573	4.513	4.460	4.413	4.372	4.334	4.301	4.270	4.073	3.970	3.908	3.780
14	5.562	5.257	5.031	4.857	4.717	4.603	4.508	4.428	4.359	4.299	4.247	4.201	4.159	4.122	4.089	4.059	3.862	3.760	3.697	3.569
15	5.372	5.071	4.847	4.674	4.536	4.424	4.329	4.250	4.181	4.122	4.070	4.024	3.983	3.946	3.913	3.883	3.687	3.585	3.523	3.394
16	5.212	4.913	4.692	4.521	4.384	4.272	4.179	4.099	4.031	3.972	3.920	3.875	3.834	3.797	3.764	3.734	3.539	3.437	3.375	3.246
17	5.075	4.779	4.559	4.389	4.254	4.142	4.050	3.971	3.903	3.844	3.793	3.747	3.707	3.670	3.637	3.607	3.412	3.311	3.248	3.119
18	4.956	4.663	4.445	4.276	4.141	4.030	3.938	3.860	3.793	3.734	3.683	3.637	3.597	3.560	3.527	3.498	3.303	3.201	3.139	3.009
19	4.853	4.561	4.345	4.177	4.043	3.933	3.841	3.763	3.696	3.638	3.587	3.541	3.501	3.464	3.432	3.402	3.208	3.106	3.043	2.913
20	4.762	4.472	4.257	4.090	3.956	3.847	3.756	3.678	3.611	3.553	3.502	3.457	3.416	3.380	3.348	3.318	3.123	3.022	2.959	2.828
21	4.681	4.393	4.179	4.013	3.880	3.771	3.680	3.602	3.536	3.478	3.427	3.382	3.342	3.305	3.273	3.243	3.049	2.947	2.884	2.753
22	4.609	4.322	4.109	3.944	3.812	3.703	3.612	3.535	3.469	3.411	3.360	3.315	3.275	3.239	3.206	3.176	2.982	2.880	2.817	2.685
23	4.544	4.259	4.047	3.882	3.750	3.642	3.551	3.474	3.408	3.351	3.300	3.255	3.215	3.179	3.146	3.116	2.922	2.820	2.756	2.624
24	4.486	4.202	3.991	3.826	3.695	3.587	3.497	3.420	3.354	3.296	3.246	3.201	3.161	3.125	3.092	3.062	2.868	2.765	2.702	2.569
25	4.433	4.150	3.939	3.776	3.645	3.537	3.447	3.370	3.304	3.247	3.196	3.152	3.111	3.075	3.043	3.013	2.819	2.716	2.652	2.519
26	4.384	4.103	3.893	3.730	3.599	3.492	3.402	3.325	3.259	3.202	3.151	3.107	3.067	3.031	2.998	2.968	2.774	2.671	2.607	2.473
27	4.340	4.059	3.850	3.687	3.557	3.450	3.360	3.284	3.218	3.161	3.110	3.066	3.026	2.990	2.957	2.927	2.733	2.630	2.565	2.431
28	4.300	4.020	3.811	3.649	3.519	3.412	3.322	3.246	3.180	3.123	3.073	3.028	2.988	2.952	2.919	2.890	2.695	2.592	2.527	2.392
29	4.262	3.983	3.775	3.613	3.483	3.376	3.287	3.211	3.145	3.088	3.038	2.993	2.953	2.917	2.885	2.855	2.660	2.557	2.492	2.357
30	4.228	3.949	3.742	3.580	3.451	3.344	3.255	3.179	3.113	3.056	3.006	2.961	2.921	2.885	2.853	2.823	2.628	2.524	2.459	2.323
31	4.195	3.918	3.711	3.549	3.420	3.314	3.225	3.149	3.083	3.026	2.976	2.931	2.891	2.855	2.823	2.793	2.598	2.494	2.429	2.293
32	4.166	3.889	3.682	3.521	3.392	3.286	3.197	3.121	3.056	2.998	2.948	2.904	2.864	2.828	2.795	2.766	2.570	2.466	2.401	2.264
33	4.138	3.861	3.655	3.495	3.366	3.260	3.171	3.095	3.030	2.973	2.922	2.878	2.838	2.802	2.769	2.740	2.544	2.440	2.374	2.237
34	4.112	3.836	3.630	3.470	3.341	3.235	3.146	3.071	3.005	2.948	2.898	2.854	2.814	2.778	2.745	2.716	2.520	2.415	2.350	2.212
35	4.088	3.812	3.607	3.447	3.318	3.212	3.124	3.048	2.983	2.926	2.876	2.831	2.791	2.755	2.723	2.693	2.497	2.392	2.327	2.188
36	4.065	3.790	3.585	3.425	3.296	3.191	3.102	3.027	2.961	2.905	2.854	2.810	2.770	2.734	2.701	2.672	2.475	2.371	2.305	2.166
37	4.043	3.769	3.564	3.404	3.276	3.171	3.082	3.007	2.941	2.885	2.834	2.790	2.750	2.714	2.681	2.652	2.455	2.350	2.284	2.145
38	4.023	3.749	3.545	3.385	3.257	3.152	3.063	2.988	2.923	2.866	2.816	2.771	2.731	2.695	2.663	2.633	2.436	2.331	2.265	2.125
39	4.004	3.731	3.526	3.367	3.239	3.134	3.045	2.970	2.905	2.848	2.798	2.753	2.713	2.677	2.645	2.615	2.418	2.313	2.247	2.106
40	3.986	3.713	3.509	3.350	3.222	3.117	3.028	2.953	2.888	2.831	2.781	2.737	2.697	2.661	2.628	2.598	2.401	2.296	2.230	2.088
50	3.849	3.579	3.376	3.219	3.092	2.988	2.900	2.825	2.760	2.703	2.653	2.609	2.569	2.533	2.500	2.470	2.272	2.164	2.097	1.951
60	3.760	3.492	3.291	3.134	3.008	2.904	2.817	2.742	2.677	2.620	2.570	2.526	2.486	2.450	2.417	2.387	2.187	2.079	2.010	1.861
70	3.698	3.431	3.232	3.076	2.950	2.846	2.759	2.684	2.619	2.563	2.513	2.468	2.428	2.392	2.359	2.329	2.128	2.019	1.949	1.797
80	3.652	3.387	3.188	3.032	2.907	2.803	2.716	2.641	2.577	2.520	2.470	2.425	2.385	2.349	2.316	2.286	2.084	1.974	1.903	1.748
90	3.617	3.352	3.154	2.999	2.873	2.770	2.683	2.608	2.544	2.487	2.437	2.393	2.353	2.316	2.283	2.253	2.051	1.939	1.868	1.711
100	3.589	3.325	3.127	2.972	2.847	2.744	2.657	2.583	2.518	2.461	2.411	2.367	2.326	2.290	2.257	2.227	2.024	1.912	1.840	1.681

付表5　二項分布表　　$p = 0.5$

n \ x	0	1	2	3	4	5	6	7	8	9	10	11	12	13	14	15
4	0.063	0.250	0.375	0.250	0.063											
5	0.031	0.156	0.313	0.313	0.156	0.031										
6	0.016	0.094	0.234	0.313	0.234	0.094	0.016									
7	0.008	0.055	0.164	0.273	0.273	0.164	0.055	0.008								
8	0.004	0.031	0.109	0.219	0.273	0.219	0.109	0.031	0.004							
9	0.002	0.018	0.070	0.164	0.246	0.246	0.164	0.070	0.018	0.002						
10	0.001	0.010	0.044	0.117	0.205	0.246	0.205	0.117	0.044	0.010	0.001					
11	0.000	0.005	0.027	0.081	0.161	0.226	0.226	0.161	0.081	0.027	0.005	0.000				
12	0.000	0.003	0.016	0.054	0.121	0.193	0.226	0.193	0.121	0.054	0.016	0.003	0.000			
13	0.000	0.002	0.010	0.035	0.087	0.157	0.209	0.209	0.157	0.087	0.035	0.010	0.002	0.000		
14	0.000	0.001	0.006	0.022	0.061	0.122	0.183	0.209	0.183	0.122	0.061	0.022	0.006	0.001	0.000	
15	0.000	0.000	0.003	0.014	0.042	0.092	0.153	0.196	0.196	0.153	0.092	0.042	0.014	0.003	0.000	0.000
16	0.000	0.000	0.002	0.009	0.028	0.067	0.122	0.175	0.196	0.175	0.122	0.067	0.028	0.009	0.002	0.000
17	0.000	0.000	0.001	0.005	0.018	0.047	0.094	0.148	0.185	0.185	0.148	0.094	0.047	0.018	0.005	0.001
18	0.000	0.000	0.001	0.003	0.012	0.033	0.071	0.121	0.167	0.185	0.167	0.121	0.071	0.033	0.012	0.003
19	0.000	0.000	0.000	0.002	0.007	0.022	0.052	0.096	0.144	0.176	0.176	0.144	0.096	0.052	0.022	0.007
20	0.000	0.000	0.000	0.001	0.005	0.015	0.037	0.074	0.120	0.160	0.176	0.160	0.120	0.074	0.037	0.015
21	0.000	0.000	0.000	0.001	0.003	0.010	0.026	0.055	0.097	0.140	0.168	0.168	0.140	0.097	0.055	0.026
22	0.000	0.000	0.000	0.000	0.002	0.006	0.018	0.041	0.076	0.119	0.154	0.168	0.154	0.119	0.076	0.041
23	0.000	0.000	0.000	0.000	0.001	0.004	0.012	0.029	0.058	0.097	0.136	0.161	0.161	0.136	0.097	0.058
24	0.000	0.000	0.000	0.000	0.001	0.003	0.008	0.021	0.044	0.078	0.117	0.149	0.161	0.149	0.117	0.078
25	0.000	0.000	0.000	0.000	0.000	0.002	0.005	0.014	0.032	0.061	0.097	0.133	0.155	0.155	0.133	0.097
26	0.000	0.000	0.000	0.000	0.000	0.001	0.003	0.010	0.023	0.047	0.079	0.115	0.144	0.155	0.144	0.115
27	0.000	0.000	0.000	0.000	0.000	0.001	0.002	0.007	0.017	0.035	0.063	0.097	0.130	0.149	0.149	0.130
28	0.000	0.000	0.000	0.000	0.000	0.000	0.001	0.004	0.012	0.026	0.049	0.080	0.113	0.139	0.149	0.139
29	0.000	0.000	0.000	0.000	0.000	0.000	0.001	0.003	0.008	0.019	0.037	0.064	0.097	0.126	0.144	0.144
30	0.000	0.000	0.000	0.000	0.000	0.000	0.001	0.002	0.005	0.013	0.028	0.051	0.081	0.112	0.135	0.144

付表 6　マン・ホイットニー検定表（両側）

$n_1 \backslash n_2$	1	2	3	4	5	6	7	8	9	10	11	12	13	14	15	16	17	18	19	20
1																				
2								0	0	0	0	1	1	1	1	1	2	2	2	2
3				0	0	1	1	2	2	3	3	4	4	5	5	6	6	7	7	8
4			0	0	1	2	3	4	4	5	6	7	8	9	10	11	11	12	13	13
5			0	1	2	3	5	6	7	8	9	11	12	13	14	15	17	18	19	20
6			1	2	3	5	6	8	10	11	13	14	16	17	19	21	22	24	25	27
7			1	3	5	6	8	10	12	14	16	18	20	22	24	26	28	30	32	34
8		0	2	4	6	8	10	13	15	17	19	22	24	26	29	31	34	36	38	41
9		0	2	4	7	10	12	15	17	20	23	26	28	31	34	37	39	42	45	48
10		0	3	5	8	11	14	17	20	23	26	29	33	36	39	42	45	48	52	55
11		0	3	6	9	13	16	19	23	26	30	33	37	40	44	47	51	55	58	62
12		1	4	7	11	14	18	22	26	29	33	37	41	45	49	53	57	61	65	69
13		1	4	8	12	16	20	24	28	33	37	41	45	50	54	59	63	67	72	76
14		1	5	9	13	17	22	26	31	36	40	45	50	55	59	64	67	74	78	83
15		1	5	10	14	19	24	29	34	39	44	49	54	59	64	70	75	80	85	90
16		1	6	11	15	21	26	31	37	42	47	53	59	64	70	75	81	86	92	98
17		2	6	11	17	22	28	34	39	45	51	57	63	67	75	81	87	93	99	105
18		2	7	12	18	24	30	36	42	48	55	61	67	74	80	86	93	99	106	112
19		2	7	13	19	25	32	38	45	52	58	65	72	78	85	92	99	106	113	119
20		2	8	13	20	27	34	41	48	55	62	69	76	83	90	98	105	112	119	127

出典：『生物系のための統計学入門』R.C. キャンベル著，石居進訳，培風館より引用

索　　引

執筆者紹介と執筆分担（執筆順）

丸山　明　はじめに、3〜4 章、24 章
　酪農学園大学名誉教授
深澤史樹　1〜2 章、11〜12 章
　北海商科大学商学部商学科准教授
加藤好江　5〜6 章
　酪農学園大学元講師
上野岳史　7〜10 章
　酪農学園大学農食環境学群食と健康学類教授
栈敷孝浩　13〜14 章
　国立研究開発法人水産研究・教育機構水産技術研究所
小糸健太郎　15〜17 章、18 章 2 節
　酪農学園大学農食環境学群循環農学類教授
佐藤敏雄（故人）　18 章 1 節、19〜20 章、22 章、23 章 1〜2 節、24 章 6 節
　元北海道教育大学札幌校教授
遠藤大二　21 章、23 章 3 節
　酪農学園大学獣医学群獣医学類教授
松田浩敬　25〜26 章
　東京農業大学農学部デザイン農学科准教授

2012 年 4 月 11 日　初　版　第 1 刷発行
2015 年 3 月 13 日　改訂版　第 1 刷発行
2018 年 2 月 20 日　改訂版　第 2 刷発行
2021 年 8 月 30 日　改訂版　第 3 刷発行

らくらく生物統計学［改訂版］

編　者　丸山　明
著　者　丸山　明／深澤史樹／加藤好江／上野岳史／栈敷孝浩
　　　　小糸健太郎／佐藤敏雄／遠藤大二／松田浩敬

発行者　橋本豪夫
発行所　ムイスリ出版株式会社

〒169-0075
東京都新宿区高田馬場 4-2-9
Tel.03-3362-9241(代表)　Fax.03-3362-9145
振替　00110-2-102907

ISBN978-4-89641-234-5　C3041